北に生きるシカたち　シカ、ササそして雪をめぐる生態学

高槻成紀

丸善出版

父に捧ぐ

本書の出版は文部省の科学研究費補助金「研究成果公開促進費」を受けた。

北に生きるシカたち◉目次

第一章　序章

一　冬のセンサス

タタタタタタタ……。始動中のジープの中で私は寒さに身を固くしている。フロントグラスは昨夜からの霜でまだ白いまま、吐く息も凍りそうだ。学生達は飲み込むような朝食や身のまわりの支度にあわただしく動き廻っている。調査の説明は昨夜すませたが、今回が初めての連中もいる、もう一度確認しておこう。持ち物は大丈夫か。地図と筆記用具、それにトランシーバーだけは忘れるわけにはゆかない。天気は良さそうだが、こういう日は寒さは厳しいものだ、防寒具の確認もしておいた方がよいだろう。

今、シカのセンサス（個体数調査）が始まろうとしている。場所は岩手県の五葉山《ごようざん》（図表1）。その南面に一平方キロの調査区をとり、ここに一〇人から十五人を配して、各ブロックをジグザグに歩く。お互いにトランシーバーで連絡をとり、ペースを調整しながら進む。そして発見したシカの頭数や位置などを記録する。今日は何頭位発見されるだろうか。調査員の配置や発見されるであろうシカの動きなどを想像しているうちに、次第に期待の入り混じった緊張が高まってくる。

やがて学生達がジープに乗り込んで来る。他の自動車二台とともに出発だ。沢沿いの道路を奥へと上って行く。道路はアイスバーン状態なので運転は慎重にしなければならない。最後の農家を過ぎたあたりで雪の量が急に増えたような気がする。車は何とか進めそうだが、もう最徐行だ。

「あっ、いた！」

前方の雪の斜面にシカの影を認める。あわててジープから降りようとする学生を制する。シカは自動車の姿は意外に恐れないが、車から降りた人影を見ると必ず走り去るからだ。

車中から双眼鏡で確認する。メス三頭と若いシカがコナラの木立からこちらを見つめている。緊張から耳をピンと立て、尻斑《こうはん》が開いてその白が目立つ。

「あのシカを数えることになるんだぞ」

私がそう言うと、初めて野生のシカを見た学生達は目を輝かせる。再びジープを進めると、雪の上にシカの足跡が目立つようになる。今日はかなり発見されそうだ。目標の赤坂峠に着いて車を置く。奥羽山脈を越えてきた西風が沢を吹き昇り、峠越えとなって我々を吹き飛ばそうとする。手袋をはめている間にも指先がかじかんで来

図表1：大船渡側から望む五葉山。藩政時代から御料林として保護されてきたため、豊かな自然が残されている。

る。急いで最終的な打ち合わせをすると登りにかかる。さあセンサスの開始だ。

赤坂峠からは花崗岩《かこうがん》の露出する登り道となる。風は相変わらず強い。二〇〇メートル登ると賽《さい》ノ河原という地肌を露出した場所に至る。ここで隊をふたつに分ける。健脚にはさらに一〇〇メートル登って三角形をした調査区の頂点まで行ってもらう。私はここにとどまって、彼らが目的地に着くまで待つことにする。風はさらに強くなり、登りで暖まっていた体からどんどん体温を奪ってゆく。白いものも舞い始めた。たまらず藪陰《やぶ》に身を潜める。

「畳石隊《たたみいし》から高槻さん、畳石隊から高槻さん！」

突如、トランシーバーから声がかかる。畳石とは調査区の頂点の地名で、さきほど別れた連中からの連絡だ。

「高槻です、どうぞ」

「畳石隊ですが、着きました」

「了解。それでは全員に連絡します。風が強いのでトランシーバーの音が聞き取りにくいようです。交信するときは風をよけてすること。それではトランシーバーの確認を兼ねて各人配置に着いたかどうか知らせて下さい、どうぞ」

こうして全員からの報告を受ける。

「ＯＫ。それでは全員準備完了のようなので、今からセンサスを開始します。始めに畳石隊から、そして畳石隊が降りて来たら、出来るだけ一線になって降りて下さい。それではセンサス開始っ！」

五分も経たないうちにシカ発見の連絡が入った。こういう風の強い日にはシカも耳が効かないためか、突然の出会いがあることが多い。シカの逃げた方向を隣のブロックの調査者に確認させる。これにより重複カウントを避けるためだ。私はこれまでに同じブロックを何度も受け持って来たので、要所もわかっている。調査面積は広くないので時間は十分ある。ダケカンバの木に登って全体を見廻してみよう。三メートルほどの高さなのに風の強さが全然違う。

「うーっ、さぶい！」

たまらず帽子の耳覆いを降ろす。一〇分ほど待ったころだった。対岸のミズナラの林に動くものがある。双眼鏡でのぞくとまぎれもなくシカだ。明らかに背後の調査者に気づいて慌てている。前肢をトントンと突いていたが、斜面をゆっくり駆け下り始めたかと思うとすぐさまギャロップに入る。その個体のすぐ後にも別の個体が続き、さらに数頭が列をなして走って行く。七頭であることを確認したあとで、交信する。

「三区の今野、三区の今野、応答しろ」

「今野です、どうぞっ！」

「今、三区のミズナラの林を七頭が走って行ったけど、見たか？どうぞ」

「ええ、二、三頭が逃げて行くのはわかりましたが、全体の数はわかりませんでした。どうぞ」

「OK。こちらで確認しといたゾ」

「了解」

こうして二時間ほどの調査が終わって皆が集まると、シカを見つけたときの様子を得意気に話す者がいるかと思えば、雪の上を滑ってひどい目にあったことを語るものなど、いつもの和気あいあいの戦果の披瀝《ひれき》となる。そこにはスポーツの試合後のそれに共通する昂揚した喜びがただよう。

このような組織プレーであるセンサスは、シカの調査の中のハイライトといってよい。しかし、我々の行う調査はむしろうんざりするほど地味であるものの方が多い。炎天下でのササの刈り取り、初冬のみぞれの降る中で指先をかじかませながら続けた糞《ふん》拾い、私はそのような調査を多くの学生諸君の協力を得て続けることができた。だが、初めからこのような調査ができたわけではない。それは五人の、小登山と言っていいような調査行から始まった。

二 初めての調査行

私が初めて五葉山を訪れたのは一九七六年の五月下旬のことだった。研究室の仲間との五人連れだった。仙台からは東北本線を北上、一関《いちのせき》で東に折れ、太平洋に面す気仙沼《けせんぬま》で再び北上して終点、大船渡《おおふなと》の盛《さかり》駅に着く(図表2)。

かなりの長旅だった。そこからさらにバスで甲子《かっし》という部落へ行き、そこからは徒歩となる。あいにくの雨だった。激しくはないが周りの山は見えない。歩くうちに雨具がむれてうっとうしくなる。言葉少なく歩き続ける。田圃《たんぼ》の脇に差し掛かったとき、おびただしい数のイモリが道を横切って下方の川へ次から次へと歩いているのを見る。自動車に轢《ひ》かれて死んだ個体も少なくない。空腹をかかえての長い歩きは気持ちを滅入らせる。この雨では今日中に山頂まで行くのは無理だ。当初、五葉山の真南にある赤坂峠を経由して頂上の小屋に泊まる予定だったが、この雨では予定を変更して、頂上の南西の麓にある大沢小屋に泊まるしかない(図表2)。

上甲子《かみかっし》に達した時、農家で庇《ひさし》を借りることにする。広い部屋にこたつがあり、この季節なのに婦人たちが足をつっこんで横になっている。野良仕事の昼休みなのだろう。主人らしい人と話をし、お礼

図表2：五葉山一帯の地図。
五葉山は北上山地の南部、釜石市、大船渡市、遠野市の間に位置する。

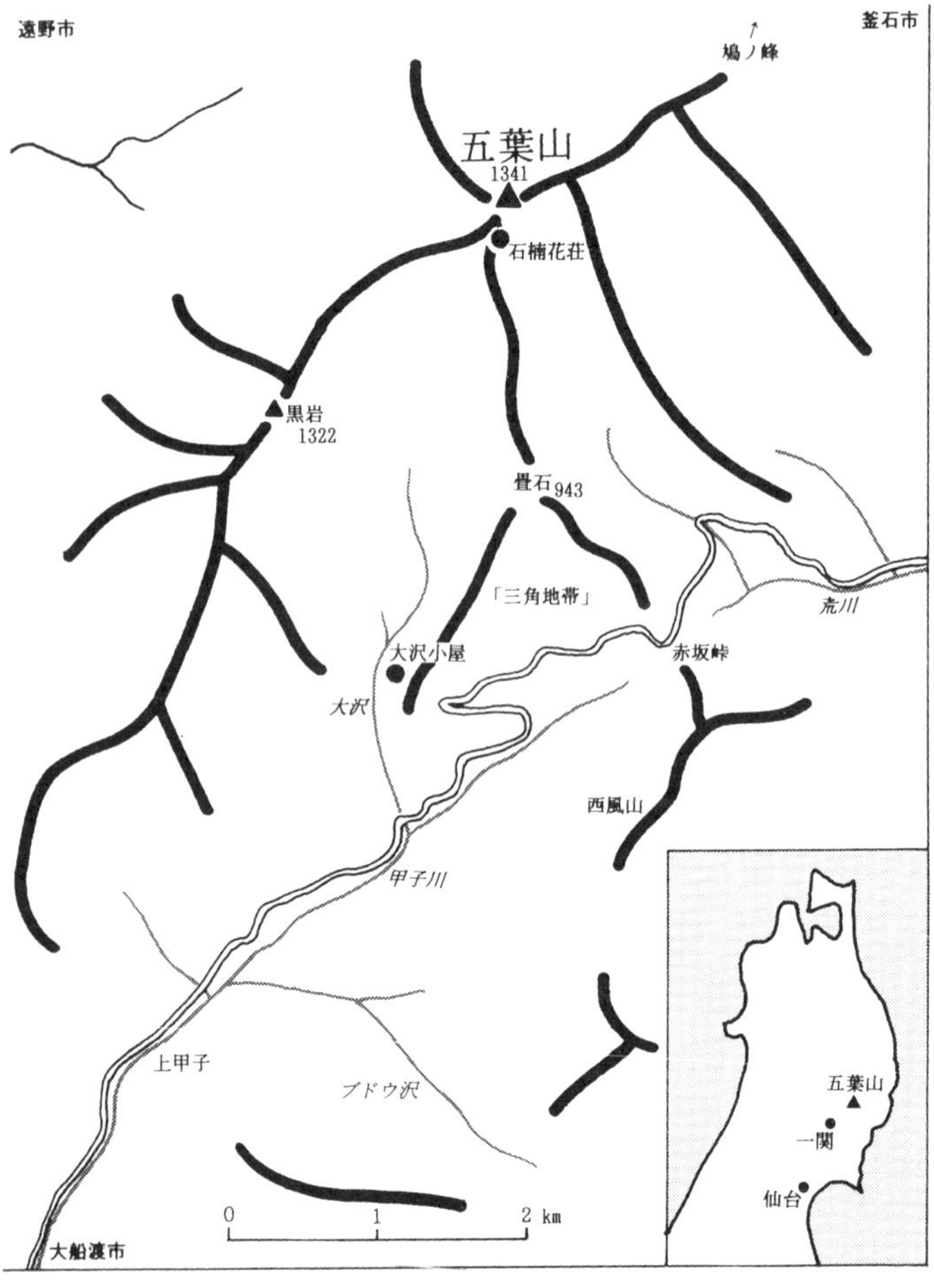

を言って先を急ぐ。雨足は弱まりそうもない。しばらく行ったところで車道を離れ、大沢へ入るために牧場の脇の小道を進むことになる。

一キロ半ほど歩くと大沢小屋に着いた。先に着いていた内山君が火を焚《た》いてくれていた。濡れた衣類を着替え、お茶を飲んで人心地を取り戻す。その晩はこの小屋に泊る。

それまでの五年間、宮城県の金華山《きんかざん》島でシカと植物群落との関係を研究してきてひと区切りをつけた私は新しいフィールドを探そうとしていた。これまでにも九州や四国の島、それに奈良公園などシカのすむ場所を見て来たが、やはりじっくり腰を落ち着けるべきフィールドが欲しかった。それに金華山島は海に囲まれた島であり、農業活動はなく、狩猟も行われていないという、研究上ではかけがえのない利点をそなえてはいるものの、それだけにシカ達は人に馴れており、野生味に乏しいことは否めない。この島で調査してきた私の中に芽生えていた、いわば本来の東北地方のシカの姿を知りたいという欲求が私を五葉山に駆り立てたのかも知れない。

しかし目算は全くなかった。五葉山という山にシカがいるらしいということ以外、情報は何もなかった。そのことは私にとって、調べることのすべてが新しいのだという喜びとしては感じられず、むしろ一体ここで自分が何かできるのだろうかという不安として気持ちをふさぎそうにさえなった。そもそもシカがいるといっても、むろん金華山島のような高密度でいるわけはない。姿は見れないにしても、糞くらいは見つかるだろうか。それさえ難しいようだったら、シカと植物との関係というテーマで研究するのはとてもおぼつくまい。

外は雨が降り続いている。明日もきっと雨だろう。二泊の予定で来たが、これでは調査は無理だ。山麓部を見るだけにせざるを得ないだろう。また来ればいい、そう自分に言い聞かせながらも重苦しい気持ちを追い払うことができないまま眠りにつく。

明け方、どしゃぶりの雨音で目がさめた。真っ暗だ。

『やっぱり……』

そう思ってまたシュラフにもぐりこむ。ところが、それは思い違いだった。どしゃぶりと思ったのは沢のせせらぎの音で、暗いのは小屋に窓がないせいだったのだ。それに小屋が沢の中にあるために、太陽が昇っても日は射さない。小屋の戸を開けて見上げると、思いがけず青空が見えるではないか。山頂には行けないかもしれないが、山麓部で調査をすることはできそうだ。急いで朝食を済ませ、小屋を後にする。

新緑の山道を歩くのは心の弾むものだ。標高五五〇メートルで大沢の流れから離れて斜面の小径を登る。この斜面はコナラの林で下生《したば》えは乏しい。やがて平坦地に出ると、林床《りんしょう》にスズ（ササの一種、スズタケともいう）が目立ち始めた。しばらく歩いてから、枯れたスズをかきわけて林に入ってみると、すぐに足元にシカの糞が見つかった。やや古いが、シカがいることの証拠が得られた。これで最低限の収穫は確保されたことになる。道にもどって登りを続ける。落葉樹林の中にときおり淡褐色のものが目につく。近づいて見るとウリハダカエデやアオハダの樹皮が剝がされていた。ひょっとしたらシカの食糧事情はあまり良くないのかもしれない。というのはシカ密度の高い金華山島でも樹皮まで剝いで食べるのは本当に食糧のなくなった晩冬に限られるからだ。もしかしたらシカはかなりいるのかもしれない。もしそうであるなら新鮮な糞も見つかるだろうし、運が良ければ姿だって見れるかもしれない。新鮮な糞が見つかれば金華山島で成功した糞分析が適用できるし、シカの姿が見れるようであれば、シカそのものに関する調査だってできるかもしれない。少し希望がわいてきた。

大沢東側の斜面の上部八五〇メートル付近でダケカンバの丈《たけ》が低くなり、下生えにヒノキアスナロが混じるようになる。ここで食痕《しょっこん》調査をしてみることにする。ムシカリ、ヤマハンノキ、アオダモ、ウリハダカエデなどに食痕が目立つ。ヒメイチゲが花を終わり、小さな実をつけている。ここはまだ春の風情だ。光は溢れるばかりに注ぐ。私達はホエブス（携帯コンロ）を囲んでパンをかじる。笑い声が絶えない。さらに進むと五万分の一の地図に畳石と書かれた場所に達した。山を見上げるとダケカンバの淡い緑が目に爽やかだ。

食後、あたりを歩きまわってみた。少し降りると植生はがらりと変ってヤマツツジを主体とした明るい低木林となり、中にはススキやミヤコザサなどの草地が卓越する場所さえある。この藪の中をごそごそ歩き廻っているとシカの糞がいくらでも見つかった。しかもそれらはスズの中で見つけたものと違って新鮮なもので、十分分析に使えるものだ。

そのときだった。

「シカ！」

内山君が声を圧し殺したように叫ぶ。彼は岩の上でシカのいる方向を指さしている。私には見えない。そっと行った方がシカを驚かさずに見れるかもしれない。しかしシカはすでに彼に気づいているに違いない。そういう考えが交錯したが、その時はもう体は走り出していた。一目でもいい、野生のシカを見ておこう、そういう気持ちで岩の上に跳び上がると、メスジカが奔《はし》り始め、それに続いてもう一頭のメス、さらにやや離れた所から若いシカが続いて逃げて行った。私達は初めて野生のシカを見たことに声をあげ、肩をたたきあってよろこんだ。

一休みしたので、畳石からの急な登りにかかる。ここからは植生の様子ががらりと変わる。初めに現れたのはあまり太くないミズナラの林だった。若いスラリとしたダケカンバもところどころに見られる。林床はミヤコザサに被われている。しばらく同じ景観が続く。一二〇〇メートルくらいでミズナラはやがてヒノキアスナロの暗い林になる。さらに登ると登山道はなだらかになり、再び落葉広葉樹林になる。優占種はダケカンバだが、これまで見ていたものとは違い、白く太い幹からゴツゴツの枝が出る、亜高山帯で見る樹型をしている。ブナも少し混生している。ミヤコザサはこれまでのものより丈も高く七〇~八〇センチあり、林床をびっしり被っている。その上部は北上山地特有の、山頂部のなだらかなゾーンに入る。高木はまばらになり、ハイマツやミネカエデ、ノリウツギなどの低木林に移行してゆく。しかし場所によっては林床にハクサンシャクナゲをともなうダケカンバ林やブナ林、あるいはコメツガなどのあまり大きくない林分《りんぶん》も散在する。こういう多様な群落を通り抜けて続く道はほとんど平坦といってよいほどゆるやかで、背中の荷物も気にならず、私達は今までの林から解放されたような楽しい気分で歩いた。

「小屋が見えたよーッ!」

先頭を歩いていた内山君が大声で叫ぶ。それは山頂の少し下にある石楠花《しゃくなげ》荘という山小屋だった。太陽が落ちかけて、我々のいる空間をオレンジ色に満たしている。

山小屋の夜は仲間を親しくする不思議な力を持っている。顔を合わせたり、言葉を交わす時間は研究室にいるときの方がはるかに長いのに、お互いが親しくなるには研究室での何十日よりも山小屋の一晩の方がはるかにまさっている。

前頁　黄昏の中でたたずむシカたち。

上　低地で冬を越す母子。冬が深まるとシカは高地の雪を避けて低地へ降りて来る。ミヤコザサは五葉山のシカの主食である。（写真　高槻成紀）

中・下　光が明るくなってきた。春はそこまで近づいている。

写真　江川正幸

食事の後、談笑していると、トイレから帰って来た内山君が、

「星がすごいっすよ」

と言いながら入ってきた。みんなで夜空を仰ぎに外に出てみる。やはり高いところにいるのだ、冷気が膚にしみる。見上げると満天の星だ。こんな明るい星を見るのはしばらくぶりだ。突然、

「やァ、流れ星！」

と、宇高さんが関西訛りで感激したように叫んだ。

「エッ、どこどこ？」

三人が声を合わせるが、もちろん流れ星は消え去ったあとだ。自分たちも見つけようと、しばらく空を見上げる。さほど長くない間に二つ、三つと見つけ、無邪気に喜ぶ。


隣で気持ち良さそうな寝息が聞こえる。闇に目が慣れてきたせいで、小屋の中の様子が見えるようになった。月夜でもないのに小窓から入って小屋を照らしているのは星の光なのだ。体は疲れているのに床が変わると寝つきが悪いのはいつものことだ。焦るとよけいに目が冴える、気長に考え事でもすることにしよう。


今日はいくつかの収穫があった。この山のおおまかな垂直分布はつかめた。そして多くの場所でミヤコザサが多かった。これはこの山の特徴だと思う。それにシカを見ることができた。シカがいるのは確かで、しかも案外密度も高いかもしれない。それがわかっただけでも今回の予備調査の価値はあったといってよいだろう。そんなことを考えているうちに、いつのまにか眠りに落ちていた。

翌朝は四時半から目が覚めてしまった。すでに明るい。同じ山小屋でも谷あいと山頂とではこれだ

け違うのだ。シュラフに入ったまま枕元の小窓を開ける。太陽は見えず、雲の下に太平洋が淡紅色に光っている。すぐ下に三陸のリアス式海岸がある。規則的に繰り返す半島は次第に薄くなって行く。その濃度と色彩の推移してゆくリズムが印象的だった。

翌日は朝食を済ませてから頂上周辺を歩いてみることにした。低木林はほとんど頂上まで続いており、あまり高くないこの山（一三四一メートル）では典型的な高山帯には至らないようだ。それでも山頂周辺ではガンコウランなどからなる高山ハイデ（高山帯の低木からなる群落）も見られ、また小面積ながらシラネニンジンなどのマットも発達している。しかし、これらは山頂現象（山頂部では風や乾燥などにより森林が発達しにくいため、高い山なら森林である標高に低木群落や草地が発達する現象）と見るべきであろう。

東側の鳩ノ峰に行ってみる。尾根沿いの高山ハイデを抜けるとコメツガの林になる。鬱蒼としたなかなか見事な林で、幹には着生の地衣《ちい》類が生えている。林床にはシノブカグマやツバメオモトなど、亜高山帯針葉樹林によく見られる植物が生育している。

山頂の様子を観察し、シカの糞の採集もできたので、小屋で荷物の整理をし、急いで下山することにする。コヨウラクツツジが可憐な花をつけている。ムシカリの白い花がちょうど盛りで、まだ緑の濃くない林に彩りを添える。降りるにしたがって林の緑が濃くなってゆくのがわかる。わずか四〇〇メートルほどの標高差の中に早春から初夏までが圧縮して閉じ込められているかのようだった。畳石に着くと一足先に降りていたみんなが昼食の用意を始めていた。

水場の道標があったので水の補給に行く。小径を横切って湿地へ続くシカ道を見つけた。それは非常にはっきりしたもので、相当な密度のシカがこのあたりを利用していることを示していた。

楽しい昼食を済ませてからここでたもとを別つ。同行の四人にお礼を言って昨日登って来た大沢コース経由で下山して仙台に帰ってもらい、私はもう一泊するために赤坂峠への道をとることにした。その日はまだ時間がたっぷりあったので赤坂峠の対岸を歩いてみた。峠周辺はヤマツツジの大群落だった。そして背後の山はミズナラ林で、やはり林床にはミヤコザサが優占していた。峠から五葉山を振り返るとダケカンバの水々しい若葉が次第に淡くなりながら幾重もの稜線を駆け上がって行く。山頂から延びる鞍部《あんぶ》はすでに日陰となり、逆光をはらんだ若葉の波を浮かび上がらせていた。

仙台に帰ると私はこの予備調査の結果を整理し、今後の作戦を立て、何度かの小さな調査をくりかえしながらそれらを修正する一方、五葉山に関する情報集めを続けた。

三　五葉山とは

五葉山は北上山地南部に位置する標高一三四一メートルの山である。南北二〇〇キロ、東西八〇キロに及ぶ北上山地は岩手県の半分をも占める広大な山地であるが、準平原（長期間の侵食により地域全体が低平になった地形）であるために高い山は少なく、早池峰《はやちね》山（一九一四メートル）を除けばほとんどが一〇〇〇メートル前後のなだらかな山々からなっている。北上南部では一〇〇〇メートルを越える山は六角牛《ろっこうし》山（一二九四メートル）、愛染《あいぜん》山（一二二九メートル）、岩倉《いわくら》山（一〇五九メートル）、そして五葉山の四座しかない。五葉山周辺の山々の尾根は東西に走り、山麓部は侵食が進んでいるためにかなり険しいが、山頂部は平坦である。このため種山《たねやま》高原などに見られるようにこれらの部分を放牧に利用するという北上山地に独特な土地利用が見られる（図表3）。北上山地東部は沈降しているために海岸線は典型的なリアス式海岸として知られている。現在ではトンネルが通り、美しい海岸線を見ながらのドライブは快適なものになったが、旧国道の曲がりくねったカーブは往時の移動がさぞかし大変だったことをしのばせる。

水系は東西に発達しており、東流するものは分水嶺からわずか数キロで太平洋に注ぎ込むため、上流がそのまま海に没する感がある。これらの川にはカマツカ、ニゴイ、シマドジョウなどの砂底に生息する底生魚類がいないため、魚相は貧弱であるとされるが(今泉、一九六八)、それは本地域の川のこのような性格によるのであろう。その水は清浄で川底まではっきりと見え、カワガラスやヤマセミなどのよい生息地となっている。五葉山に水源を発する荒川や甲子川はイワナやヤマメの渓流釣りで知られる。またサケが帰ってくる川でもあり、地元の重要な産業となっている。西流する川は盛川、気仙川などに合流して南下する。

北上山地全体の水系としては東進して太平洋に注ぐものと西進して北上川に流れ込んで仙台湾に注ぐものとに

図表3：北上山地は山頂部が平坦なため伝統的に牧場に利用されることが多い。(三陸町の夏虫山)

分けられるが、地形がなだらかであるために上流ではさまざまな方向に流れる。

五葉山のある三陸南部は太平洋型気候帯に属し、冬は晴天の日が多い。岩手県としては温暖とされるが、それでも年平均気温が摂氏一一度しかない。同じ北上山地にある盛岡東方の葛巻《くずまき》地方では年平均気温が摂氏七度であり、本州でも最も寒冷な地のひとつである。

大船渡市盛における一月の平均気温は摂氏〇度であるが、葛巻では実に零下六〜七度となる。一月の降水量は五〇ミリ程で、低地では積雪は少なく、五葉山の山頂でも五〇センチ程度しか積もらない。岩手県内陸の盛岡地方の一月の降水量分布は二〇〇ミリもあり、冬の降水量の等値線は奥羽山地の東で著しく濃密になる（**図表4**）。岩手県内のいくつかの地点の積雪パターンを比較すると太平洋側気候と日本海側気候との違いがよくわかる（**図表5**）。このような違いはシベリア高気圧による北西風が太平洋の湿気を吸って日本列島に達し、これが奥羽山地にぶつかって雪を降らせ、これを越えると乾燥して北上

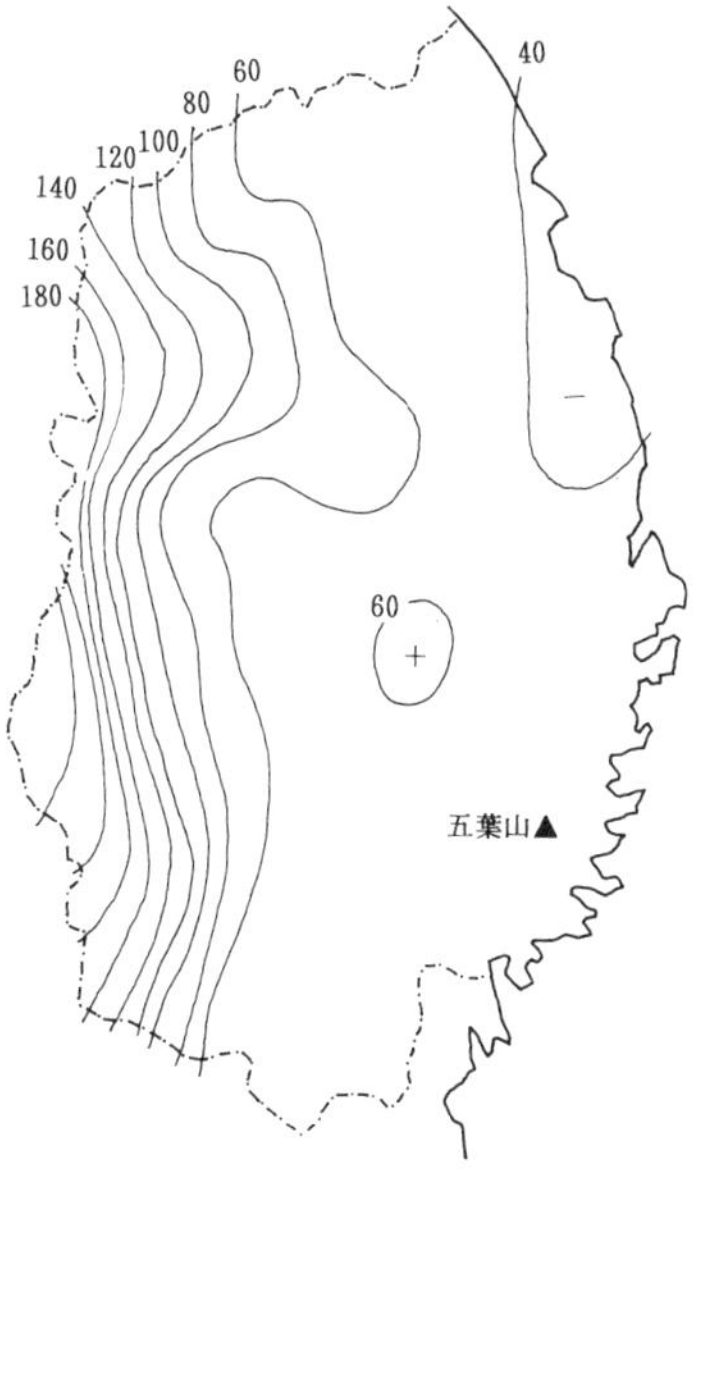

図表4：岩手県の一月の降水量分布（ミリ）。北西季節風は西部の奥羽山地で多量の雪を降らせるが、中央以東では急に少なくなる。盛岡地方気象台（一九六六）より。

山地では降雪量が少なくなるためである。

このような日本海側と太平洋側との著しいコントラストは植生に強い影響を及ぼすため、我国の植物生態学の重要な研究テーマともなっている（石塚、一九七八、一九七九、一九八七）。

一方、大船渡市の夏は七月の平均気温が摂氏二二度しかなく涼しい。しかし三陸海岸はヤマセと呼ばれる霧まじりの海からの風が吹いて日照をさまたげる。このためこの地域の夏は涼しいけれども、すっきりと晴れる日は少なく、快適とは言いがたいものとなっている。

大船渡におけるソメイヨシノの開花日は四月一二日頃であり、これは二〇〇キロも南にある仙台とほぼ同じである。つまり海岸に近いために春が思いがけず早いのである。ところが一歩内陸に入ると春の訪れはぐっと遅くなり、遠野《とおの》は大船渡からわずか三〇キロしか離れていないのだが、ソメイヨシノの開花は実に二週間も遅れる。このことは、北上山地では海岸部と内陸部とで距離的にはわずかしか離れていないにもかかわらず、生物現象には明瞭な遅速のあることを示している。

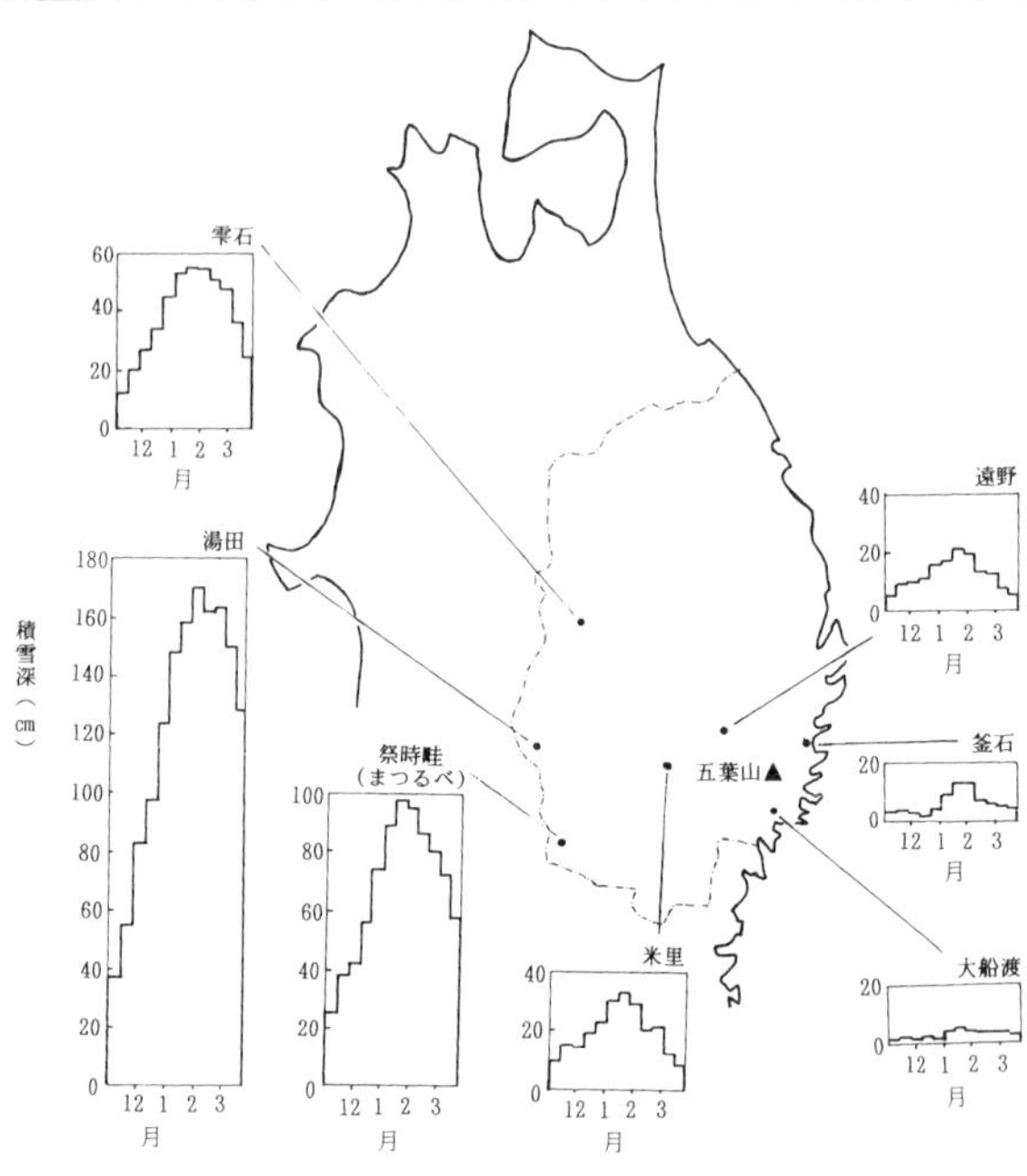

図表5：岩手県のいくつかの地点における積雪深（最深積雪の平均）の旬変化。仙台管区気象台（一九八八）より作図。

五葉山の植生に関しては次章で具体的にふれるが、既往の研究を通覧しておこう。岩手県の植生全般に関しては古く村井（一九五〇、一九五一）による概論がある。その後、岩手大学の菊地ら（一九六三〜一九六六）によって五葉山のフローラ（植物相）が明らかにされた。この頃、同じ岩手大学（当時、以下同じ）の岩田（岩田悦行、一九七一、岩田・小水内、一九六二、一九六三）により北上山地の植生の生態学的な研究が行われ、ハギ山やシバ群落に関する解析が進められた。同大学の石塚（一九六八）は北上山地におけるミズナラ林とコナラ林の分布特性を気候要因との関係で論じたほか、早池峯山のアカエゾマツの発見（一九六一）など、広範な視野により本地域の植物生態学研究の発展に大きな貢献をした（石塚、一九八一、一九八七）。

五葉山そのものに関する生態学的な研究は長い間手をつけられずにいたのだが、一九六八年になって国立科学博物館の奥田（一九六八）により山頂部を中心に高山・亜高山植生の記載が行われた。この論文では五葉山のコメツガ林はオオシラビソ（アオモリトドマツ）、ミツバオウレン、ヤマソテツ、トウヒなどこの群落タイプの標徴種《ひょうちょうしゅ》（群落分類学において群落単位を識別する種で、ある植生単位に特徴的に存在する）を欠くことが示された。またブナ林の林床にスズ、ミヤコザサが生育する点は太平洋型の特徴を、同時にオオバクロモジ、ハウチワカエデをともなう点は日本海型の特徴を示し、五葉山が両方の植生タイプの移行帯にあるという重要な指摘もなされた。その後、山形大学の斎藤ら（一九八〇）は生態種群という概念を用いることにより五葉山の亜高山植生の特質を明らかにし、この山のヒノキアスナアロ林はかつての間氷期にレフュージア（避難場所）に逃れて生き延びたものと推察した。また奥田（一九六八）も指摘した亜高山要素が乏しい原因として、温暖期に山地帯が上昇して全山を被い、この時に消滅したためと考察した。

これらの植生研究に較べるとシカに関しては情報が乏しい。五葉山がホンシュウジカ（ニホンジカ *Cervus nippon* の一亜種。エゾシカ、ヤクシカ、バイカロクなどの亜種がおり、種としては日本列島のほか、中国大陸に分布する）の分布の北限であることはよく知られていた。古林ら（一九七九）によるアンケート調査によると、東北地方におけるシカの分布は非常に限られており、宮城県の金華山島とその対岸の牡鹿半島とこの五葉山だけである。しかもこの三つの個体群は断絶しており、宮城県以南では福島県の那須まで大きな空白域がある。

五葉山のシカの調査で最も古いものはおそらく岩手大学の千葉（一九七一）による報告であろう。この予備的な調査によりシカの分布域、痕跡、食痕などが明らかにされた。また神奈川県環境部の飯村（一九七六、一九七八）は千葉（一九七一）同様に分布調査を行い、繁殖率や個体数推定の試みをしたが、当時の情報ではこれらの答えを得るのは困難であった。

シカ以外にもツキノワグマ、カモシカ、キツネ、タヌキ、アナグマ、ノウサギ、イノシシを除く中大型哺乳類などはすべて生息しており、動物相が豊富であることが知られている（岩手県自然保護課、一九七八）。小型哺乳類は調査が不十分であるが、吉行（一九六八）はチチブコウモリという珍しいコウモリを採集している。また柴田（一九六五）により、四種のげっ歯類が採集されている。このうちフジミズモグラは東北地方の山地を代表するシナノミズモグラとは系統を異にしており、五葉山の特異性を示すものとされている(今泉、一九六八)。その後一九六七年に今泉によりこれらを含む八種が確認された。彼によれば五葉山の小哺乳類相は十和田・八甲田のそれと共通性が大きいが、十和田・八甲田にいるシナノミズラモグラを欠き、代わりにフジミズラモグラがいる点で異なり、かなり特異であるという（今泉、一九六八)。

また鳥相に関しても簡単な調査がされている（柴田・村瀬、一九六四、柴田、一九六六）。これらによると五葉山は標高が高くないにもかかわらず、その鳥相はホシガラス、コマドリ、ウソ、エゾムシクイなど亜高山的な種が豊富な点が特徴的だとされている。これは鳥たちの生息地である植生を反映しているのであろう。

このように豊かな自然が残っているのは五葉山が藩制時代から伊達《だて》藩の御用林として伐採を制限されてきたためである。事実、五葉山や早池峯山などごく一部の山を除けば、北上山地の大半の林はかなり早くから人為影響を受けており、原生林はほとんど残っていない。これはつい最近までブナ林やアオモリトドマツ林など豊かな原生林が残っていた奥羽山地とは対照的である。日本のチベットといわれ、人の住みにくい所とされてきた北上山地の森林の自然度が高くないというのは意外であるが、その理由のひとつは馬の放牧に関係しているらしい。耕作地の乏しい北上山地では古くから南部駒《なんぶこま》と呼ばれる馬の放牧が行われて来た。人々は馬を大切にし、飼料を確保するために原生林を切り開き、萱場《かやば》（ススキ草地）や萩山を作った。また馬をオオカミの危険から守るため、原生林を目のかたきのようにして火入れをしたという（岩手植物の会、一九七〇）。このような中にあって自然林が残され、そしてそのおかげで動物達が生き延びて来た五葉山は、失われた北上山地の本来の自然を知ることのできるかけがえのない山ということができよう。このように貴重な五葉山の自然は現在岩手県によって県立公園として保護されており、同時に広い部分が鳥獣保護区に指定されて狩猟が規制されている。

第二章　本格的調査

一　植生調査

私はそれ以降も細々と調査を続けていたのだが、一九八〇年になって状況の変化が生じた。東京農工大学の丸山（直樹）さんのご尽力で環境庁のプロジェクトとして五葉山のシカの調査ができることになった。シカとクマを五年間、シカに関しては北海道、東北の五葉山、関東の日光と丹沢を対象とするというものだった（「森林環境の変化と大型野生動物の生息動態に関する基礎的研究」）。そして北海道は北海道大学の大泰司《おおたいし》紀之氏、五葉山は山形大学の伊藤健雄氏と私、日光は丸山直樹氏、丹沢は同じ東京農工大学の古林賢恒氏がそれぞれ担当することになった。これで手掛かりをつかみかけていた私の五葉山での調査もしっかりした体制で取り組むことができるようになった。

しかし五葉山で調査に取り組む前に解決しておかなければならないことがあった。金華山島の場合は東北大学を中心とした研究の蓄積があり、地質、動植物相、植生などの基礎研究の上に立って生態現象の記載、解析が進められて来た。しかし五葉山ではそのような蓄積はほとんどなかった。すべて自分で開拓しなければならない。初めに手がけたのは群落記載である。

（一）　群落の概況

五葉山山頂（一三四一メートル）一帯の平坦地には丈のごく低い群落が拡がっている。シラネニンジンなどの草本群落とガンコウランやコケモモなどからなる高山ハイデがみられる。可憐なリンネソウなどもあり、花好きには楽しい場所だ。山頂を取り巻くように人の背丈ほどのハイマツ群落がある。しかし、これらの場所ではシカの痕跡は少なく、シカにとって重要な群落型ではないようだった。その下はコメツガ林、ヒノキアスナロ林などからなる鬱蒼とした針葉樹林のほか、ブナ林、ダケカンバ林などの比較的明るい落葉広葉樹林が発達する。コメツガ林はことに山頂東側の鳩ノ峰にかけてよく発達している。コメツガ林の内部は暗いため下生えは乏しく、わずかにシノブカグマ、カニコウモリ、ヒメタケシマラン、ツバメオモトなどがまばらに生えているにすぎない。多湿なためにコメツガの幹にコケが生えており、うっかり触ると水滴が垂れるほどだ。

　ヒノキアスナロ林はコメツガ林よりは広く、また下方

図表6：標高九九〇メートルのヒノキアスナロ林。林床は貧弱だが、所々にヒノキアスナロやヤマタイミンガサなどが生育する。

まで発達している。コメツガ林同様林内は暗く、樹脂の匂いなのだろう、体に浸み込むような香りがある（図表6）。林床にはヒノキアスナロの落葉が敷きつめられ、ところどころにヒノキアスナロ自身の若木の塊まりがある。よく見ると、実生《みしょう》（木本植物の芽生え）よりは、垂れ下がった枝が地面に達してそこから根を出して活着した、いわゆる伏臥更新《ふくがこうしん》をしたものの方が多いのに気づく。他の植物は乏しく、わずかにホソバトウゲシバ、シノブカグマなどが見られる程度である。構成種はコメツガ林と共通性が大きい。

ダケカンバ林は尾根沿いに付けられた登山道を登っているとかなり広面積に発達しているという印象を受けるが、山全体を見ると針葉樹林の中に尾根沿いに食い込んでいるように拡がっている。ダケカンバ林といってもダケカンバの比率はさまざまで、大抵の場合ブナが混じっている（図表7）。場所によってはブナの方が多いこともあるが、この場合もブナだけであることはなく、多少ともダケカンバをともなう。亜高木層にはナナカマドが多く、低木層にはハクサンシャクナゲやムシカリがよく見

図表7：標高一二二〇メートルのダケカンバ林。林床にミヤコザサが密生する。

られ、また林床にはミヤコザサが密生する。ブナやダケカンバの白い樹幹とハクサンシャクナゲの濃緑色、それにミヤコザサの明るく水々しい緑が鮮やかなコントラストを見せる。ブナ林の中を歩いていると、ときどき多湿な場所があり、こういうところにはヤマタイミンガサの群落が見られる。

低山地帯の大部分はミズナラ林またはコナラ林に被われている。これらの林はかつては薪や炭をとるための林(薪炭林)であった。これらの林は数十年周期で刈り取られ、萌芽再生した木から成り立っている。ミズナラ林ではダケカンバ、アオダモ、ウリハダカエデなど、コナラ林ではカスミザクラ、アオダモ、イヌシデ、クリなどの落葉広葉樹が混生している。面積的にはミズナラ林が広いが、赤坂峠東側にある十条製紙の見本林は直径二〇〜三〇センチのコナラからなるなかなか見事な林である(図表8)。これを見ると、かつてはこのような林が拡がっていたのかもしれない。林床もかなり多様であり、早春にはタチツボスミレ、チゴユリ、シュンランなどの可憐な草花が我々の目を楽しませてくれる。アキノキリンソウ、ヒカゲスゲ、

図表8：コナラ林。コナラは直径二〇〜三〇センチあり、萌芽していない。林床にはミヤコザサが密生する。

ヤマツツジなどもよく出現する。しかし量的に最も多いのはここでもミヤコザサだ。ここのミヤコザサは丈も密度もブナ林やダケカンバ林のものよりは劣るが、林床の優占種であることは確かだ。シカの姿を見ることは多くはないが、足跡や糞などの痕跡はよく発見された。

畳石周辺はかつての馬放牧地であったため全体的に藪状態にあり、場所によりススキ群落であったり、ヤマツツジやレンゲツツジなどの低木群落であったり、あるいはミズナラ林であったりする。これらの違いは立地の状態によるらしく、尾根状の場所にススキ群落、沢状または平坦な場所にミズナラ萌芽林、それらの中間的な場所に低木群落が発達しているようである。しかし、それだけでなく、風当たりの強い場所では二次遷移（植物群落が安定した群落へ変化することを遷移と言い、そのうち火山跡など裸地から始まるものを一次遷移、すでに植生のあるところが攪乱などを受けてから始まるものを二次遷移として区別する）の進行が遅れる傾向があるようだ。いずれもミヤコザサをともない、場所によってはその量も多かった。このほかにミチノクホンモンジスゲ、ホソバヒカゲスゲ、ツクバネウツギ、ミツバツチグリ、チゴユリなどが生育し、種数、量とも多かった。またシカの姿を発見することも多く、痕跡も頻繁に見られた。

このほか、低地にカラマツ人工林がある。同じ針葉樹林でもこれは落葉性なので林内は明るく、ここでもミヤコザサが林床を被っていた。構成種はチゴユリ、ガマズミなどコナラ林との共通性が大きかった。

群落記載と同時に、シカの食糧供給という観点から、二メートル以下の植物を刈り取って持ち帰り、乾燥重量を調べた（高槻・伊藤、一九八六）。最も重要な点は針葉樹林を除くほとんどの群落でミヤコザサが重要であったということであった。

このような記載はどうしても地味なものになりがちだが、研究の土台となるものであり、必要不可欠なものである。ただ本音を言えば、こういう調査は実行する者にとっても多少の退屈さはともなうのである。それはサンプルを刈り取って来て重量を測定するという作業の単純さだけでなく、答えがある程度見えており、作業の結果に意外さが少ないということにもよる。我々にとって楽しいのは山を歩きながら、こうかも知れない、ああかも知れないと仮定を立てたり壊したりするところにあるのであって、これらの作業はその観察を第三者に納得してもらうために裏付けをとるというところがある。しかし、だからといってこの種の作業が重要でないということにはならない。むしろ退屈と見えるこのような基礎作業のくりかえしが我々を自然に対する正しい認識に導いてくれることが少なくないのである。こうして得たデータを持った上でもう一度自然を見直してみる。そうするとデータの語っていたことによりその現象がはっきりと認識されることもあるし、逆に自分の観察が的外れであったり、不十分であったりすることに気づいたりすることもある。フィールドワークはそのような仮定と検証のくりかえしだと思う。

二　食性

金華山島で体得した自分なりのスタイルはシカの食性を通じてシカと植物とのつながりを探るというものであった。

そこで五葉山でもシカの食性を明らかにすることに取り組むことにした。それには食痕調査と糞分析というふたつの方法を併用した。

（一）　食痕調査

まず五葉山の代表的な群落から九地点を選んで食痕調査を行うことにした（図表9）。

地点一：標高四六〇メートルのコナラ林。コナラの太さは直径一〇センチ程度で、萌芽林によく見られるように一カ所から株立ちしている。これらの林はかつて薪炭林であった。林床にはミヤコザサのほかチゴユリやアキノキリンソウ、タチツボスミレなどが生える、この地方の低山帯の代表的な雑木林である。この地点に特徴的なことは、隣接してオオアワガエリやカモガヤ、ナガハグサなどの牧草の生育する牧場のあることで、夏から秋にかけて牛が放牧される。

地点二：標高八五〇メートルのダケカンバ林で、前章で紹介した、かつての馬放牧地であり、二次遷移の途上にある若い林である。林床にはヤマツツジやレンゲツツジなどが多く、ミヤコザサも少量ながら生育する。

地点三：標高九〇〇メートルのゆるやかな斜面にあるススキ群落で、地点二同様かつての放牧地である。スス

番号	標高（m）	植生
1*	460	コナラ萌芽林
2*	850	ダケカンバ一斉林
3	900	ススキ群落
4*	920	ヤマツツジ低木群落
5	960	ミズナラ萌芽林
6	990	ヒノキアスナロ自然林
7*	1150	ミズナラ林
8*	1220	ダケカンバ自然林
9*	1240	ブナ自然林

図表9：五葉山における食痕調査地点およびシカ糞採集地点（＊印）。

前頁　雪の中を進むシカたち。雪は白いキャンバスとなって彼らを浮かび上がらせる。
上　雪を掘ってミヤコザサを食べるオスジカの群れ。
中　危険を感じて走り出す。右端は一歳のオスで、ナガと呼ばれる一本角が見える。
下　吹雪の中を行く若いオス。強い風は体温を激しく奪い、体力を消耗させる。

写真　江川正幸

キが優占し、レンゲツツジ、ヤマツツジ、ミヤコザサ、ホソバヒカゲスゲなどが多い。

地点四：標高九二〇メートルのヤマツツジ群落で、地点二同様かつての放牧地であるが、平坦地であること、風当たりの強いことなどの理由により二次遷移の進行が遅く、低木や草本類が多い。量的にはミヤコザサも多いが、ススキやハギ類、その他の双子葉草本も多く、全体に組成が多様なのが特徴的である。

地点五：標高九六〇メートルの斜面にあるミズナラの萌芽林で、ミズナラは直径一〇〜二〇センチ程度である。林床にはミヤコザサがまばらに生え、量は多くはないがレンゲツツジ、ヤマツツジ、ウリハダカエデ、ハウチワカエデ、チゴユリなども目立つ。

地点六：標高九九〇メートルの斜面にあるヒノキアスナロ林（図表6）である。林は暗く、林床植物は乏しいが種数はけっこう多く、ホソバトウゲシバ、シノブカグマ、ミヤマカンスゲ、アオダモ、コメツガなどが生育する。

地点七：標高一一五〇メートルのミズナラ林で、ミズ

図表10：主要植物の被食率（%）。
G・グラミノイド
F・双子葉植物
f・シダ類
B・木本植物
高槻・伊藤（一九八六）より。

	植物群				被食率
ミヤコザサ	G	・	・	・	80.3
スズ	G	・	・	・	62.5
ホソバヒカゲスゲ	G	・	・	・	57.4
ススキ	G	・	・	・	55.9
アオスゲ	G	・	・	・	55.5
ミヤマカンスゲ	G	・	・	・	54.8
タガネソウ	G	・	・	・	53.3
ミチノクホンモンジスゲ	G	・	・	・	46.4
ムシカリ	・	・	・	B	45.5
ヒカゲスゲ	G	・	・	・	44.4
ダケカンバ	・	・	・	B	33.3
ノリウツギ	・	・	・	B	33.3
マルバハギ	・	・	・	B	33.3
アズマスゲ	G	・	・	・	28.6
ヤマツツジ	・	・	・	B	26.8
ウスノキ	・	・	・	B	25.0
アオダモ	・	・	・	B	21.4
ミズナラ	・	・	・	B	18.8
ツクバネウツギ	・	・	・	B	18.5
ヒメシロネ	・	F	・	・	18.2

	植物群				被食率
ガマズミ	・	・	・	B	16.7
コミネカエデ	・	・	・	B	14.3
ハウチワカエデ	・	・	・	B	12.5
カニコウモリ	・	F	・	・	11.1
オクモミジハグマ	・	F	・	・	10.5
ホソバトウゲシバ	・	・	f	・	9.1
チゴユリ	・	F	・	・	8.5
レンゲツツジ	・	・	・	B	7.5
ヒノキアスナロ	・	・	・	B	5.9
アキノキリンソウ	・	F	・	・	3.0
ウリハダカエデ	・	・	・	B	0
モミジイチゴ	・	・	・	B	0
ナナカマド	・	・	・	B	0
オトギリソウ	・	・	・	B	0
ナルバダケブキ	・	F	・	・	0
マイヅルソウ	・	F	・	・	0
オオヤマフスマ	・	F	・	・	0
タニギキョウ	・	F	・	・	0
ミツバツチグリ	・	F	・	・	0
シノブカグマ	・	・	f	・	0

ナラの直径は一〇〜二〇センチで、地点一同様かつての薪炭林と考えられる。低木層にはムシカリやヤマツツジが多く、林床にはミヤコザサが生えるが、その量は多くない。

地点八：標高一二二〇メートルのダケカンバ林で、ダケカンバは直径三〇〜四〇メートルあり、ブナやミズナラも混生する。林床にはミヤコザサが密生し、他の種の量は少ない（図表7）。

地点九：標高一二四〇メートルのブナ林で、林のタイプは地点四と基本的に同質であるが、ダケカンバよりもブナが多い。林床にはミヤコザサが密生する。また場所によってカニコウモリが群落をなしていることがある。

この食痕調査の結果、ミヤコザサの八〇・三％を筆頭に、上位八種までがグラミノイド（イネ科、イグサ科、カヤツリグサ科の総称）であったのが注目された（図表10）。そして木本植物が一五％から四〇％位の範囲に多く、重複しながら双子葉草本へと続いていた。これらの結果からムシカリ、ダケカンバ、ノリウツギ、マルバハギなどの木本植物はシカに好まれるが、レンゲツツジ、ヒノキアスナロ、ウリハダカエデなどはあまり好まれないことが判った。双子葉草本ではミツバツチグリ、マイヅルソウ、マルバダケブキなどはシカが好まない植物であると判断された。ホソバトウゲシバ、シノブカグマなどのシダもシカが好まないようだった。このように、数多く生育する植物の中でもグラミノイドに対する採食が多いということに関しては、後に触れることになる。

（二）糞分析

食痕の調査からミヤコザサが重要な食糧であることへの確信は強まっていた。しかしそれがシカの食糧の組成のどの程度を占めるのかは未知数であり、糞分析によってその答えを出すのが楽しみだった。

糞分析はまずシカの糞の採集から始めなければならない。シカの糞はヤギやヒツジの糞と同様、ラグビーボールのような楕円形をしており、シカは一度に一〇〇粒ほどを一カ所に排泄する。野外では色や質からこれらがひとつの糞塊であることがわかる。採集する時は新鮮な糞だけを選び、異なる二〇の糞塊から二粒ずつを抽出した。つまり一つの採集地点で四〇粒を採集したことになる。シカの糞の色は夏は黒に近い濃いチョコレート色をしているが、冬には濃緑色になる。冬には雪があるので発見しやすくなるが、そのかわり山登りそのものが大変になる。

一番大変だったのは初めての本格的な採集を始めた一九七八年一二月初旬のことだった。大沢小屋はさすがに寒く、小屋の周りで枯れ木を集めて焚火をした。夜中になるとシュラフを通して背中がじんじんと冷えて、その寒さで目が覚める。翌日、朝六時に起き、畳石を目指して山道を登る。標高九〇〇メートル位まで登ると雪が目につくようになる。畳石では雪の上に黒々としたシカの糞がいくらでも見つかる。ここからは、急な上り坂になる。一一〇〇メートルあたりで雪が深くなり、ミヤコザサは雪に埋もれて目につく量が減ってくる。一二二〇メートルのダケカンバ林ではさらに雪が深くなったが、それでもシカの糞はある。小屋に着いて一服していると、六時頃から雪が降り始めた。雪の深さは吹き溜まりでは一メートルを越えるところもあるが、おおむね五〇センチ程度でさほど深くはない。しかしこの寒さである、頂上周辺にはシカはいないかもしれない。今回の調査では頂上にシカがいるかいないかを確認しておくという含みがあり、糞がなければないでひとつの情報となる。

夜中に気温を測ったら摂氏マイナス一一度。安物のシュラフだから寒くてまともには眠れない。五時にはシュラフから出て火をおこす。同行の鈴木、高山両君も同じだったらしく、はれぼったい目で起き出して来る。雪こそ降っていなかったが曇り空で寒さは厳しかった。

頂上の石楠花荘から稜線沿いに西の黒岩との間にあるブナ林を目指して進む。驚いたことにシカの足跡がいくらでも見つかった。またハイマツの藪陰にはシカの寝た跡もある。ちょうどシカの胴体の形に雪が圧され、体温で融けてかたまっている。こんな季節にもシカは山頂部で越冬しているのだ。それまで金華山島で少し積もった雪の中でも危なっかしく歩くシカを見て、シカは雪に弱いと思い込んでいたので、この発見はシカに対する私の見方を書き換えるものだった。

ブナ林で糞を採集しての帰路は黒岩経由で大沢を降りることにした。凍りついた岩を登ったり降りたりの厳しいルートだったが、ハイマツやナナカマドに霧氷がついており、その白と透明の空間はどこかでキーン、コーンと薄いガラスが鳴り響くような不思議な世界だった。

こうして採集した糞は研究室に持ち帰り、アルコールの液浸標本として保存し、顕微鏡で分析した。顕微鏡をのぞいてみると、最も多かったのはミヤコザサであった（図表11、12）。

地点一ではミヤコザサの割合は二〇〜四〇％であった。他のイネ科植物もかなり多かったが、夏には減少した。これらの大半は牧場のオニウシノケグサ、カモガヤ、ナガハグサなどの牧草類であり、シカが牧場に侵入してこれらを採食していることを示していた。この地点では全体的に各成分が同じ程度を占めており、組成が多様であった。これはこの地点が山麓部に位置しており、山腹斜面と平坦地が接していて地形が複雑であるためにさまざまな群落が共存していること、またこれに加えて牧場や植林により自然植生が改変され、植生がさらに複雑になっているためと考えられる。

地点二ではミヤコザサが重要で全体の約半分（五〇〜六〇％）を占めていた。ただし春には少なく二四・二％で、この時期はイネ科植物が四一・二％と多かった。

上となり、ことに秋から春にかけて増加する傾向があった。これは夏を中心に多くの植物が生育し、食糧となる植物が多様であるのに対し、秋から冬にかけては大半の植物が落葉または枯死するために常緑性であるミヤコザサの価値が相対的に大きくなるためであろう。

地点七、八、九ではほぼ同様な傾向を示した。すなわちミヤコザサはさらに重要となり、比較的少ない夏や秋でも六〇〜七〇%、冬や春にいたっては七〇〜八〇%を越えるほどの高率を占めて、糞中の植物片のほとんどがミヤコザサによって占められているという状態であった。

糞分析と食痕調査にもとづく五葉山のシカの食性は一九八六年に論文にしたが(高槻、一九八六)、発表したのは後で分析した表日光の論文(高槻、一九八三b)の方が先になった。表日光の場合はいわば訪問調査という感じがあり、その方がかえってまとめやすいところがあるものである。これに較べて五葉山の方は調査が継続中であるために、その後見聞きしたことが分析結果に関してあ

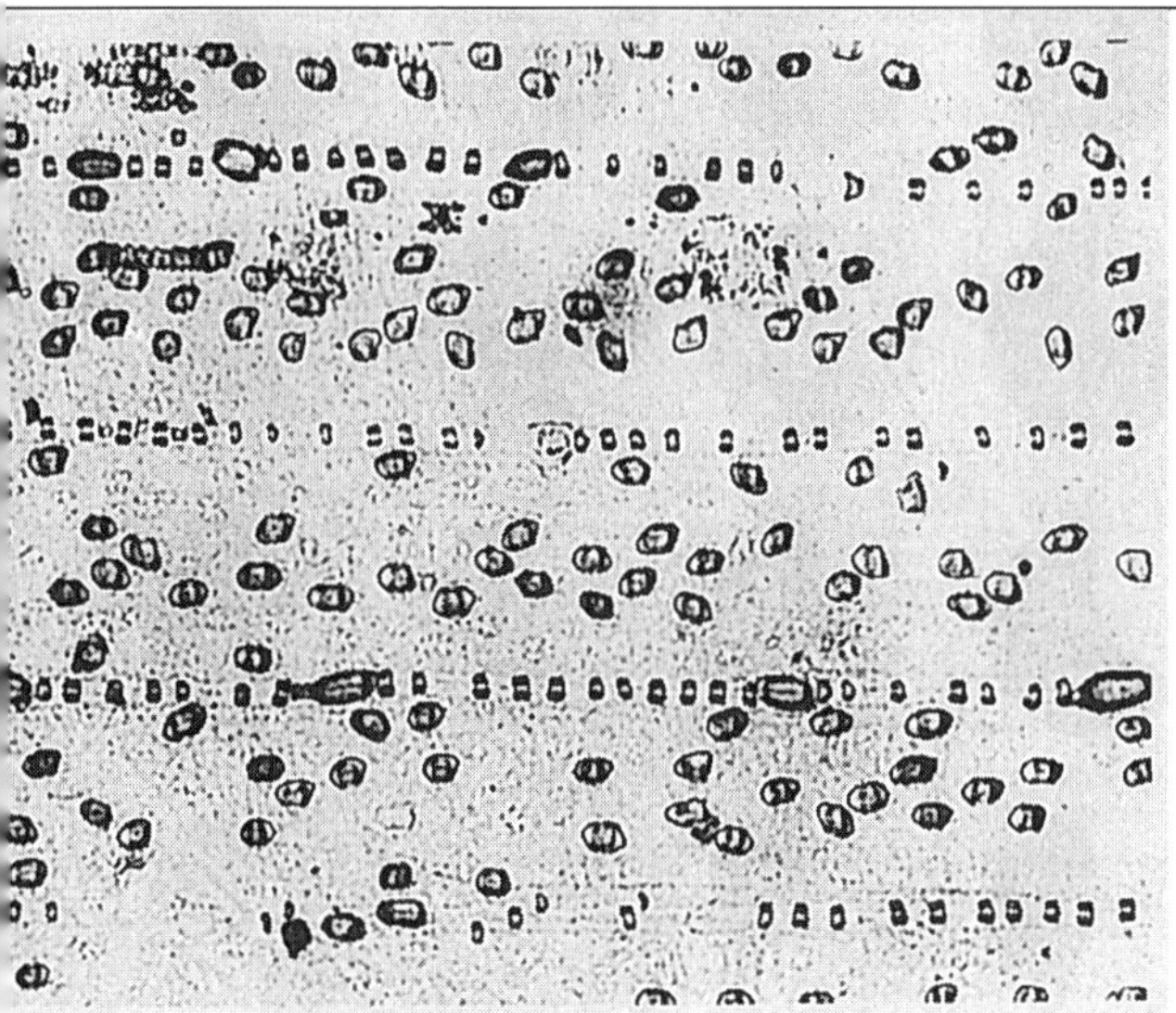

図表11：ミヤコザサの表皮細胞の顕微鏡写真。楕円形の微毛とビヤ樽型のケイ酸体が特徴的である。高槻(一九八六)より。

図表12：五葉山のシカの糞分析結果。標高の高い場所ほど、また食糧の乏しい冬と春にミヤコザサの占める割合が大きくなる。調査地点番号は図表9に対応。高槻（一九八六）より図化。

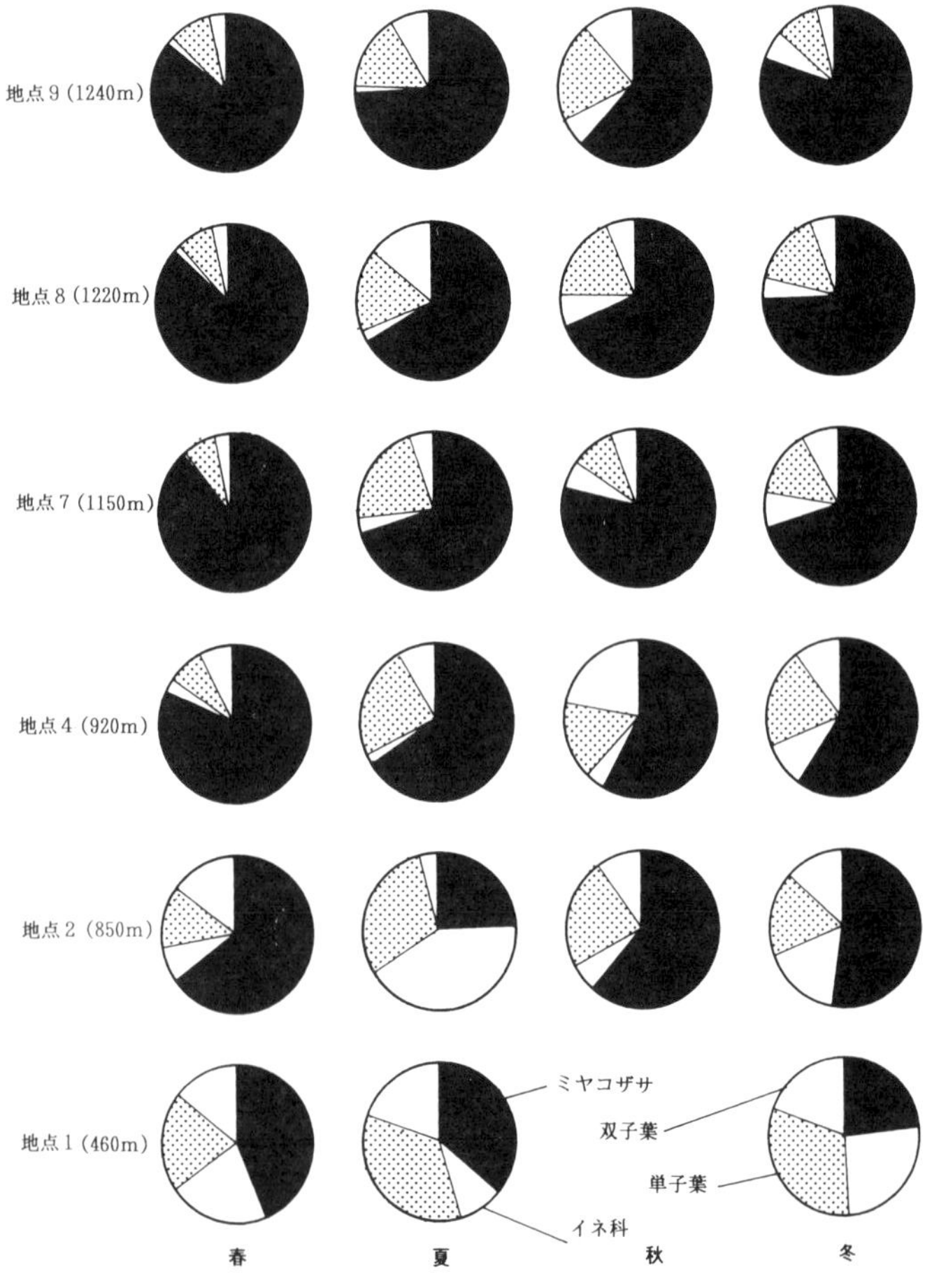

れこれ考えさせることになったこと、また調査が継続しているということそれ自体が気持ちの上でなかなか踏ん切りをつけにくくして論文にすることを大幅に遅れさせてしまった。比較するのもおこがましいが岩田久二雄（一九七一）による文章にはこの時の私の気持ちを説明するものがある。彼はオトシブミの観察をした後、最も美しいドロハマキチョッキリだけは発表しなかった心境を次のように語っている。

「あまりにも豊かな自然の営みの中にいたので、貧弱な記録にもとづいて整理することを良心がとがめたのであった。真の自然研究者は最も良心的で謙虚なはずである。」

そして後に発表する気持ちになったことについて続けて語る。

「しかしその後、私はほとんど机上の仕事に追われてきたために、良心の一部を麻痺させたのであろうか、また年月の経過が一種のあきらめ、すなわちこれ以上この問題をつつく機会がないという見通しをあたえたためであろうか、いまここにその記録をひろげて見て、わずかに数行の結論として示そうというほどに大胆になったのである。」

こうして糞分析が終わってみると五葉山のシカにとってミヤコザサが極めて重要であることが確認された。これは十分予想されたことではあったが分析結果はその予想をはるかに上廻るものであった。顕微鏡を覗いていて次から次へと視野に現れてきたミヤコザサ。まるでこのササばかりという試料も少なくなかった。「ミヤコザサがポイントになりそうだ」という私の直感は当たっていたらしい。この実感は私を勇気づけた。今後の研究はこのササとシカとの関係を軸に展開しよう。これが予備調査で到達した私の見通しと決意であった。

（三）　調査余話

さまざまなタイプの群落を訪れるのはそれぞれに楽しみなものだが、中でものヒノキアスナロ林は格別だった。ここに至るには畳石で登山道から別れて、鳩ノ峰に続く林道を行く。林道とはいっても自動車が通るような林道ではなくかつての国有林の監視路で、人一人歩けるだけの細いものである。しかも現在では廃道同然になっていて倒木も多く、歩きにくい。しかし、それだけに人に会うこともなく、静寂な自然を存分に味わうことができる。道中何本も沢を横切る。清烈な水が岩にぶつかり、渡るときにしぶきがかかる。大きい沢では水音も大きく、話す声も聞こえない程だ。しかし、そこを離れて小さな尾根を曲がっただけで急に音が小さくなる。そして今度は次の沢の音が聞こえてくる。

ゴヨウザンヨウラクが生えているのはこんなところだ（図表13）。ウラジロヨウラクなどに近縁なこの低木は故菊池政雄氏が発見されたもので、分布はこの五葉山周辺に限られる（菊池、一九六二）。名前のゴヨウは言うまでもなくこの山の名に由来している。珍しいということはそれだけで価値があるのだろうが、この植物に関してはそのことを抜きにしても大変に魅力的だ。クローバの葉ほどの小さな葉は、近縁のウラジロヨウラクもそうだが、微妙な緑色をしている。それは単純な緑に多めに白を混ぜ、それに黄色を少々と、隠し味風に水色を加えれば少しは似るかもしれないというような緑だ。そして端正な楕円形の葉には、どういうわけかは知らないが中肋《ちゅうろく》（葉の中央を走る太い葉脈）をはさんで二本の毛の列が並ぶ。おまけに裏面では中肋上に一ミリほどもある剛毛がまばらに並んでいる。それらは生物学者がしかめつらをして適応的な意味を考えても決してわかりそうもなく、むしろ神様の気まぐれな遊びの産物としか思えないという風なのも何となくユーモラスでいい。だがこのような葉の特徴も花のそれに較べればどうということはない。七月上旬に咲く花は細長い筒形で先端が四つに分かれている。その色は上品な乳白色で、しかも花の上に絵筆でツーッと引いたような紅色の筋がある。ひとつの花をよく観察しても可憐な、それでいて凛とした気品を漂わせた美しさがあるが、これが抑え気味の緑の葉の間に点々と咲いている様子は自然の作った佳作というほかはない。しかもこの花にはえもいえぬ甘い芳香がある。ウラジロヨウラクもなかなかに可憐な花をつけ、我々を楽しませてくれるが、ゴヨウザンヨウラクにはかなわない。この仲間（ヨウラクツツジ属）は世界に一〇種あるが、ゴヨウザンヨウラクの花が二色である点と腺毛が密に生えている点は他のいずれとも異なる際立った特徴であり、同属の中でもひときわ異彩を放っているという（田代・八田、一九八九）。

この調査ではこんなこともあった。七月の調査では学生諸君も自分自身の調査に忙しかったので、独りで山を歩いた。選んだ九地点を廻るのは一日フルコースとなる。

図表13：ゴヨウザンヨウラク。この花は世界で五葉山にしか生育しない。

朝早く出発して頂上を目指し、調査地点に着いてもゆっくり休憩をする余裕はなく、調査しながら息を整えるという具合だった。頂上周辺のブナ林で調査を終え、いつもの癖でわざと来たときと違うルートを歩く。これは昆虫採集をしていた少年の頃からの習慣で、そうすると何か新しい発見があるからだ。山は静寂に包まれていた。一人の人にも会わない。聞こえるのは自分の息だけだ。ハイマツの藪を藪漕ぎしている時だった。ハイマツの曲がりくねった樹幹に足をとられ、下を見ながら進んでいると、突然「ギャッ!」という悲鳴とともに目の前から大きな物が跳び出した。びっくりして見るとメスジカだった。藪の中で安心して昼寝をしていたらしい。人が来るとは思ってもいなかったために、ほんの目の前に来るまで気がつかなかったのだ。こちらもびっくりしたが、シカの方も相当驚いたらしく、ものすごい勢いで駆けて行った。

頂上周辺での調査が終わって下山し始めると急に天気が変わって来た。黒い雲が天をおおったかと思うと大粒の雨が落ちて来た。あわてて傘を出してさす。それにしても、さっきまであんなに良い天気だったのに、こんなことってあるのだろうか。幸い調査は終わっていたので、とにかく降りるだけだ。畳石を過ぎ、林を抜けて草原に出たとき、バリバリッという物凄い音とともに稲光が走った。いつか見た落雷に関するテレビで、バックルやゴルフのクラブなどの金属を身に付けていると雷が落ちやすいというのは根拠がないと言っていた。人間の体そのものが水と同じようなもので、これが平坦で物のないところに立っていれば、細長い導体が突き出ているのだから避雷針のようなもので、金属の有無にかかわらず落ちるというのだ。しかし無駄とはわかっていても、反射的に傘を放り出し、体は駆けだしていた。そして走りながらテレビのことを思い出していた。テレビはこうも言っていた。一本杉のような孤立木には落ちやすいが、これが避雷針の働きをするのでその木のまわりが最も安全だと。見ると三〇〇メートルほど先に植林したカラマツがある。あれを目指して突っ走るのだ。一刻を争う。その間にもうひとつの雷が落ちた。が、これは少し遠くだった。さっきのと違ってゴロゴロと響く。木立のもとに転げ込む。雨具を取り出して待っている間にも二、三度の落雷があり、かなり大きいものもあったが、次第に遠ざかり、やがて暗雲は薄くなって雨も小降りになった。全くひどい目にあったものだ。さっき投げ捨てた傘を拾いに走って来た道を引き返しながら、日頃ニュースで落雷で死亡などという報道を聞いて人が、

「運の悪い人があるもんだな」

というのを聞くと、

「なァに、交通事故で死ぬのは御免だけど、雷が落ちて死ぬなんてのはナチュラリスト冥利につきるというもんだネ」

などと憎まれ口を聞いている自分を思い出して苦笑した。

三　センサス

(一)　初めてのセンサス

環境庁のプロジェクトが動き出すのは一九八〇年の四月からであったが、それ以前に基本計画を立てていたので、センサス（個体数調査）のしやすい冬のうちに一度センサスを実施しておきたいと思っていた。センサスそのものは金華山島で経験していたものの、金華山島と五葉山とでは山の規模、雪の状態など勝手が全く違う。条件はむしろ日光に似ているから、経験豊富な東京農工大学の丸山さん

に指導をお願いすることにした。日程は三月八日から一一日までとし、学生諸君に声をかけて七人に来てもらい、農工大からは丸山さんら三人を加えて総勢一一人の編成となった。今回の調査はこれまでの調査と違い人数が多い。それだけに責任がずしりと重くのしかかるのを覚えた。

前の晩に調査の打ち合せをする。最大の目的はセンサスだが、厳冬期の食性と越冬状態を知るためにぜひとも頂上に登っておきたかった。体はひとつしかない。心苦しいが第一回のセンサスは丸山さんに指揮してもらい、私は学生三人と登頂することにした。

三月九日。調査第一日。早朝に宿を出て九時に赤坂峠に着く。ここから畳石を目指し、この登山道上に二人を配置して残りの九人はさらに登る。雪は初め斑《まだ》ら状であったが次第に一面の白に変わって来た。一〇時二〇分に畳石に着く。ここで雪は三〇センチ位になる。ここから頂上まではさらに三〇〇メートルある。

「こんなに雪があるんじゃあ、シカなんかいるわけないよ」

丸山さんが言う。しかし我々は一年前(一九七九年一二月)に頂上で確かにシカの痕跡を見ている。雪の量は今年の方が多いようだが、この目で見なければいないというわけには行かない。

「やっぱり行きます」

丸山さんは頑固な奴だなと言いたげだったが、目は笑っていた。予定通り丸山さんにセンサスの指揮をお願いして、私と大学院生の原(正利)、小池(良彦)、平吹(喜彦)の三君は頂上の西にあるブナ林を目指すことにした。畳石から頂上までは急な登りになる。畳石までは雪は二〇~三〇センチだったのだが、登りになるとひざを越すようになった。雪がない時期とはまるでペースが違う。厚着しているから脚を上げるのに力が要り、一歩進んではまた一歩というペースでしか登れない。疲れているときに見る夢の中で、焦って走ろうとするのに体が鉛のように重くて全然進めない、あの苦しみのようになる。一歩登るごとにズボッと沈み、また雪によって平坦に見えた地面が実はガラガラの岩の隙間だったため滑ってはまり込んだりする。同じ打ち身でも寒いときのそれは何倍にも増して痛いものだ。時間は十分にあるとはいうものの、こんな遅々とした歩みで一体頂上に達することができるのだろうか。イライラしているのが自分でもわかる。先頭を代わってもらう。

それまで雪のない時期に何度か歩いたことのある景色がまるで違って見える。息が切れ、無言で休んだのも一度や二度ではなかった。だが無限に遠いように思われた頂上も一歩一歩の積み重ねにより近づいてきた。

ところがさっきから下り坂だった天気がさらに悪化し、ついには吹雪いてきた。稜線に達すると風は真横から吹きなぐり、視界は一〇メートル程しか効かなくなった。風はシャーベット状の雪を含んでおり、メガネが完全に見えなくなってしまった。あわてて拭きとってかけなおすが、またすぐにメガネを被ってしまう。周りが見渡せないため、自分達の位置がわからなくなってきた。まず頂上を確認しよう。不安をかき消すために三人と一緒に上へ上へと歩いて行き、ようやく頂上にある「五葉山」の碑に達した。これで自分達の位置は判った。方向を確認して目的地である黒岩方面のブナ林を目指す。夏に来たときに覚えていたハイマツ群落を抜ければササ原に出て、そこをさらに西に進めば目的のブナ林に達するはずだった。ところがいくら歩いてもハイマツ群落を抜けられない。吹雪はさらに激しくなって来た。そしてようやくハイマツを抜けたと思った場所に見つけたのは、あろう事か自分達の足跡だった。胸に黒く重い不安が沈みこんだ。

『まずい、リングワンテルングをしている』

『落ち着け、落ち着け』
と自分に言い聞かせる。リングワンテルングとは同じ道をぐるぐる歩くことで、山岳書を読みふけった頃よく目にした言葉だったが、それを自分が体験することになるとは思ってもいなかった。

三人には動揺を見せないようにして、そして自分自身を冷静にするためにコンパスを出して方向の確認をする。間違っても北斜面を降りてはならない。それは遭難を意味していた。もし小屋に戻れなくても、南斜面を下ればその日のうちに下山できるだろう。離れないように注意しあい、慎重に方向を確認しながら少しずつ移動する。幸いなことに結果的には大きな廻り道もなく石楠花荘にたどり着くことができた。その夜は激しい登りにぐったり疲れていたので、すぐに眠りに落ちる。

翌朝は五時半に起きる。幸い天気は昨日とはうって変わったように良くなった。せっかく頂上まで登ったのだから昨日できなかった、山頂にシカがいるかどうかの確認だけはしておきたい。朝食もそこそこに小屋のまわりを歩き廻るが、シカの痕跡はなかった。やはり丸山さんの言うことが当たっていたようだ。しかし、いないということは来てみてはじめて判ったのだ。きのうのリングワンテルングも大いなる無駄さ、と負け惜しみを言う。

午後にはセンサスをするという打ち合わせなので、急いで小屋を後にする。小屋を出たのが七時四五分、あの雪の中を二時間で畳石に着いたのはかなりのペースだった。畳石からは右に曲がって大沢に降り、大沢小屋に着いたのは一〇時半だった。これだけでも大変だったのだが、大沢小屋から甲子と赤坂峠を結ぶ道路まで降りて自動車で峠に上り、さらにセンサスをするという過酷な作業をしてもらった。

はじめてのセンサスであったが、うまく完遂することができた。しかし、この時のハードスケジュールは後々まで語り草となり、私の人使いの荒さは生来の口の悪さとともに学生諸君の間に定着してしまった。確かにあの時の行動は過密なもので、頂上で朝五時半に起きて歩きずめに歩いて山を降り、それから赤坂峠を登ってセンサスをし、日が暮れてから二〇〇キロの冬道を運転して、仙台に着いたのは夜中の一一時を回っていた。その晩は泥のように眠った。

(二) 個体密度の季節変動

このときの調査がその後の調査の標準となった。センサスは環境庁のプロジェクトの終了する一九八四年の秋まで延べ二七回行なったが、私は会議のために行けなかった一度を除き、すべてのセンサスに参加しそのリーダーを務めた。その一度はどうしても欠席するわけにゆかない会議だったため仕方がなかったのだが、今でも痛恨事として心に残っている。

センサスを行った場所は序章で紹介した五葉山の南面で、赤坂峠から西に延びる約一キロの道路を底辺とし、畳石を頂点とする二等辺三角形の範囲なので、「三角地帯」と名付けた(図表2)。ここはこれまでも何度も歩いてシカが確かにいることを知っていたし、地形がなだらかで比較的歩きやすいなどの自然条件を備えている。しかも面積がちょうど一平方キロと区切りがよい。また三角形の「二等辺」が尾根になっており、境界が判りやすいこと、「底辺」が自動車の走れる道路なので調査員を配置しやすく、また調査が終わったことがはっきり判ることなどセンサスを実施する上での理想的な条件を備えている。

調査中は地元の公民館に宿泊した。一九八〇年の八月からは山形大学の伊藤研究室との合同調査として実施することができるようになり、多くの学生諸君と寝食をともにし、楽しい経験を分かち合うことが出来た。また岩手大学と宮城教育大学の学生諸君にも協力してもらうこともあった。

自動車を降りると、身支度をして持ち場に移動してもらう(**図表14**)。センサスが始まるとトランシバーで緊密に連絡をとりあってペース配分を調整し、またカウントの重複がないようにする。そして一時間半ほどかけて三角形の「底辺」である道路に降りれば調査は終わりということになる。

さてこうして得られた三年間のセンサスの結果を見ると、三角地帯でのシカの個体数が激しく上下しているのがわかる(**図表15**)。いくつかのピークがあるが、その時の密度は一平方キロ当たり一〇〇頭ないし二〇〇頭という高いレベルに達した。これらのピークは冬に限られており、冬になるとシカ達が三角地帯に集中することをはっきり示している。この集中はもちろん雪が積もったためにシカが山の上から降りてきたことによるのである。一方、

図表14：センサス開始の様子。メンバーはトランシーバーで交信しながら調査区の中の自分の分担するブロックをジグザグに歩き、発見したシカの頭数や組成を記録する。

夏には一平方キロ当たり一〇頭ないし二〇頭前後にまで激減した。夏には植物が生い茂るために見通しが悪くなり、どうしても発見率が低下するのであるが、それを差し引いてもシカの密度が低下することは確かである。シカ達は三角地帯を後にして、山全体に拡散するのである。

基本的にはこのような季節的上下移動をくりかえすのだが、事情はもう少し複雑である。**図表15**をよく見ると一九八四年の冬にピークのないのに気づく。実はこの冬は例年にない大雪であった。一九八三年の暮れに太平洋岸に大雪が降り、仙台では雪の重さのために送電線が切れたり鉄塔が曲がるなどの被害が出たほどだった。三角地帯は例年だと雪の深さは二〇～三〇センチなのだが、この年は一メートルを越した。このためシカ達はこの越冬地をあきらめて、さらに低地へと移動することを余儀なくされたのである。

シカは雪の少ない場所を求めて低地へ低地へと移動して行くが、どこまでも下がるという訳には行かない。耕作地が多くなり、人家や道路が増えてシカの生活ができる空間はなくなるからである。したがってシカは行動に

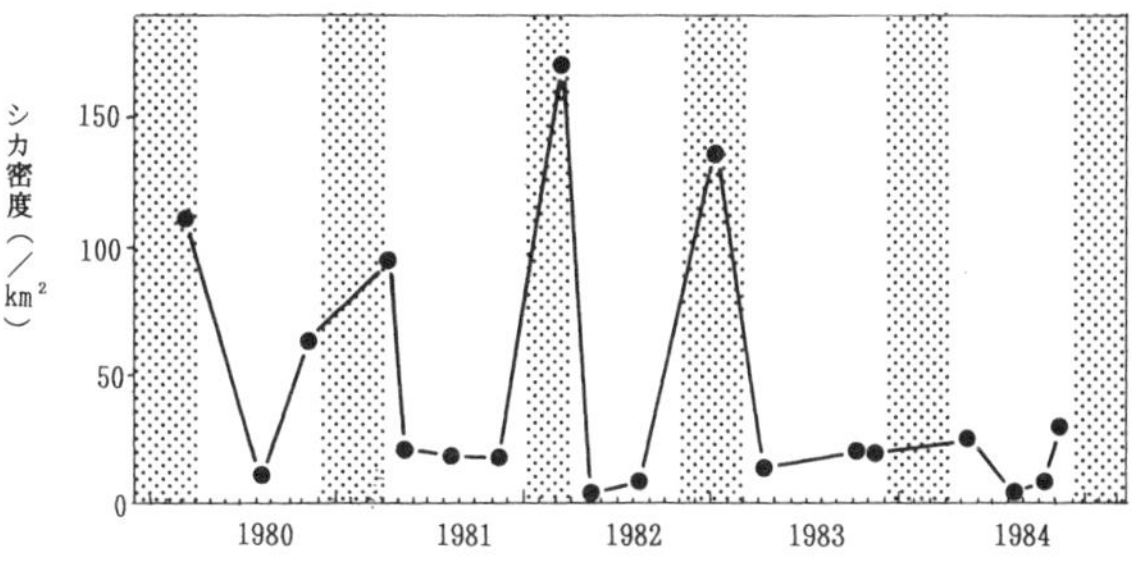

図表15：三角地帯におけるシカ密度の変動。点刻部は積雪期。冬に著しく高密度になるのがわかる。

不自由がなくなる積雪五〇センチ前後の場所に集中することになる。五葉山は鳥獣保護区に指定されており、ここでのシカの密度は高い。そのシカが保護区外の農耕地へ降りて被害を及ぼさないという目的で岩手県が給餌場を設けているが、このような場所ではシカの足跡や糞が足の踏み場もないほど集中していた。

このように五葉山においては雪がシカの移動に大きい影響力を持っていることが判ってきた。移動に影響するということはすなわち密度に、そして分布にも影響することを意味する。改めて取り組まなければならないテーマとして雪とシカとの関係が浮上してきた。

(三) 群サイズ

センサスで得られる情報の中ではいうまでもなく個体数が最も重要である。しかしセンサスの結果はそれ以外にも興味深い事実をもたらしてくれた。それは群のサイズの季節変化である。シカの群サイズに関しては金華山島で調べた経験があった(高槻、一九八三a)。島を歩いて出会ったシカの群サイズを記録し、それらを森林と草原とに分けて整理してみたら、一定の傾向が浮かび上がって来た。合計一〇九四群の発見例によると、森林内で発見された群の平均群サイズは二・三頭であったのに対して、草原では二倍の四・六頭もあった。これはシカがその生息する環境の状態——ここでは視界の程度——によって群れを大きくしたり小さくしたりしていることを示していた。

さて五葉山での群サイズであるが、これは夏には小さく一、二頭であったのに対して、冬にはややばらつきが大きいが五、六頭を上下するという結果が得られた(図表16)[*1]。

この変動パターンは日光における調査結果(丸山、一九八一)と驚くほどよく似ていた(図表17)。

日光や五葉山のような冷温帯の落葉広葉樹林は、夏には茂る葉による深い被いをし、冬になるとこれをすっかり落としてしまう。そしてさらに雪が降ることにより純白のキャンバスとなってシカの存在を浮かびあがらせる。このような視界の良い状況はシカにとって心理的に不安感を与えるに違いない。そのためシカは基本単位である母子あるいはこれに前年の子を加えた二、三頭が集まって集団を形成するのであろう。

　ところが興味深いことに丹沢の札掛《ふだかけ》での結果はこれらとは随分違うのである。ここでは群サイズは一年を通して二頭前後を維持し、季節的な変動はみられない（図表17）。この札掛の植生はスギ・ヒノキの人工林が最も広く、落葉広葉樹林、モミ・ツガ林などとモザイク状をなしているという。このような環境では視界という点での季節変化は乏しいであろう。シカの生活は春の出産、夏の育児、秋の繁殖と季節に応じて変化する。にもかかわらず群サイズが通年一定であったということは、群サイズに影響する要因としては視界が最も重要であることを示している。これらふたつの異なる環境における群サイズの

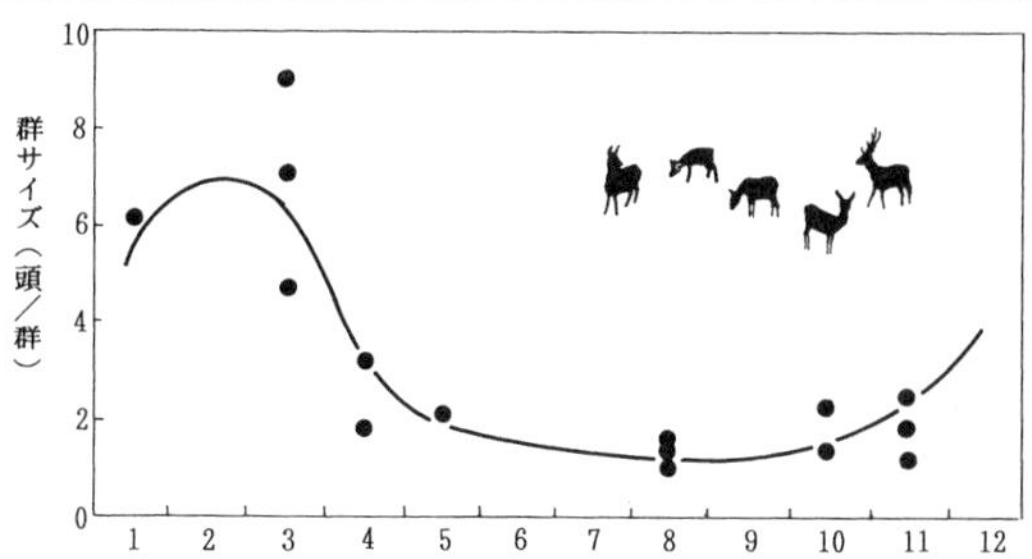

図表16：五葉山の三角地帯におけるシカの群サイズの季節変化。冬季に群サイズが大きくなる。伊藤・高槻（一九八七）より作図。

季節変化の違いはこのことを雄弁に物語っている。

(四) センサスでの出来事

センサスをしていて私を慌てさせたことが二度あった。一九八二年の八月、何度目かの山形大学との合同調査の時だった。センサスが終わって全員が道路に降りてきたのに、山形大学の石沢（紀子）さんだけが降りてこないのだ。歩き方は人により違いがあり、一〇分や二〇分遅れならよくあることだから大して気にもしていなかったのだが、気がかりなのはトランシーバーの交信がないことだった。一部の学生は先に帰して、自動車で移動して道に降りていないかを確認すると同時にトランシーバーでも応答を求めた。これまで三角地帯にいて全く交信ができないという経験はなかった。もしかしたらトランシーバーをオフにしているのではないか。そうであれば自力で降りてくるのを待つしかないが、あまり遅いようだったら探しに行かなければならない。「底辺」を二、三度往復しても何の反応もないので、探しに行かなければいけないと思っていたときだった。三角地帯を西にはずれ

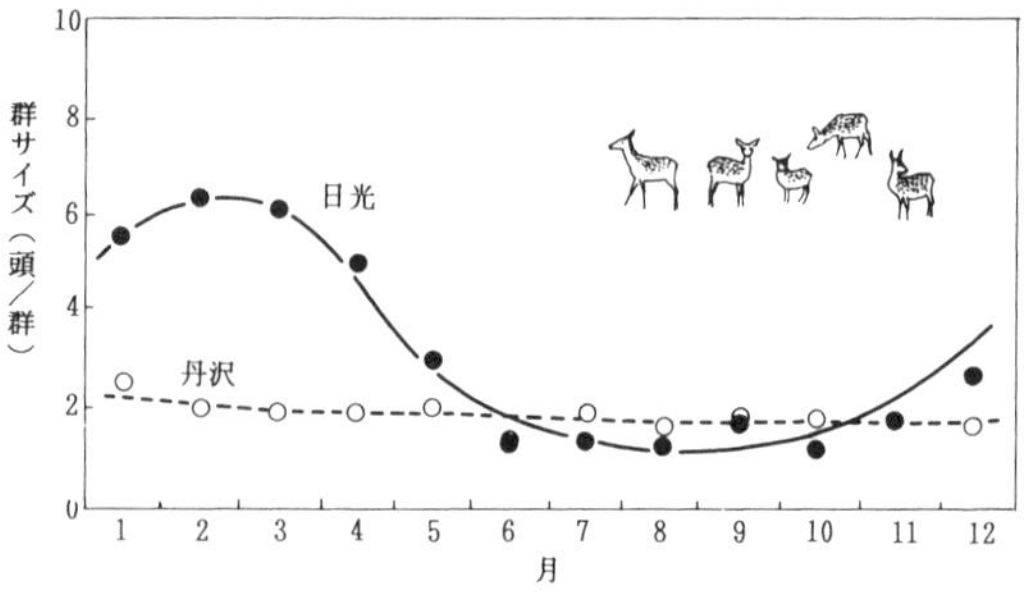

図表17：日光（●）と丹沢札掛（○）におけるシカの群サイズの季節変化。日光では五葉山と同じパターンを示すが丹沢では通年二頭前後で一定である。丸山（一九八一）より抽出作図。

た所でかすかな音声が入った。ボリュームを最大にする。ザーザーという雑音とともに声が聞こえる。

「石沢です」

ホッとした。これで大丈夫、あとは時間をかけて探せばいいのだ。

「現在位地はどこですか？　どうぞ」

「判りません」

涙声にきこえる。心細いのだろう。

「ＯＫ。大丈夫、心配しなくていいぞ。何か目につくものはないか。どうぞ」

「赤い屋根の小屋が見えます」

三角地帯に小屋はない。しかも赤い屋根といえば大沢小屋しかない。これで彼女のいる場所がはっきりした。

「解った。いる場所がはっきりしたから、もう安心だ。今から迎えに行くから、その小屋を目指して降りなさい。どうぞ」

「わかりました」

後で聞けば、彼女はスタート直後に方向をとり違え、三角地帯をはずれて西進し、大沢に降りていたということがわかって、一件落着となった。

一九八四年の一〇月のセンサス。東北大学から六人、山形大学から一〇人の一六人の編成だった。いつものように全員を配置につけてセンサスが始まった。秋の陽射しはどこかにまだ夏の力を残しており心地よい。空気が澄んで紅葉の始まった山際がくっきりと見える。快調に歩いているときだった。

「高槻先生、高槻先生！」

とやや興奮した調子でトランシーバーの声が入る。明るい性格でみんなに人気のある和歌ちゃん（東海林さん）の声だ。

「高槻です、どうぞ」

シカを見つけたかなと気軽に答えたとたんだった
「ク、クマです」

明らかに動転している。まずは落ち着かせることだ。

「わかった。クマはどっちにいる？」

「下の方です」

「わかった。大丈夫だからそのまま上に上がって。高野をそっちに行かせるから」

そして、すぐに彼女のブロックに一番近い高野君に連絡をとる。

「高野、高野、こちら高槻です。どうぞっ！」

「こちら高野です、どうぞ」

「今、聞こえたと思うけど、和歌ちゃんのところにクマが出たらしい。大急ぎで行ってくれ、どうぞ」

「了解、すぐ行きます」

緊張しながら、返事を待つ。しばらくして
「高野より高槻さん、高野より高槻さん、今、和歌ちゃんと会いました。大丈夫です。どうぞ」

「了解、あァよかった。どうもありがとう」

ほっと胸をなでおろした。

高野君を行かせたことは万一のことを考えればかえって危険であったかもしれない。しかしあの状況では和歌ちゃんを放っておくことはできず、とっさの判断で指示を出した。出してしまったというべきかもしれない。

クマといえばこんなこともあった。三角地帯の対岸、西風山《ならい》でのセンサスのとき、やはりクマが出た。この時は屈強の鈴木郁生君だったからさほど心配しなかったが、彼がいるところにクマが現れた。クマは彼に気づいておらず近づいて来る。木の陰に隠れながら、自分も木になったつもりでじっとしていたのだという。結局クマは気づかずそのまま通り過ぎたのだが、後で彼の言うには、

「先生、クマは犬みたいにこういう風に歩くと思ってたけど」

と言って手を平行に動かしながら話す。

「でもあれはそうじゃないですよ。こうですよ、こう」

と言いながら、両腕を曲げ、肩を大きく左右に揺らせながらジェスチャーたっぷりに話す。そのひょうきんな仕草にみんなは笑い転げる。

四　季節移動

(一)　糞粒法による検証

三角地帯におけるセンサスにより季節移動の様子がその輪郭を見せ始めた。私には当然これら以外の場所のことが気になってきた。ことに植生調査や糞分析を行った五葉山の中腹以上ではどうなってい

るのだろうかというのはぜひ知りたいことだった。とはいえセンサスのできる場所には人の移動など種々の条件がそろっていなければならず、とても五葉山全体を対象にセンサスを行うことはできない。そこで何か間接的な方法によってシカの季節移動を示すことはできないかと考えた。

北アメリカでシカの個体数推定あるいは生息地利用の推定によく用いられる方法に糞塊法というのがある。これは一定地域内でシカの糞塊数を数えて、シカの排糞回数に基づいてシカの密度を推定する方法である。この方法は野生状態で動きまわるシカが残す「動かぬ」証拠を調べることができるので便利な方法である。ことに視界の悪い森林や地形の複雑な場所などセンサスのしにくい場所では有効な方法として広く用いられている。

この方法を適用するにはシカの排糞量がわかっていなければならない。このことを見越して、私は仲間といっしょに動物園でシカとカモシカの排糞量の調査をしていた。この調査によってシカは一日約一一回、一回に約九〇粒を排糞することがわかった（高槻ら、一九八一）。

もちろん、野外に落ちている糞の数から直接シカの密度を知ることはできない。しかし知りたいのはシカの密度そのものではなく、五葉山の三角地帯に比べて他の場所ではシカの密度が高いのか低いのか、そしてその違いが二倍程度なのか一〇倍以上なのかということであった。この程度の粗い精度であれば、糞粒を数えることによって示せるだろう。そしてこのことがセンサスで得られた知見をさらに意味あるものにするのだ。

このような考えに基づいて調査計画を立て、三角地帯を含む五葉山の南面に調査区を定めて定期的に糞を回収することにした。地味な調査にも色々あるが、これほど地味なものもそうはなかろうと思う。五メートルの方形区（正方形の調査区）の一辺に四、五人が並び、しゃがんでポリ袋を片手に糞を拾ってゆく。これがとんでもなく時間がかかるのだ。ことに秋になって落葉樹の葉が落ちると糞がその下に隠れてしまい、時間ばかり経って前に全然進めなくなる。そしてみぞれの降る頃になると手がかじかんでしまう。そのため手袋をするのだが、指先の動きというのは微妙なもので、それでは糞がうまく拾えない。結局かじかむ指でそのまま拾うことになる。二メートルも進むと身体が冷え切って、立ち上がると腰が固まったようになり、老人のように腰をたたくことになる。

このような調査の結果、糞の数によってシカの上下移動が示された(**図表18**)。山の上部、つまり一二〇〇メートル以上のブナ林やダケカンバ林では冬には糞がないが、初夏に急に増加した。これはシカたちが冬に雪を避けて低地へ下降し、雪解けとともに上昇することを反映している。三角地帯内の八五〇メートル地点では一九八〇年から一九八一年にかけての大雪の冬には全く糞がなく、翌年の冬にはある程度あった。夏よりは冬に多く、この場所が通常年はシカが越冬するので密度が高くなることを反映していた。また五〇〇メートル以下の低地では異なるパターンを示した。例えば一九八〇年から一九八一年にかけての冬に三角地帯(標高七〇〇から九〇〇メートル)にはシカが全くおらず、その下の五〇〇メートル地点では一平方キロ当たり四〇〇頭ほど、そして三六〇メートル地点では実に一〇〇〇頭の大台に達した。ここでは足の踏み場もないほど糞が重なりあっていた。シカの密度が高い奈良公園や金華山島でもこれほど多量の糞は見たことがない。このことからすると、冬の五葉山の越冬地では、一時的とはいえ、超高密度な状態が形成されるようだ。

このように糞粒を利用する方法によってシカの季節移動のパターンが浮かび上がってきた。シカの季節移動は積雪によって強く影響を受けているらしく、センサスを行った三角地点における頭数の変

図表18：五葉山の異なる標高において糞粒法で推定したシカ密度。
▶：回収開始
◁：回収終了

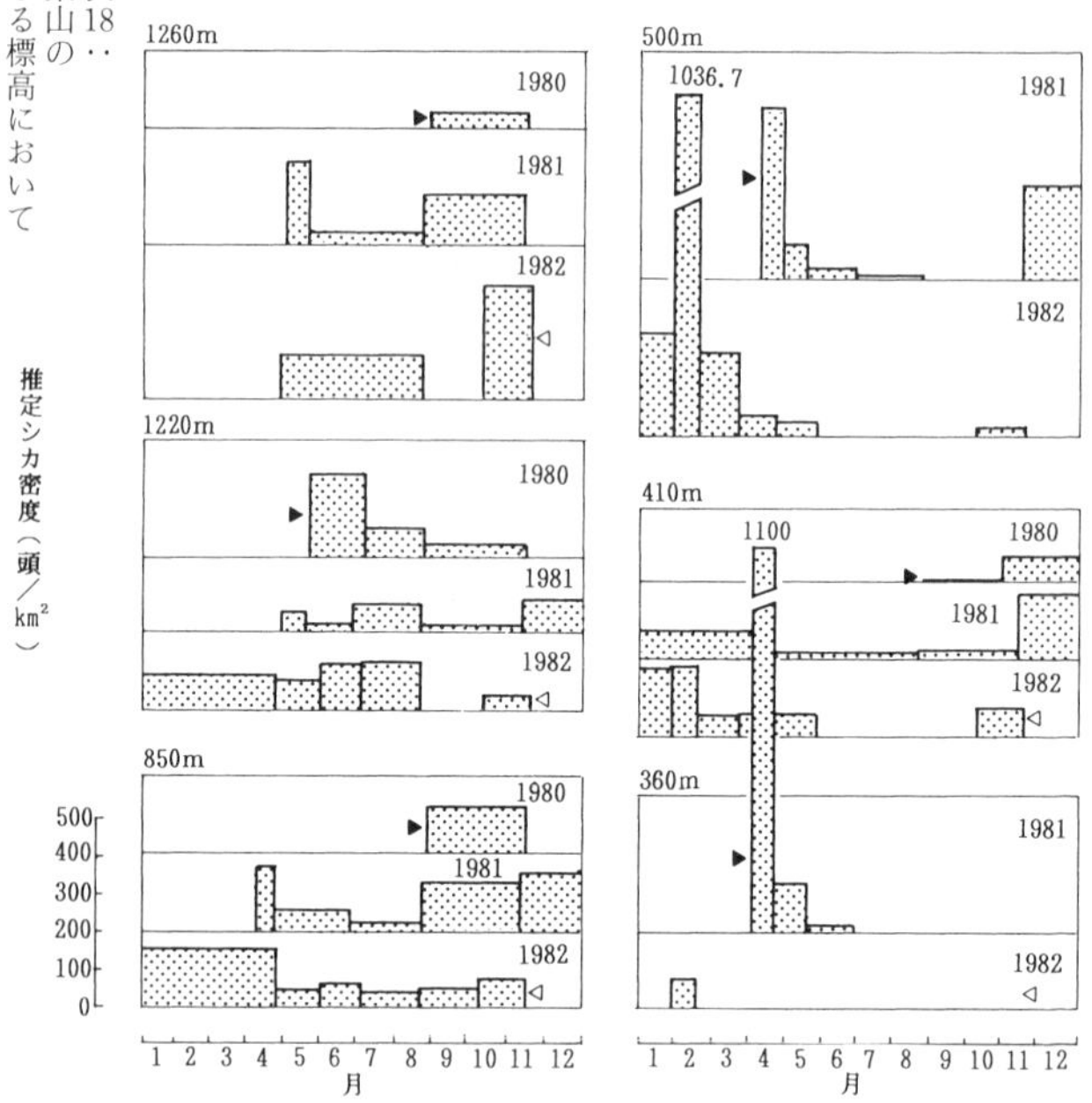

化もこのような雪に伴う季節移動の一断面であることがわかってきた。

（二） ササの被食率による検証

糞粒法と並行してもうひとつの方法でシカの季節移動を探ることにした。それはシカの主食であるミヤコザサに残された食痕を調べるという方法である。このササの特徴のひとつは枝分かれをせず、稈《かん》（イネ科の中空な茎）の先端に数枚の葉を着けるということである。シカはこの葉の基部をむしりとるように採食する（図表19）。またこのササは地上部の寿命が一年半しかなく、初夏に筍《たけのこ》を出したミヤコザサは一冬を越すと、次の夏には枯れてしまう。この性質を利用すれば、ササに残された食痕は過去一年以内に採食されたものであると判定できる。このような性質を利用して、場所ごとのミヤコザサに対する採食の程度から、シカの密度の濃淡を判断しようというわけである。

五葉山の代表的な地点で一平方メートルの方形区を二コとり、刈り取って調べた結果、ミヤコザサの被食率は、一九八〇年の春に刈り取ったササでは標高の高い地点では八〇％以上であったが、五〇〇メートル地点や三六〇メートル地点では五〇％から六〇％と低かった（図表20）。これに対して翌冬（一九八〇年／八一年）は一二月に大雪が降ったので、七五〇メートル以上にはシカの痕跡は全くなかった。冬の間のデータがないのは、深い雪を掘ってササの採集をすることは不可能だったためである。そして低地での被食率は高く、三六〇メートル地点でほぼ一〇〇％であり、五〇〇メートル地点では八〇％程度であった。これはシカがこれら低標高に降りて来て高密度を形成し、ミヤコザサを集中的に採食していたことを裏づけている。そして次の一九八一年から一九八二年にかけての冬は越冬中心がやや高くなって、五〇〇メートル地点で八〇〜九〇％と最も高く、前年に被食率の高かった三六〇メートルでは一〇%程度と、前年とはまるで様相が違っていた。

このようにササの被食率によっても糞粒法によるのとほぼ同じ結果を得ることができた。

（三） 考察

以上、糞粒法とミヤコザサの被食率という間接法により、三角地帯でのセンサスによって得られた個体数の季節変動はシカの上下移動を反映したものであること、また越冬の中心は年によって異なることが示された。そしてこれはそれぞれの冬の積雪量に影響されているようだった。そこで大船渡市の盛《さかり》の気象台から得た積雪データを加えて考察を加えてみることにした（**図表21**）。赤坂峠はこれよりも三〇から四〇センチ多く、このデータを直接利用できないが、参考にはなる。

我々が最もデータを持っている一九八〇年から一九八二年までの様子を見てみよう。一九七九年十二月には大船渡市内では雪は降っていない。我々が登山した時、畳石までは斑ら雪であり、シカは確かに頂上までいた。こ

図表19：シカに採食されたミヤコザサ。シカは葉の基部を噛んでむしりとるように食べるので、これを利用して採食の程度を知ることができる。

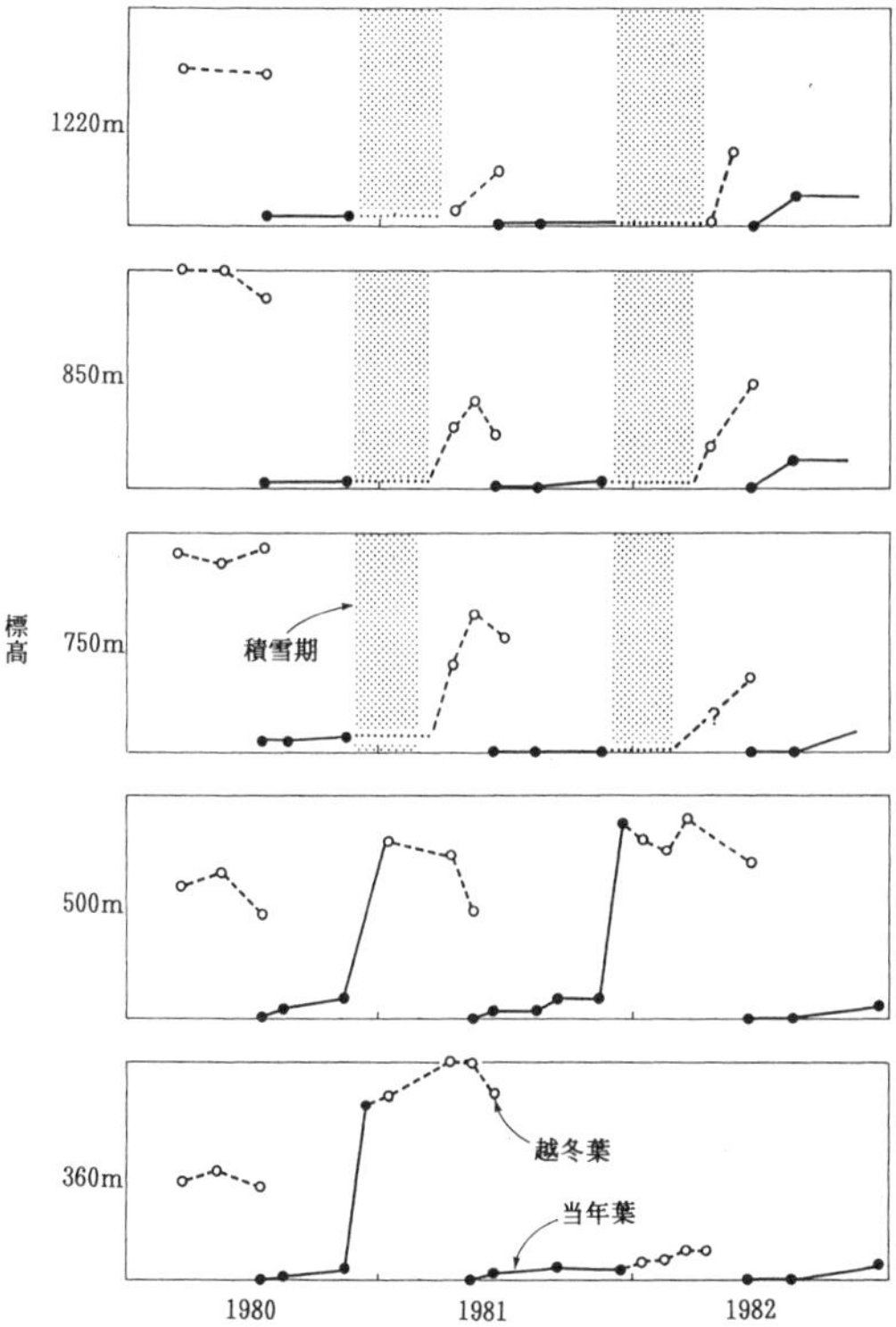

図表20・
異なる標高における
ミヤコザサの被食率。
●・当年葉
○・越冬葉
点刻部は積雪期。
一九七九／八〇年には八五〇メートル以高が、
一九八〇／八一年は三六〇メートル付近が、
一九八一／一九八二年は五〇〇メートル付近が
シカの集中部となった。

の冬は二、三月にかなり積雪があったようだ。一九八〇年の十二月は仙台同様、大船渡でも大雪であり、一五センチを記録している。これは記録のある一九六四年以降の最高値である。このドカ雪のためシカの越冬地は最も低い標高三〇〇メートルあるいはこれ以下の場所となったのである。一九八一年から一九八二年にかけては全般に雪が少なかったが、一九八一年十二月は一九七九年十二月より多かった。このような雪の降り方は、センサス、糞粒法、被食率などによるシカの季節移動を示す結果のすべてと符合するものであった。

注目すべきは一九八四年である。この年は一月に一七センチ、二月に三二センチ、そして三月にも二五センチと三カ月連続の大雪であった。このため三角地帯には一頭のシカもいなくなってしまったのである。もちろんシカの越冬中心は例年よりは低地にあった。そしてそこでの過密は食糧の不足を招き、かなりのシカが餓死したらしい。我々はこの年の五月にブドウ沢内の標高三〇〇メートル前後の場所で死体の調査をしたが、狭い範囲で三一頭もの死体が発見された（図表22）。この年を挟む数年間でこのように多数の死体が発見されたことはない。しかも我々が見たのは五葉山全体からすればほんの点のような範囲であり、全体ではどれだけの犠牲者が出たか明らかでない。[*2]

以上の結果からシカの季節移動は積雪量に強く影響されること、そしてその積雪量は年によって変動が大きいことが示された。大船渡市での値を取り上げると、一九六七／六八年、一九七一／七二年、一九八一／八二年の三冬はどの月でも五センチを越えることのない少雪の冬であった。このような冬があるかと思うと、逆に一九六八／六九年、一九八三／八四年、一九八五／八六年、一九八六／八七年には積雪二〇センチを越える月があった。大船渡市内で二〇センチということは赤坂峠では七〇～八〇センチになる。これはシカの生活には決定的な影響を及ぼすだろう。これらのグラフを見ながら積

図表21：大船渡市盛町における月別最深積雪量。数字は年で、例えば一九八〇年は一九七九年一一月から一九八〇年四月までを示す。積雪量は年次変動が大きい。大船渡市気象台資料より。

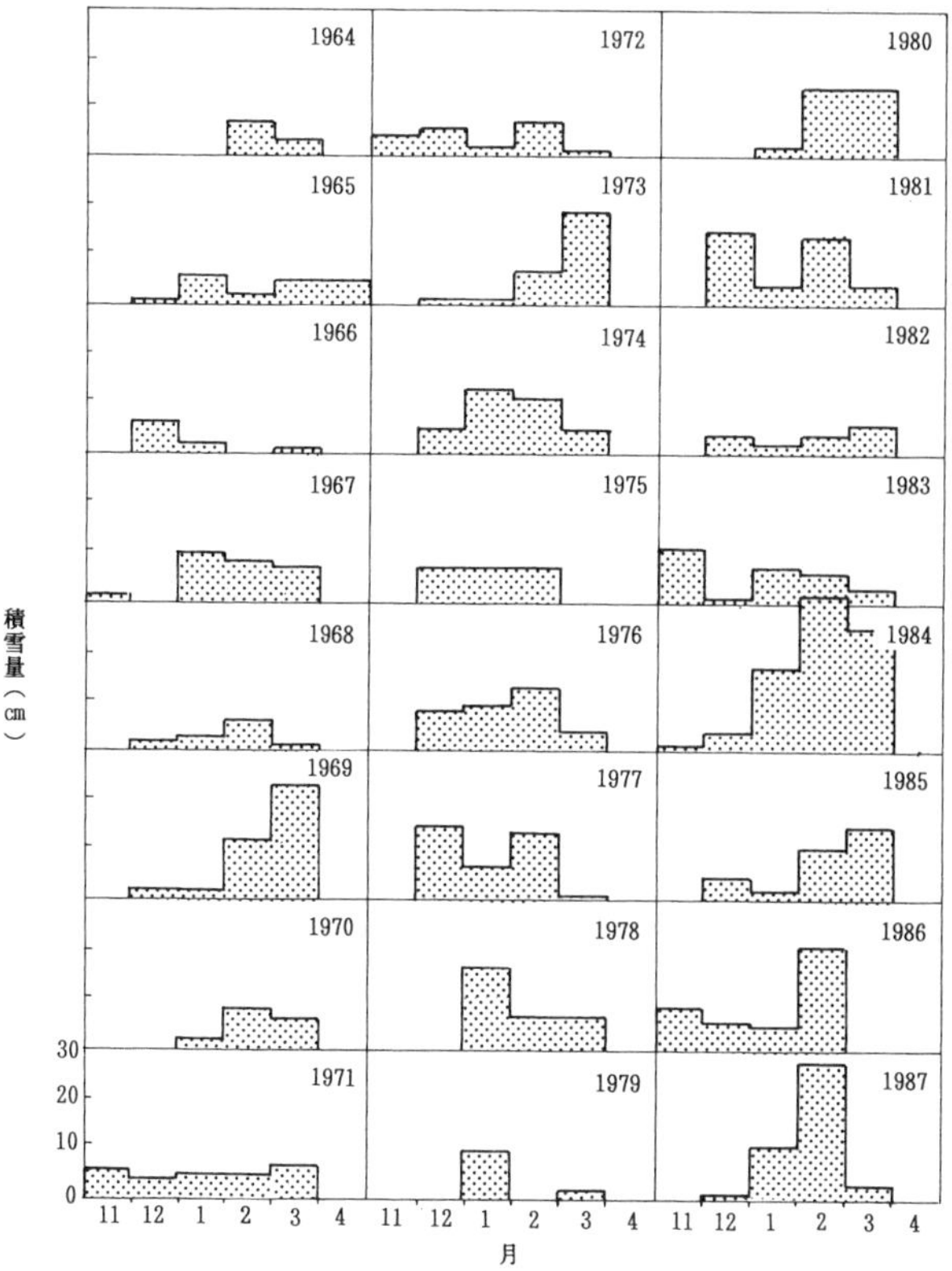

雪量というのは年ごとに変動が大きいということを改めて認識した。

図表22：大雪だった一九八四年の春には多くのシカが死亡した。一九八四年五月五日大船渡市日頃市町。

第三章　ミヤコザサの生態を考える

第二章では糞分析によって五葉山のシカにとってミヤコザサが最も重要な食物であることが明らかになったことを紹介した。シカは植物的自然と深くかかわりあいを保ちながら生きており、植物もまたシカの存在によって影響を受けている。これが金華山島で私が肌で感じた認識であった。私はこのような関係を出来るだけ忠実に記載したいと考えた。それは動物学と植物学とに画然と分離された我国の生物学と相入れないものかもしれない。しかし私の目の前に存在する現実の自然は、当然ながらそのような研究者の事情とは無関係に、シカとミヤコザサとが深いかかわりを持っていることを示していた。

そこで私はなぜミヤコザサがシカの食物組成においてあのように大きな比率を占めうるのかという問題を自分自身に課し、これを解こうと考えた。

一　ミヤコザサの種生態を調べる

とりあえず私はササの生態学に関する文献にあたってみた。そしてその過程でひとつの重要な論文に出会った。それは鈴木貞雄博士による『関東・東北地方におけるササ属およびスズ属の生態、特にその地理分布について』（鈴木、一九六一）[*3]である。それは関東・東北地方におけるミヤコザサとスズの分布がそれぞれ積雪深五〇センチと七五センチの線と驚くほどよく一致しているという事実を指摘するとともに、その理由に言及したものである。このうちミヤコザサに関する部分をみると、なるほどミヤコザサの分布境界と積雪深五〇センチ線は見事な一致を示している(図表23)。この分布境界を鈴木博士はミヤコザサ線と名付けた。この線は栃木、福島、宮城の丘陵地を北上して岩手の一関あたりで急に東方に転じ、北上山地では太平洋すれすれの沿岸部を北上してゆく。私の取り組もうとする五葉山はちょうどこのミヤコザサ線が急に東へ転換するあたりに位置しているのである。これは何を意味するのだろうか。

ミヤコザサが寡雪地帯に生育することに関して、鈴木博士は冬芽の位置を取り上げている。冬芽を地表付近に持つというのが図鑑などに記載されたこのササの特徴のひとつである。これは多雪地帯に生育するチマキザサの冬芽が稈上に着くのと対照的である。このことの説明として、鈴木博士は雪が低温と乾燥に対する保護作用を果たしているとする。その結果、チマキザサはやや大きく、

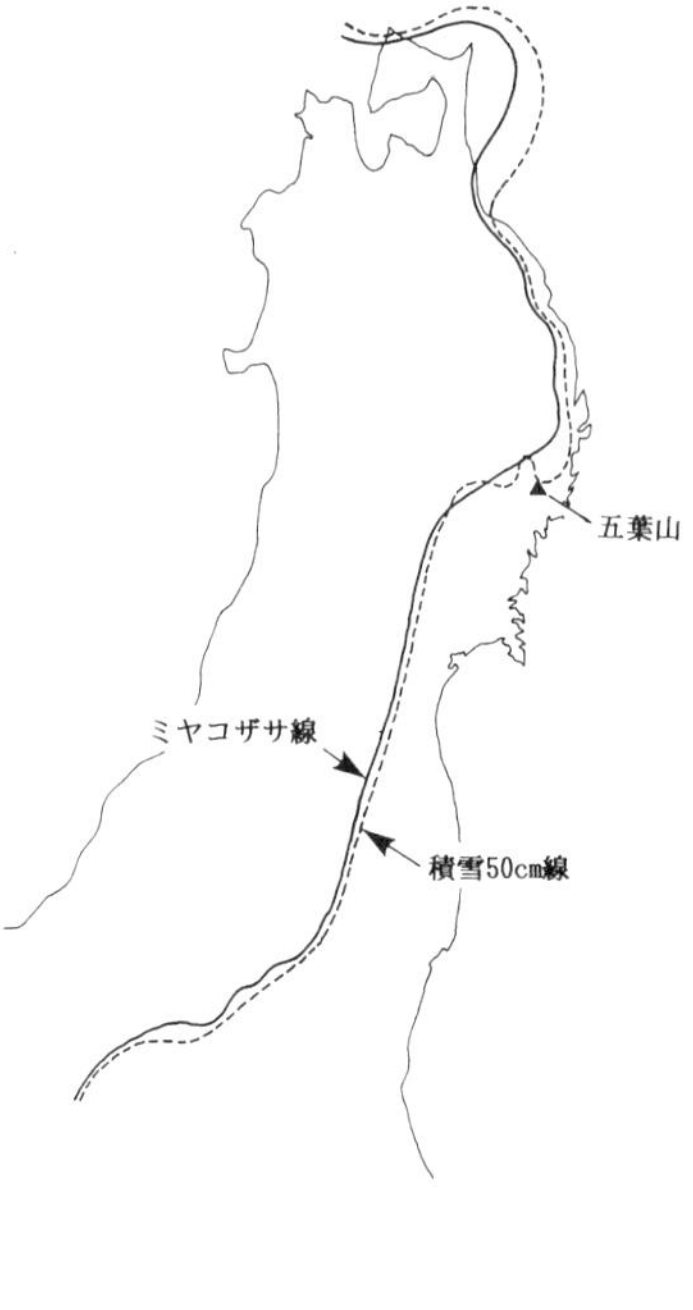

図表23：ミヤコザサ線と積雪五〇センチ線(年最深値の平均)。ミヤコザサはミヤコザサ線の東側に分布する。鈴木(一九六一)より。

地上部で分枝するのに対して、ミヤコザサは稈の高さがせいぜい五〇センチしかなく、枝を持たないというわけである(図表24)。この説明によれば、最も雪の深い地帯にチシマザサ(いわゆるネマガリダケ)という、さらに大型でよく分枝するササが生育することもよく説明できる。

この論文はシカとの問題を考えていた私にとって示唆的であった。私のテーマはこの説でほぼ説明できるかもしれない。しかしこのササに関しては、例えばススキ、シバなどといった代表的な草本植物でなされたような、種生態学的(個々の種に関する生態学で、群集生態学あるいは群落生態学に対比される)な研究はなかった。つまりミヤコザサとはどういう特性を持ったササなのかということが今ひとつはっきりしないのである。そこで仙台市郊外にミヤコザサの良いフィールドを見つけて観察を始めることにした。

仙台市の南西に川崎という町がある。そこから南西を望むと蔵王の白い峰が見える美しい田園地帯である。蔵王にはチシマザサが、そして山麓の丘陵地帯にはチマキ

図表24：ミヤコザサとチマキザサの生育の比較。いずれも左側が出筍した年の冬、右側は翌年の夏。芽の位置に注意。鈴木(一九六一)より。

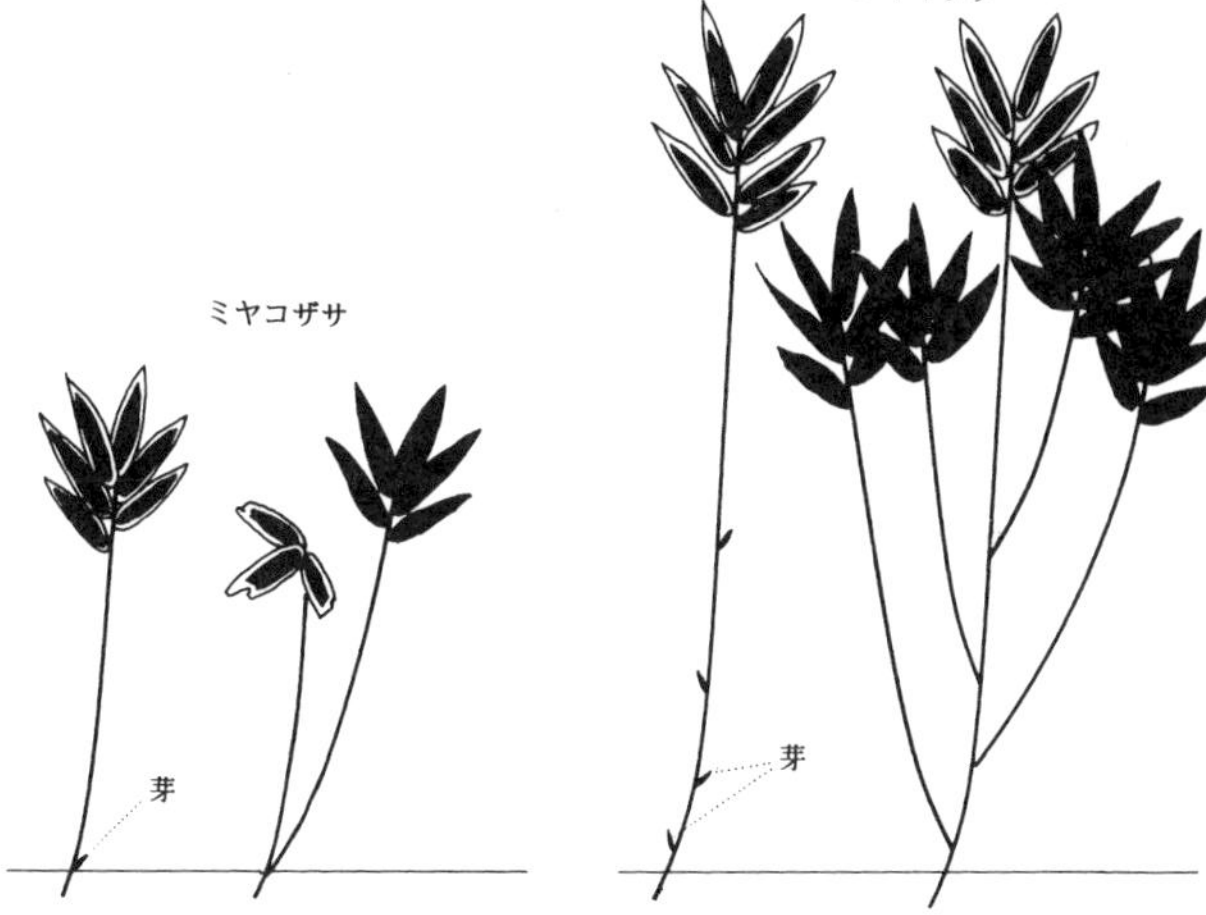

ザサが生育するが、この川崎町まで降りて来るとこれらササ属のササはなくなり、アズマネザサやアズマザサが多くなる。しかし注意深く調べると、所々にササ属に属するミヤコザサの生育する場所がある。私はそのようなミヤコザサの群落のひとつをコナラ林に見つけていたので、ここでこのササの一年間の暮らしを調べてみることにした。

仙台では三月はまだ冬といってよい。もちろん人は光に春の明るさを感じ始めるし、注意深い人ならヤマハンノキやマンサクの目立たない花に気づくかもしれない。しかし丘陵地帯に拡がるコナラ林を歩いても枯葉がカサカサと乾いた音を立てるばかりで、ほとんどの樹々は冬芽を堅く閉ざしたままだ。葉を落とした林は明るいが、明るいばかりで色彩はない。『早春賦』の「いかにせよとのこの頃か」という一節が実感として感じられるのはこの時期である。

しかし季節は確実に歩みを進める。四月に入れば光はさらに明るさを増し、セリバオウレンやカタクリ、各種のスミレ類などの春季草（林の上層木が葉を展開する以前の早春の短い期間に生育する温帯の林床植物）が林床にひそやかに花を咲かせ始める。私達はそわそわと落ち着かなくなり、野外への誘惑は抗しがたいものとなる。落葉樹の冬芽が膨らんで、芽を包んでいた芽鱗《がりん》を落とし始めると、ひとつひとつはわずか数ミリしかない無数の芽の色の変化によって林全体の色が刻々と変わってゆく。赤みを帯びた芽鱗が落ちると、小さな芽の微毛によって林全体が銀色を帯び、それから一気に淡緑色へと変わって行く。それは生命の怒濤と呼ぶにふさわしいものだ。ササはこの頃ようやく新芽を出し始める。

新緑は確実に濃さを増す。田に水が張られ、鯉のぼりが薫風に舞う五月初旬、モミジイチゴ、ヤマブキ、ヤマツツジといった低山帯になじみの植物が次々と開花する。そして蔵王の雪が次第に小さくなってゆく。昆虫たちが溢れだし、夏鳥が渡って来る。やがてガマズミやヤマボウシの白い花が咲き、春の到来に浮き立っていた私達が少し落ち着きを取り戻す頃、梅雨に入る。この間にササは急速に生育し、越冬した葉の濃緑色と筍から展開した鮮緑色とが混じりあう。

その頃、樹々の葉はもはや新緑とよぶにはふさわしくない濃い緑に変わっている。残雪を戴いた蔵王は青く霞み、農家の背後の山に植えられたスギの濃緑色が、鮮緑色に拡がる田にアクセントを付ける。東北の夏は鮮烈だ。ササは生育を完了し、水々しかった葉や稈も充実した様子に変わる。

短い夏が過ぎると田は黄金色に変わり、空気が澄んで蔵王が近づいて見えるようになる。ノコンギクやタデ類が彩りを添えた田のあぜは活気を感じさせはするが、日ごとに気温が下がって冷気が植物たちを襲い、鮮やかだった緑が黄色に、あるいは褐色に変わって行く。何度かの雨混じりの強風が過ぎると、あれほど旺盛に茂っていたススキが株を裂かれたように倒れ、陽射しが日に日に力を失ってゆく。真っ赤に染まったアキアカネが、わずかでも暖かいところを求めているのだろう、日だまりの墓石などに止まるようになる。

秋が落葉樹の葉を種ごとに染め分け、山々を錦に彩るのはほんのつかの間だ。人々が紅葉を語り、週末を楽しみにしているうちに、無慈悲な時雨が葉を落としてしまうのはそう珍しいことではない。そして天気図が西高東低の気圧配置を示すようになると烈風が通り抜け、コナラの葉をあっと言う間にさらって行く。今まで林に隠れていたササがこの頃から目立つようになる。そしてついに山々の峰が白くなり、長い冬が始まるのだ。

ミヤコザサの筍が顔を出すのは四月下旬になってからだった。そして五月中旬には稈の高さは早くも二〇センチほどになり、五月下旬には実に六〇センチを越えてしまった。この後は八月までに一〇センチ程伸びるだけであるから、わずか一カ月余りで伸び切ってしまうということになる。

現存量（ある時点における生物の重量）は林の内外で違いがあった。林内では徐々に増加し、五月、六月、七月の三カ月を経て最大値の一平方メートル当たり約一五〇グラムに達した。前年に伸びた稈はゆっくりと減少してゆき、秋にわずかばかりが生き残っているが、それも冬には枯れてしまう（**図表25**）。一方、林外では急に増加し、八月には一平方メートル当たり八〇〇グラムにも達したが、その後半減し四〇〇グラム前後で越冬し、翌年の夏に枯れた。

図鑑類にはミヤコザサの稈の寿命は一年ほどだという記載があるが、この点をもう少しはっきりさせるために稈にビニールテープでマーキングして追跡してみた。越冬稈は秋、冬と徐々に減少してゆき、林外では翌年の八月に完全に枯れた。ところが林内では現存量は少なかったがなかなか枯れず、翌々年の三月まで生育した（**図表25**）。つまり林内のミヤコザサは細く長く生きるということを示していた。

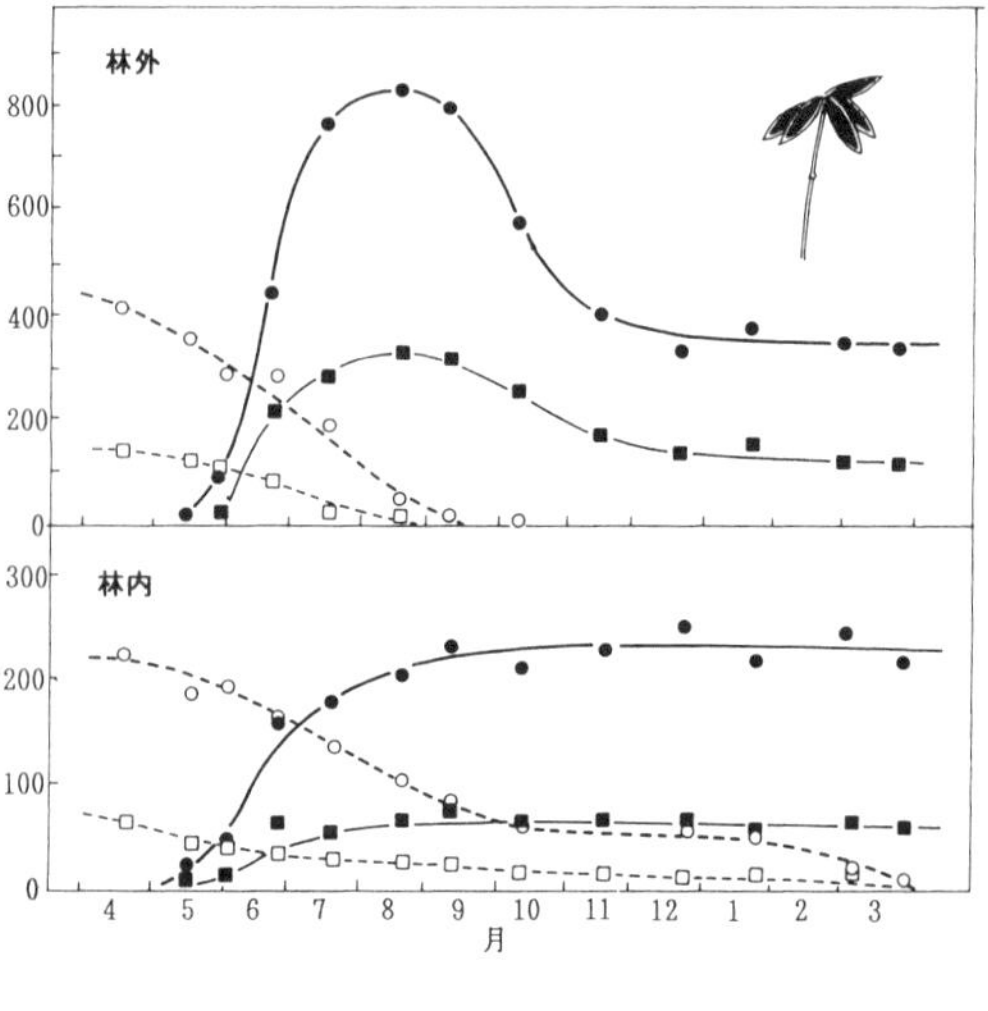

図表25：ミヤコザサの現存量の季節変化。現存量は林外で大きく、夏に最大値に達した後、自己間引きにより密度が低くなるため減少する（縦軸の目盛りは林内と林外で違う）。稈の寿命は林内で約2年、林外で約1年半。

■・当年稈
●・当年稈＋当年葉
□・越年稈
○・越年稈＋越年葉

このような観察からミヤコザサの稈の寿命は一年余り、長くても二〇カ月ほどということになる。つまりミヤコザサ群落は長くて二年で稈が総入れ換えになるということであり、これはササとしては極めて回転が速いといえよう。

こうしてミヤコザサの観察よって私はミヤコザサの特徴を理解した。その大半は図鑑の記載を裏づけるものではあったが、生育地を毎月訪れ、刈り取りをし、直接手で触れて理解したことはしっかりと身につく。このところがフィールドワークでは決定的に重要なのではないかと思う。私のように生物学を学ぶ者は植物や動物の名前を調べるのが習慣のようになっている。歩いていても知らない植物を見掛けると気になって図鑑で調べてみる。そして近縁の植物との違いを覚える。そうするとそれ以後再び出会っても、違いを反復して確認するようになる。名前が判ることは判らないことよりは結構なことだし、名前を知ることはその植物なり動物なりを理解する出発点になるのは事実である。しかし実はこのような接し方は危険な側面をもっているのではあるまいか。というのはなまじ名前が判ったということに満足して、そこまでで理解が停止してしまいはしないかと思うからである。それに比べれば、子供の頃名前も知らずにいじくりまわしていた昆虫や魚について私達はその感触、匂い、行動をいかによく知っていたことか。そうした経験から得られた生物に関する理解は深さが違う。子供は生き物を研究の対象とするわけではないからそれだけのことではあるが、私達は生物の名前を知るという行為の持つ落とし穴に気をつけなければならない。

二　五葉山一帯におけるササ類の分布

調査を集中的に行った五葉山ではいたるところにミヤコザサが生育している。しかし私はこの範囲外でのササの分布にも関心を払っていたので、フィールドへ行くコースをいろいろと変えて、その都度地図上にササの分布を点で記録するよう心がけた。仙台から五葉山へ至るコースにはいくつかあるが、機会を見て違う道路を通るようにして地図上の点を増やしていった。

まず最初に気づいたのは陸前高田市を流れる気仙川を境に、これより西側でミヤコザサが少なくなり、チマキザサが出現することである。山沿いの細い道を車を運転しながら進んでいるとササが変わるのに気づく。それは丈が一・五メートル位あり、よく分枝しており、葉も厚く、明らかにミヤコザサとは異なるササだ。これがチマキザサである。地図にはササの種類ごとに色を決めて色鉛筆で点を落として行った。この点が少しずつ増えるにつれ、境界の予想が立つようになって来た。その付近になると車のスピードをゆるめ、ササに注意を払う。その変化はいつも唐突だった。他の植物のように混じりあいながら次第に優劣関係が置き換わって行くというのではなく、ミヤコザサが消えて、しばらくすると突然チマキザサになり、そこからは西へ進んでもミヤコザサはもう現れることはない。だから境界付近に近づくと胸がワクワクする。

このことに気づいたのと、すでに紹介した鈴木博士の論文を目にしたのとは相前後していた。そして博士の卓見に敬服すると同時に、このような自然現象を発見したときの研究者の気持ちとはどんなものなのだろうかということに思いを馳せた。鈴木博士がこの調査を行われたのは一九六〇年（昭和三五年）以前である。当時の交通事情は現在とは比較にならないほど悪かった。乗用車は普及していないから、列車とバスを組み合わせての不便な調査行であったに違いない。まして当時の北上山地などではその困難はいかばかりであったろうか。だがしかし、自分だけがこの事実を発見しているのだという思いこそがその困難を乗り越えさせたに違いない。鈴木博士は実に一六年もの歳月をかけてミヤコザサ線を確定し、この線が何によって決定されているのかという問題に直面する。まず気温を考えたが、これは全く無関係であった。そこで積雪を考え、これが重要な要因であるらしいという感触を得る。そして偶然新聞広告で見つけた積雪分布図を入手したところ、ミヤコザサ線が積雪五〇センチの線と一致しているのを発見する。その後、鈴木博士は長野県で体験したエピソードを次のように記しておられる。

「夜、小屋のご主人とお茶を飲みながら、私はこの辺は雪が降ったとき六〇センチくらいですかと聞いた。ご主人はびっくりしたような顔をして、『まさにその通りです。あなたはここへ着いたとき、初めて来たと言われたのに、どうして冬の雪の量がわかりますか』と聞かされた。私はササを見てわかったと言ったら、さらに驚いていた。松原湖から稲子小屋までの間でミヤコザサ線を発見し、そこから二キロほどつま先上がりに歩いて来たので、私は六〇センチと見当をつけた訳である」(鈴木、一九七一)。

この一連の文章には学会での評価などの思い出も書いてあるが、博士の得意げな気持ちはこの一文に最も素直に表れている。

何度もドライブを繰り返し、地図にササの種類ごとの点を落とすという過程を通じて、ササの生育と出現にある程度の規則性が見え始めた(図表26)。ミヤコザサ、チマキザサ、チシマザサのうちチシマザサは五葉山周辺では限られた場所にしか出現しなかった。未調査域もあるが、現在のところ五葉山の北部の箱根峠以北の高い山の山頂周辺でしか確認されていない。注意すべきは、標高では遜色のないはずの五葉山の山頂周辺にチシマザサが生育しないという事実である。箱根峠では標高九〇〇メートルの山頂周辺に現れるが、これは五葉山では中腹に相当する。標高に対応した垂直分布であれば当然五葉山の上部にも生育しているはずであるが、全く見られない。このことから、チシマザサの分布が単純な垂直分布でないことは明らかである。その答えはやはり積雪量にあるようで、雪の多い内陸からの季節風、いわゆる「吹き越し」が遠野盆地を越えて、この盆地の東縁の仙人峠などにぶつかり、ひと山越えるごとに減少して、五葉山に達した時にはすでに雪の量が内陸よりはるかに少なくなることを示唆している。いずれにせよチシマザサは五葉山周辺では劣勢で、その出現は断片的である。

さて問題のチマキザサとミヤコザサであるが、これらのササはいずれも山地帯に広く分布し、鈴木博士の指摘通り、ミヤコザサ線によって明瞭に棲み分けていた。チシマザサは山麓部でアズマザサと接し、ミヤコザサは主にスズと接する。私は何度かの予備調査でこの地域でのミヤコザサ線の輪郭を押さえていたが、細かい部分のつめが残っていたので、その年研究室に入って来た新四年生の富田(勉)君にこれを卒業論文のテーマにしてもらった。

その結果、鈴木博士によるミヤコザサ線は五葉山周辺では若干の修正が必要なことが判った(図表26)。鈴木博士は姥石《うばいし》峠、赤羽《あかばね》峠、仙人峠を結ぶ線を引いているが、実際に調べてみるとミヤコザサ線は赤羽峠の西で大きく南下し、ほぼ気仙川を沿い、陸前高田市で西進する。つまりミヤコザサの範囲とされる大東《だいとう》町の蓬莱《ほうらい》山、橡沢《とちざわ》山、住田町の大鉢森《おおはちもり》山、蛇《へび》山、叶倉《かのくら》山、陸前高田市の陣ケ森などにはミヤコザサはなく、チマキザサが生育していた。鈴木博士によるミヤコザサ線は東北日本全体を対象にしたものである。私はそのほんの一部を、しかも自由に走れる自動車で調査するのだから精度を上げなければならないのは当然であろう。

平面図を見ても明瞭であるが、これを経度と標高に展開してみたところ、これらのササの分布は多くの植物で見られる垂直方向、つまり気温に対応した分布ではなく、東西性つまり積雪量によって決

図表26・北上山地南部における
ササ類の分布。
▼・チシマザサ
●・チマキザサ
○・ミヤコザサ
◑・中間型
……・鈴木（一九六一）による
ミヤコザサ線
－・－・我々による修正部分
③などは試料採取地点。

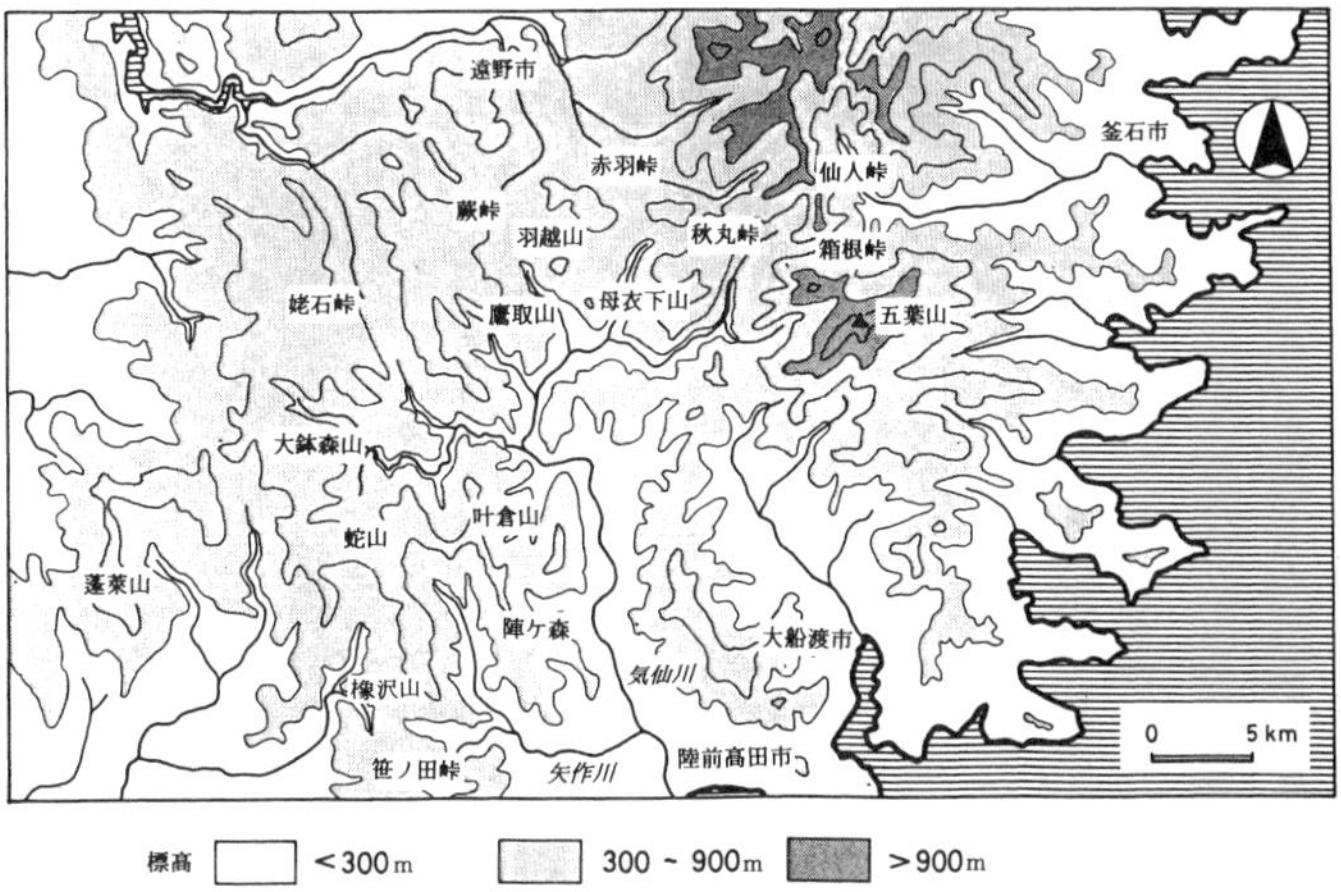

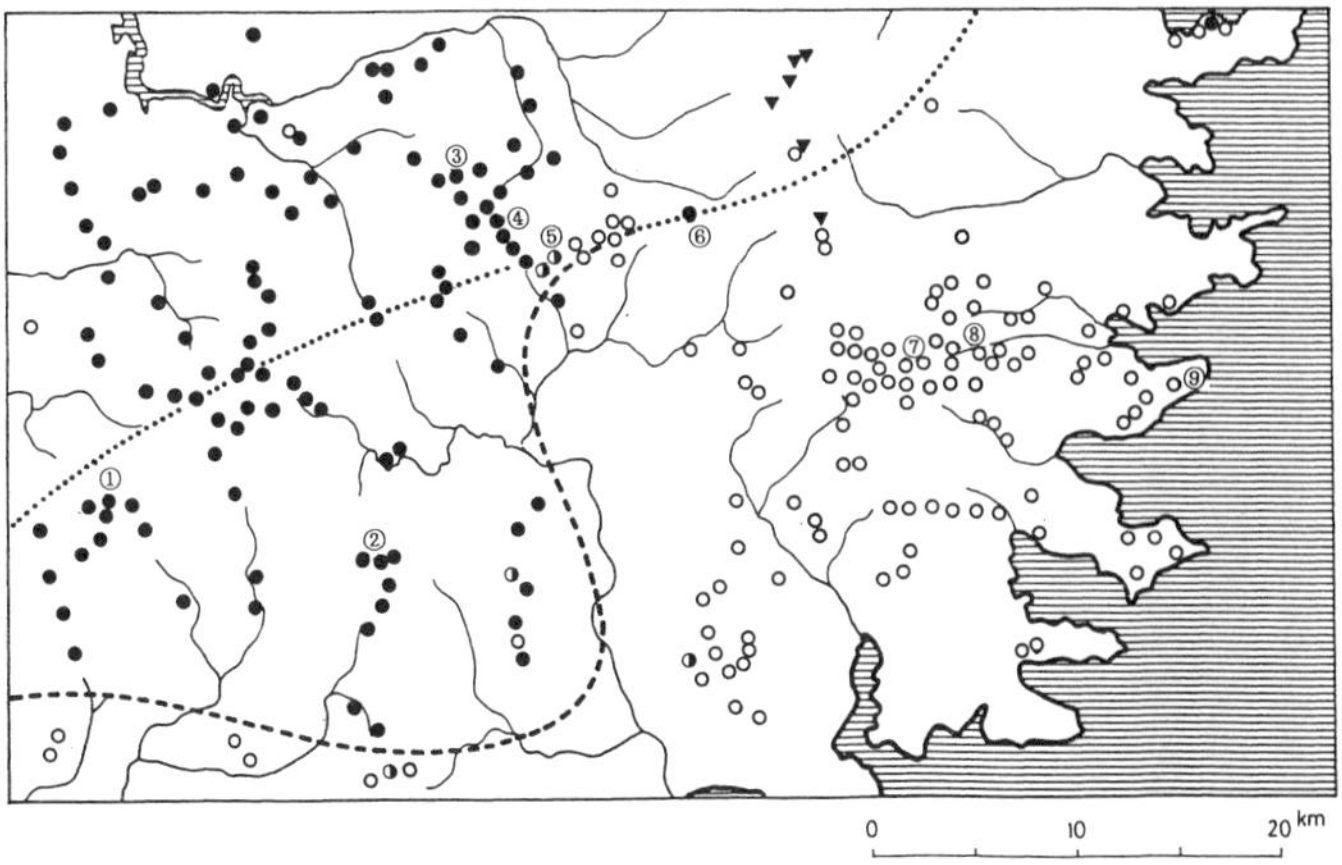

定される分布であることがはっきり示された（図表27）。まさに鈴木博士の指摘通りであった。その境界は東経一四一度三四分付近であった。そしてチシマザサが高標高にしか出現しないこともこの図でよくわかる。

我々の得たもうひとつの成果は中間型の発見である。中間型とは境界付近で見られるミヤコザサとチマキザサとの中間的なタイプのことである。事の起こりは陸前高田市から西へ進み、大原の町を中心地とする小さな盆地へ入る笹ノ田峠で奇妙なササを見つけたことに始まる。このササは本当に両者の中間的な性格を持っていた。

ここでミヤコザサとチマキザサの比較をしておこう（図表28）。ミヤコザサの特徴は小型、細い稈、膨れた節、枝のないこと、葉の薄いことなどである。この中間型のササの稈は高さ一メートル前後であり、太さは五ミリ程度で、ちょうど両者の中間であった。そして節の膨らみも、ミヤコザサほどではないがチマキザサよりは膨らんでいる。そして少しではあるが地上部で分枝しているから検索表からすれば一応チマキザサに落ちることになるのだが、葉は薄く、表面につやがないのはむしろミヤコザサ

図表27：北上山地南部におけるササ属の経度と標高に対する分布。チマキザサとミヤコザサは明瞭な棲み分けを示す。
▼：チシマザサ
●：チマキザサ
○：ミヤコザサ
◑：中間型

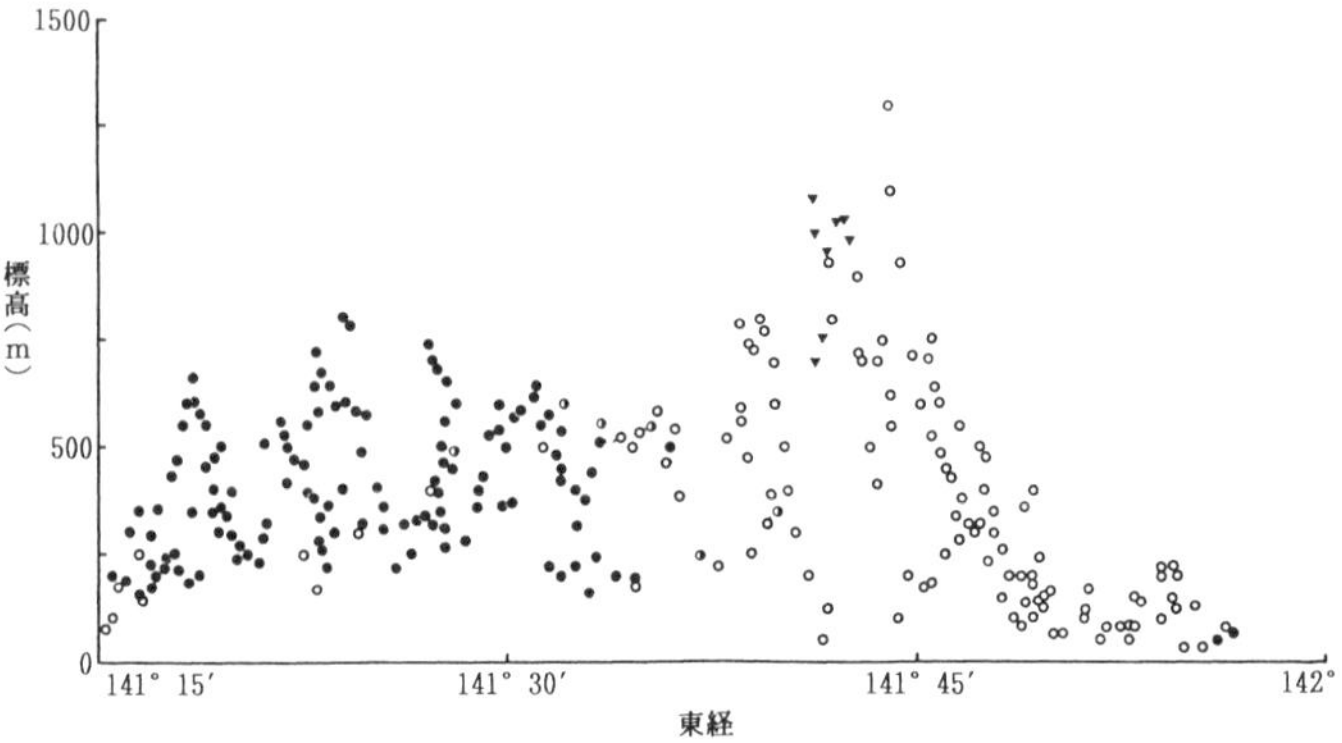

の特徴だ。しかしその程度は典型的なミヤコザサのものほどではなく、心もち厚く、微妙につやもある。私はミヤコザサのチマキザサっぽいものだとしたが、これを見た富田君は、

「いや、違いますよ、チマキザサのミヤコザサっぽいやつじゃないですか」

と二人で禅問答のようなことを言い合う始末だ。

鈴木博士の論文にはこのような問題は書いてない。むしろ両者の区別は明瞭であるとされている（鈴木、一九七八）。しかしこの二つのササが鈴木博士の言う、雪という環境の違いに対する適応の結果生じたものであるとすれば、その境界に中間型が生じるのはむしろ当然のことではなかろうか。

ちょうどその頃、北海道大学の伊藤浩司教授と新宮《にいみや》弘子さんによってまさに同じテーマの研究が行われていた。この研究ではササのさまざまな形質を定量化し、地図上に表現したところミヤコザサとチマキザサの分布境界においてかなり広範に中間型（彼らは中間複合型と呼んでいる）が認められたという（新宮・伊藤、一九八三）。こ

図表28：チマキザサとミヤコザサの比較。

	チマキザサ	ミヤコザサ
稈の基部	やや斜上	直立
稈高	約 1.5メートル	約 1 メートル
稈径	5〜8 ミリ	3〜5 ミリ
分枝	まばら	なし（まれに基部で）
葉	革質	薄い紙質
節	膨らむ	著しく膨らむ

の研究で注目されるのは彼らが芽の位置に着目したことである。これは鈴木博士も注目したところであるが、彼らは稈の高さに対する最も高い芽の高さの百分率を相対的位置として表現し、これが一五％以下のものをミヤコザサ型、二〇〜五〇％付近にあるものを中間型、五〇％以上のものをチマキザサ型とした。

この論文は我々の調べたいことを直接扱っていたので同じ方法を採用して調査をすることにした。ここで我々は新宮・伊藤に従って単純に芽の位置だけから機械的に三タイプに分けることにした。そして予備調査で検討をつけていた九つの地点でササを採集して、芽の位置や稈高を計測した（図表29）。その結果を東から西へと説明すると、まず東側の三地点（地点7、8、9）のササは全く分枝しない典型的なミヤコザサだった。遠野市南東の秋丸峠にとった地点6のササは下方の一、二節に芽を持ち、まれに分枝するタイプだった。芽の相対的位置つまり相対着芽高は一五％で、これはミヤコザサとしてはぎりぎりの高い位置に芽を持つササだった。遠野市南部の赤羽峠は鈴木博士もミヤコザサ線の通過点としている場

図表29：北上山地南部九地点におけるササ属の相対着芽高。地点番号は図表26に対応。

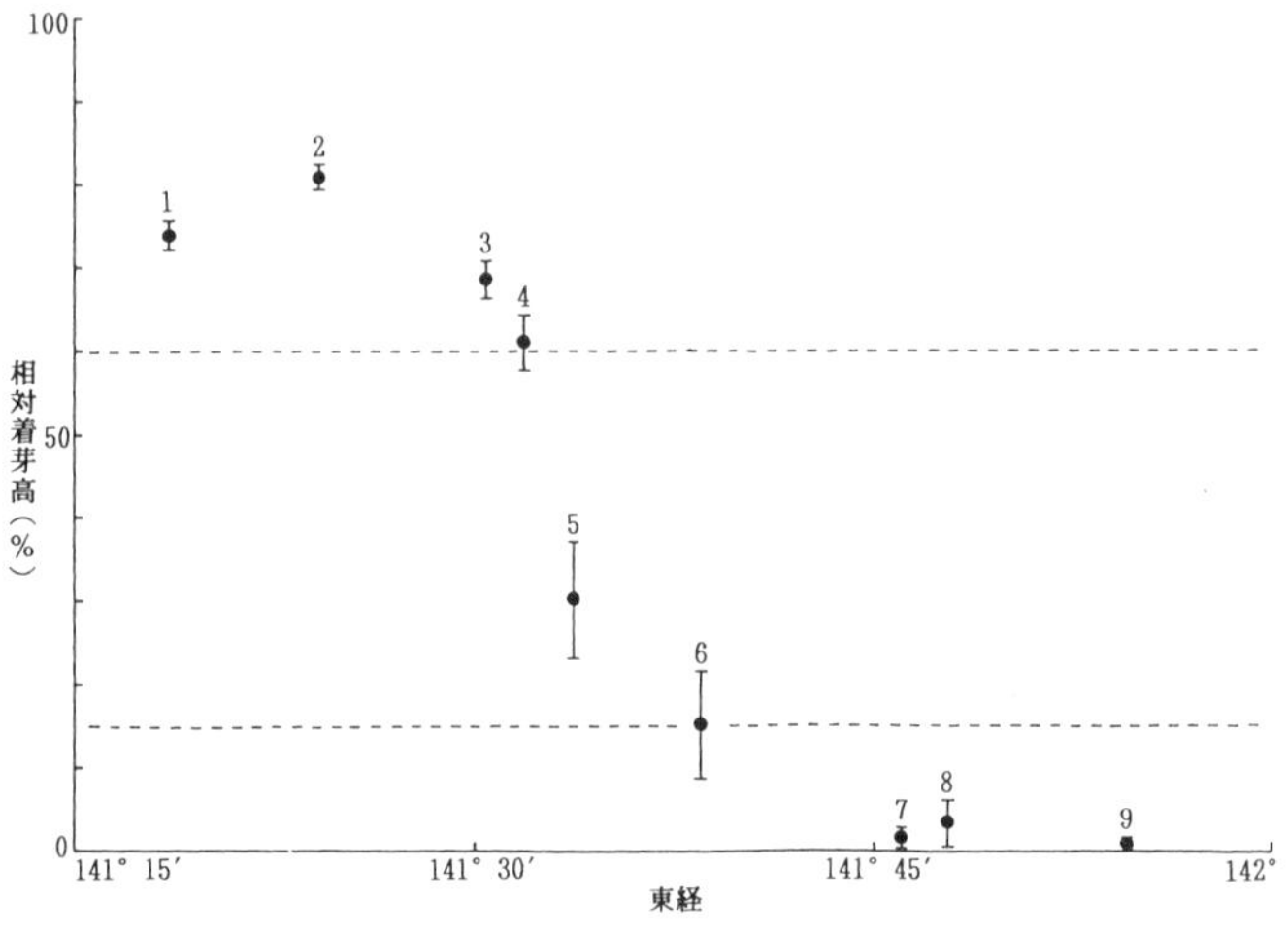

所だが、ここのわずか四キロ西の羽越山《はねこえ》ではチマキザサに入れ替わる。そしてこのあたりには中間型が生じる。ここにとった地点五での相対着芽高は三〇％であった。ほぼ同様な中間型はその南の母衣下《もほろし》山や、住田町の叶倉山、陸前高田市の氷上《ひかみ》山、先に述べた笹ノ田峠でも見られた。

赤羽峠から六キロ西、したがって羽越山とは二キロしか離れていない蕨《わらび》峠（地点4）で採集したササの相対着芽高は六二％だから、区別点から言えば下限のぎりぎりではあるがチマキザサということになる。我々は強いて機械的に芽の位置だけを基準にしてきたが、稈の太さや、節があまりふくらまないところや、葉の厚さやつやはまぎれもなくチマキザサの特徴を示していた。そしてこれ以西の地点3、2、1では相対着芽高はさらに高くなり、典型的なチマキザサとなった。

ところで、これまで単に芽と言ってきたが、実はこの芽にふたつの異なるタイプがある。すなわち正常に生育して翌年枝を打つ芽と、芽はあるものの正常に生育せず萎縮してそのまま枯れてしまう芽である（新宮・伊藤、

図表30：チマキザサの生長芽（左）と萎縮芽（右）。

一九八三)。後者は小さくて目立たないので、確認するためには節を包む稈鞘(稈の節につく鞘で、先端の葉につく葉鞘と区別する)を剝がしてみなければわからないほどだ(図表30)。ここでは仮に前者を「生長芽」、後者を「萎縮芽」と呼ぶことにする。これら二つの芽を区別してその位置の頻度を調べてみると典型的なチマキザサである地点7、8、9ではほぼすべての節に芽があり、生長芽も稈の上部を中心にかなりあった(図表31)。ところが地点6になると上部に芽を持たない節が現れ、地点5、4になるとその割合が次第に大きくなってくる。そして典型的なミヤコザサである地点3、2、1では生長芽は全くなくなり、萎縮芽も地上二〇センチ以下に少数あるにすぎなくなる。

ここで重要なことは小さくても芽を形成するということは分枝する潜在力を持っているということであり、芽を上部に持つということはチマキザサの特徴を示しているということである。これらのササがミヤコザサ線付近では上部の芽が雪によって保護されないためにまっとうに生長できなくなり、次の年に枝になれないものが生ずる。このため西部のものに比べて枝が少なくなり、分布の東限ではついに枝が全くなくなってしまうのである。つまり地点5あたりで見られる、枝の数がごく少なく、一見ミヤコザサに見えるササは実はチマキザサだったわけである。

以上の結論をまとめてみよう(図表32)。五葉山をふくむ北上山地南部を西から三つの地帯に分ける。第一地帯が多雪域、第三地帯が寡雪域、第二地帯が中間域である。第一地帯では冬季に雪に保護されるから芽は稈の上部にまで芽が着いている。第二地帯では節の上に芽はあるが、上部では雪の上の芽は寒風にさらされるため枯れてしまう。第三地帯ではほとんどの節に芽はなく、わずか地表付近に限って少数の芽があるだけである。これらの新しい稈が越冬すると、第一地帯では前年の葉は白い隈どりができ、汚れてしまうものの生育を続けている。そして前年に形成されていた芽から伸長した新し

図表31・・北上山地南部九地点におけるササ属の節上の芽の垂直分布頻度。
■・生長芽
▩・萎縮芽
□・芽を持たない節
地点番号は図表26に対応。

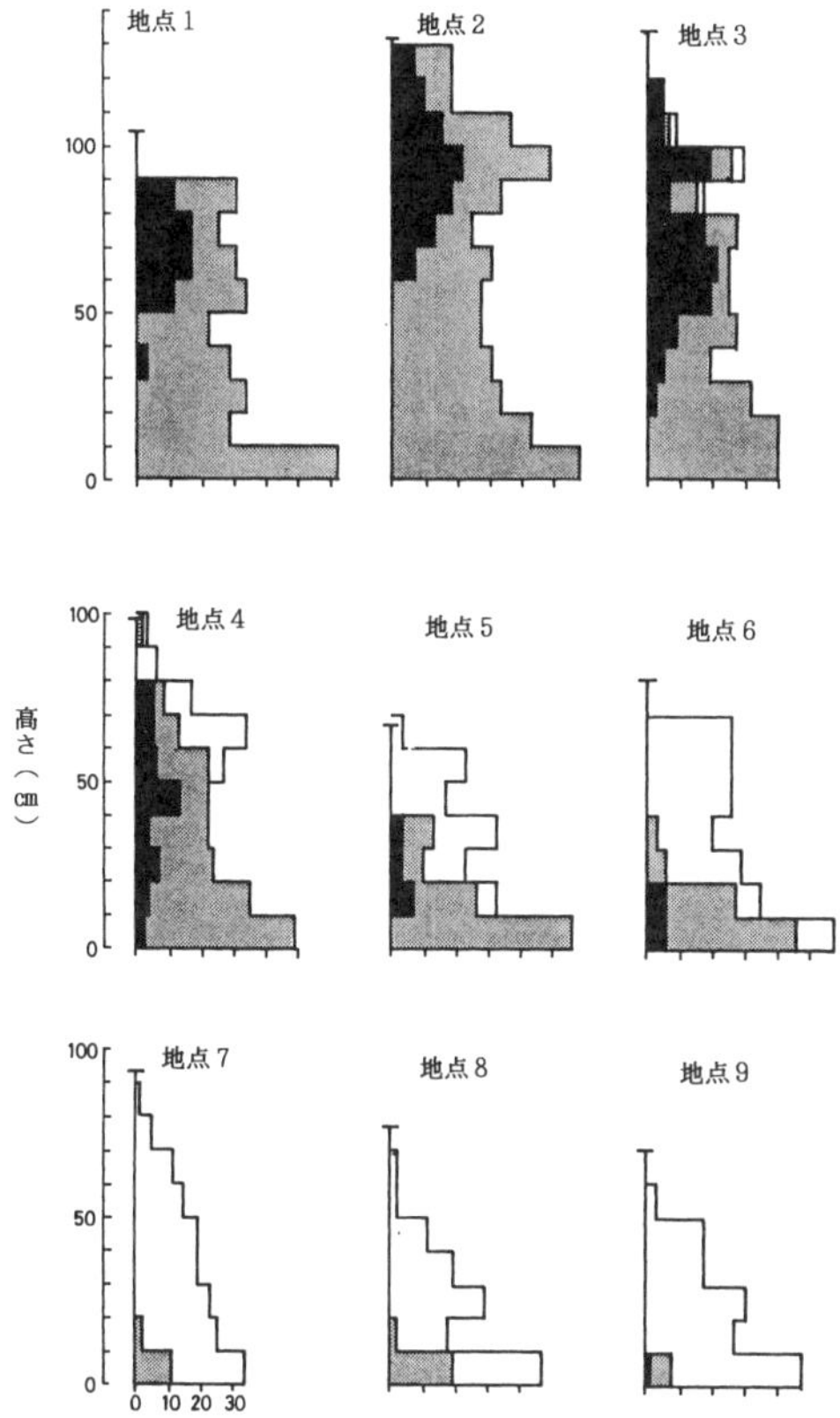

い枝をともなう。これが典型的なチマキザサのパターンである。第二地帯では下方の生長芽から新稈が伸長し、それより上部は枯れてしまう。この分枝の高さはまちまちで、西部へ行くほど典型的なチマキザサ型となる。ところが第三地帯では分枝は地表際のみとなり、前年の稈は完全に枯れてしまう。これが典型的なミヤコザサのパターンである。我々を悩ませた中間型はチマキザサ型のうち、芽がまっとうに枝に生長できないものだったのである。かくしてチマキザサっぽいミヤコザサか、ミヤコザサっぽいチマキザサかという禅問答は富田君に軍配が上がった。

三　シカの食物としてのミヤコザサ

(一)　シカによるミヤコザサの食べ方

シカは他の偶蹄類と同様、門歯は下顎にしかない。上顎は歯茎《はぐき》だけなので、シカは植物をスパッと切り取るというよりはむしり取るという感じの食べ方をする。噛んでは引きちぎるというべきかもしれない。ミヤコザサは稈

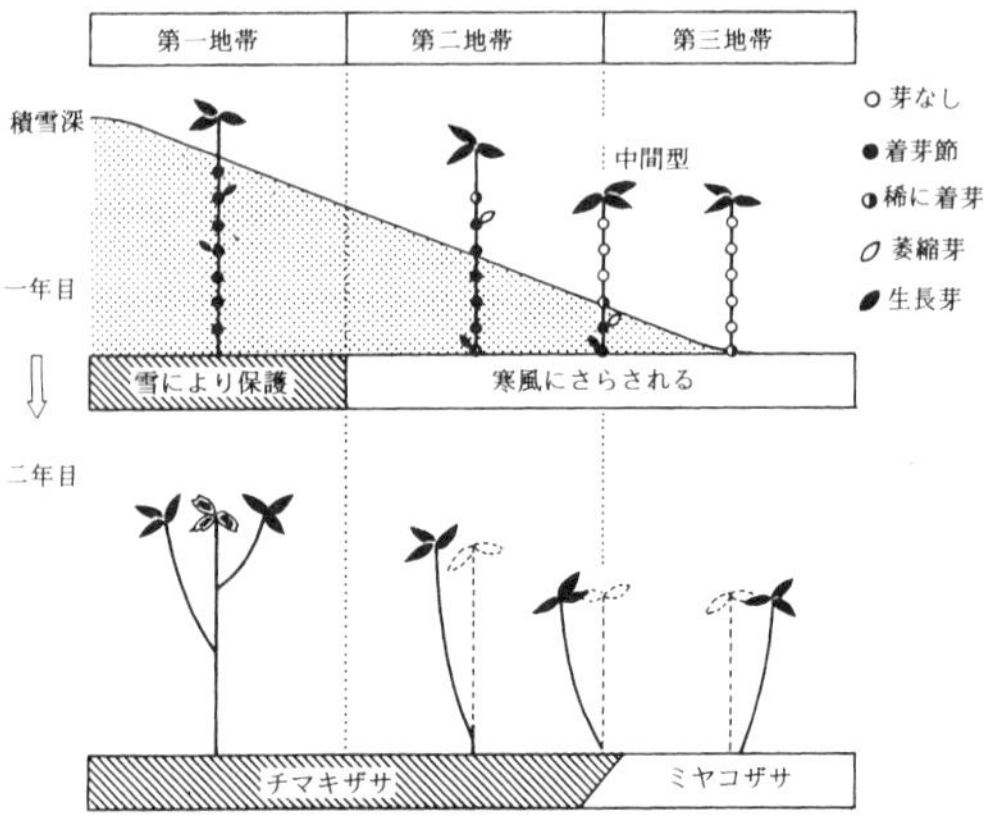

図表32：チマキザサとミヤコザサの比較を示す模式図。
チキザサは冬季に雪によって保護されるため芽が上部にまで着き、翌年枝を打つ。枝や葉の寿命は長い。
これに対して雪の少ない地域に生育するミヤコザサは地上部に芽は持たず、枝を持たない稈は翌年には枯れて新しい稈を伸ばす。

の丈が三〇～五〇センチほどしかない、おそらくタケの仲間全体でも最も小さなササのひとつだが、葉は長さ二〇センチ余り、幅も五センチほどある大きなものである。

これが稈の先端に三、四枚着いているのだが、シカはこれをつまんで採食する。私は手始めにシカがミヤコザサの葉をどのように食べるか調べてみた。採集したササから抽出した一八三一枚の葉をシカによる採食の程度に応じて、重度、中度、軽度に分けてみると、その大半（八四・五％）は重度であった。これはシカがミヤコザサを採食する時、葉の基部を噛んで食いちぎり、効率的に採食することを示している（図表19）。

次に問題としたのはその採食のしかたが空間的にどうなっているか、具体的に言えば採食されるササは集中しているのか、それとも一様に分散しているのかということである。例えば同じ被食率五〇％でも、ある場所の半分の面積で一〇〇％、残りの半分で〇％食べられた場合と、いずれの場所でも五〇％ずつ一様に拡がっているのとでは全く違う。この違いはササの再生にも影響を及ぼすであろう。そしてこれはシカの行動的な特性とも関係する。もしシカが、蚕がクワの葉を食うように一定の場所のササを丁寧に食い尽くし、それから次の場所に移るというような採食のしかたをするのであれば、その採食は集中的となるであろうし、逆にこちらで少し食べ、すぐに移動してまたあちらで少し食べるという採食のしかたをするのであれば食べ方は一様になるであろう。

このことを検討するために一九八四年五月に被食率の異なる場所で格子状に配置した一六コの方形区（五〇センチ四方）をとり、ササを刈り取ってきて、採食の集中度を調べた。採食の集中度を表現するために、生態学でよく用いられるIδ（アイ・デルタ）[*4]を用いた。この指数が大きければ集中的、小さければ一様であると判断される。場所ごとの被食率（スタンド被食率）に対して、それぞれの方形区におけるIδの平均値をプロットすると、被食率が小さい場所では集中分布をし、これ以上ではランダム分布を経て一様分布に近づくことが判った(図表33)。この結果は次のようなことを意味する。シカの密度が高く、ササが乏しくなるとシカがすべてのササをまんべんなく食べ、ついにはなめ尽くすように食べるようになるのはよく理解できる。興味深いのは、シカの密度が低い場合でもある方形区ではよく食べられ、他の方形区では食べられないということはなく、どの方形区でも何本かのササはかならず集中的に、いわば摘まみ食いするように食べられているという点である。つまりシカがササを食べる場合、蚕がクワの葉を一カ所から食べ始め、それを次第に拡大してゆくのと違い、採食圧が弱い時でも全体を同じような強さでまんべんなく食べることがわかった。

(二) シカの食物としてのミヤコザサ

ここで「五葉山のシカにとってミヤコザサがなぜあのような重要な食物たりうるのか」という課題を考えてみよう。

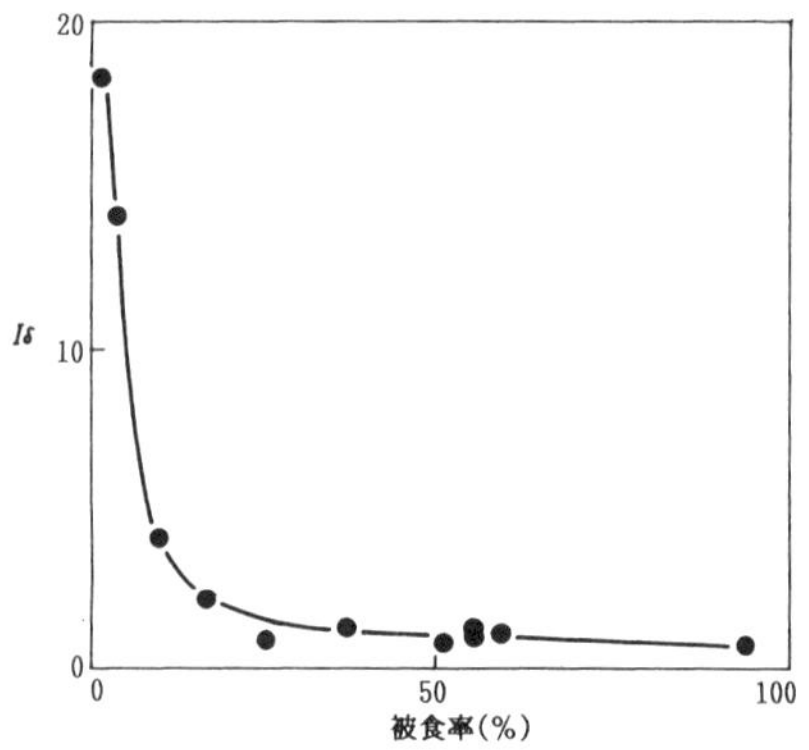

図表33：スタンド被食率とIδとの関係。被食率が弱いうちはササの食べ方は集中的だが、被食率が強くなるにつれて一様になる。

そもそも植物が草食獣の主食であるためにはどのような条件を備えていなければならないのだろうか。この点に関してアメリカのモラン（一九七三）はミシガン州のワピチの研究の中で食物としての植物の性質を検討し、理想的な食物としての植物の満たすべき条件として、生息地に広く分布していること、密度が高いこと、採食に耐性があること、嗜好性があること、栄養価が高いこと、冬の供給量が豊富なこと、などをあげている。[*5]

これらを私なりに検討した結果、主食であるための条件は結局次の五つに整理された。

一・第一の条件は豊富な供給量である。当然のことながら十分な量の植物が生育していなければ主食とはなりえない。

二・第二は供給量の安定性である。たとえ現存量が多くても、それが生育期だけで冬に減少するようでは食物としての価値は半減してしまう。このことは野生動物にとっては特に重要な意味を持っている。

三・第三は栄養価である。上記の二つの条件が満たされても栄養価が低ければ食物としては価値がない。例えば落葉低木の藪やススキ群落などは冬でも現存量そのものは小さくないのだが、栄養価が低いため群落としての飼料価値は小さい。

四・第四は嗜好性つまり草食獣に好まれるということである。これは金華山島における私のテーマのひとつであったので、考える機会がよくあったのだが、ある種の植物は草食獣に採食されないように適応しており、植物体にトゲを持っていたり、特異な化学物質を含んだりしており、このような植物は食物とはならない(高槻、一九八九b)。ワラビ、ハンゴンソウ、サンショウなどがその例である。

五・そして最後の条件は採食に対して耐性があるということである。一から四までの条件を備えていても、採食されたままで再生力がなければ、長期にわたって利用することはできない。例えばマメ科などの植物にはシカが大変好んで採食するものがあるが、多くは再生力がないため消滅してしまう。このような植物は主食になることはできない。

私はミヤコザサに関してこれらの条件をひとつひとつ検討してみることにした。

一・供給量

ミヤコザサの現存量に関しては第二章の「植生調査」で触れたが、ミヤコザサは五葉山の主要群落でしばしば林床の優占種であった。さまざまな群落において下生えの刈り取り調査を行った結果、ミヤコザサは面積的に大部分を占める落葉広葉樹林の多くの林床で優占していた（図表34）。刈り取りでは草本層（群落の階層構造のひとつ。群落は高木層、低木層、草本層などに分けられる）とシカの採食範囲である二メートル以下の植物のうちシカの食物となりうる当年枝と葉の重量も調べた。低木群落やオープンな場所では他の植物が多いこともあったが、このような場合でもミヤコザサの現存量は小さくなかった。しかもミヤコザサは他のササに比べて地上部現存量が小さい割りには葉の割合が大きく、シカの食物として好条件を備えている。この意味でミヤコザサは豊富な供給量を確保できる植物といえる。

二・供給量の安定性

ミヤコザサの現存量は仙台市郊外での調査で明らかになったように、初夏に筍が伸びて盛夏に最大となる（図表25）。普通のイネ科植物であれば秋になって枯れるのだが、ササは常緑であり冬の間も現存量を維持する。ミヤコザサの場合、林の外では夏に自己間引きが起きて減少するが、秋までに安定して越冬する。また林の中では現存量はかなり少ないが、その後も夏の値を維持して翌年の春を迎える。

越冬した稈は林外では夏までに大半が枯れるが、林内では秋まで生存する。このようにミヤコザサの現存量は通年安定している。

三・栄養価

シカの食物である以上、栄養価は重要なポイントである。五葉山のミヤコザサを宮城県立農業短期大学の渡辺英一先生に飼料学的分析をして頂いたところ、そのタンパク質含量は一年を通じて非常に安定していることがわかった（図表35）。筍が出る時期には実に二〇％もあり、その後一五％前後に減少するが、このレベルは秋から冬にかけても維持されていた。越冬した葉では一〇％以下に減少するが、この頃には新しい筍が発生するからシカにとっては問題ない。これは一般のイネ科植物とはずいぶん違う。例えばススキの葉の場合、タンパク質含量は最高となる生育期でも一五％ほどで、秋には一〇％以下に落ちてしまう（山根・佐藤、一九七二）。秋に黄葉して枯れることが成分的にはこのような形で示されるわけである（図表35）。ミヤコザサにおけるこのようなタンパク質含量の季節変化はイネ科としてはかなり特殊であり、また

図表34：コナラ林に生育するミヤコザサ。このササは五葉山のさまざまな群落において豊富に生育する。

これらの値は破格と言えるものである。実際のシカの食物のタンパク質含量はどの程度なのだろうか。北アメリカのワピチとオジロジカの胃内容物のタンパク質含量は両種とも春から夏にかけて一五％前後であるが、その後オジロジカでは一〇％から七％ほどに、ワピチでは五％にまで低下したという（図表35）。シカの栄養生理学的研究によると食物中のタンパク質含量が五％を割ると生長が止まり、生命にも危険が及ぶとされる（マッキューワンら、一九五七、ホルターら、一九七九）[*6]。これによると野生のワピチはギリギリの線まで追い込まれながら生きているということになるし、オジロジカでも一時的ではあるが七％位まで低下しており、かなり厳しい状態になることが判る。これらに比べれば、ミヤコザサの葉のタンパク質含量がいかに高いかということが理解されよう。

四・嗜好性

シカがミヤコザサを好んで食べているかどうかを知るのは意外と難しい。なぜなら食物の中で多くを占めているからといって、それがただちに嗜好性が高いとは言えないからである。それは単に供給量が多いことを反映しているだけのことかもしれない。つまり食物の組成は他の植物との相対的関係によって左右されるものだからである。このことを調べるために家畜では何種類かの植物を並べて与え、食べる順番から嗜好性を調べる方法があり、カフェテリア・テストと呼ばれている。しかしハンゴンソウ、ワラビ、サンショウなど、特殊な味や匂いのする成分を含んだり、トゲを持つ植物では明らかに避けられることが判るだろうが、そうでないイネ科の植物ではそれほどはっきりした傾向は出ない。またテストに用いる個体の差もあるだろう。

実は私自身、シカによるミヤコザサの消化率を調べるために飼育実験をしたことがある。これは一個体で一週間ほどの簡単なものだったが、この時の経験ではミヤコザサを特に好むわけではないが、

図表35：
ミヤコザサと
ススキの葉中、
および
ワピチとオジロジカの
胃内容物中の
タンパク質含量の季節変化。
ミヤコザサは
飼料学的に
非常に良質な食物である。
山根・佐藤（一九七一）、
ブライアントら（一九八〇）、
スウィフト（一九八三）より。

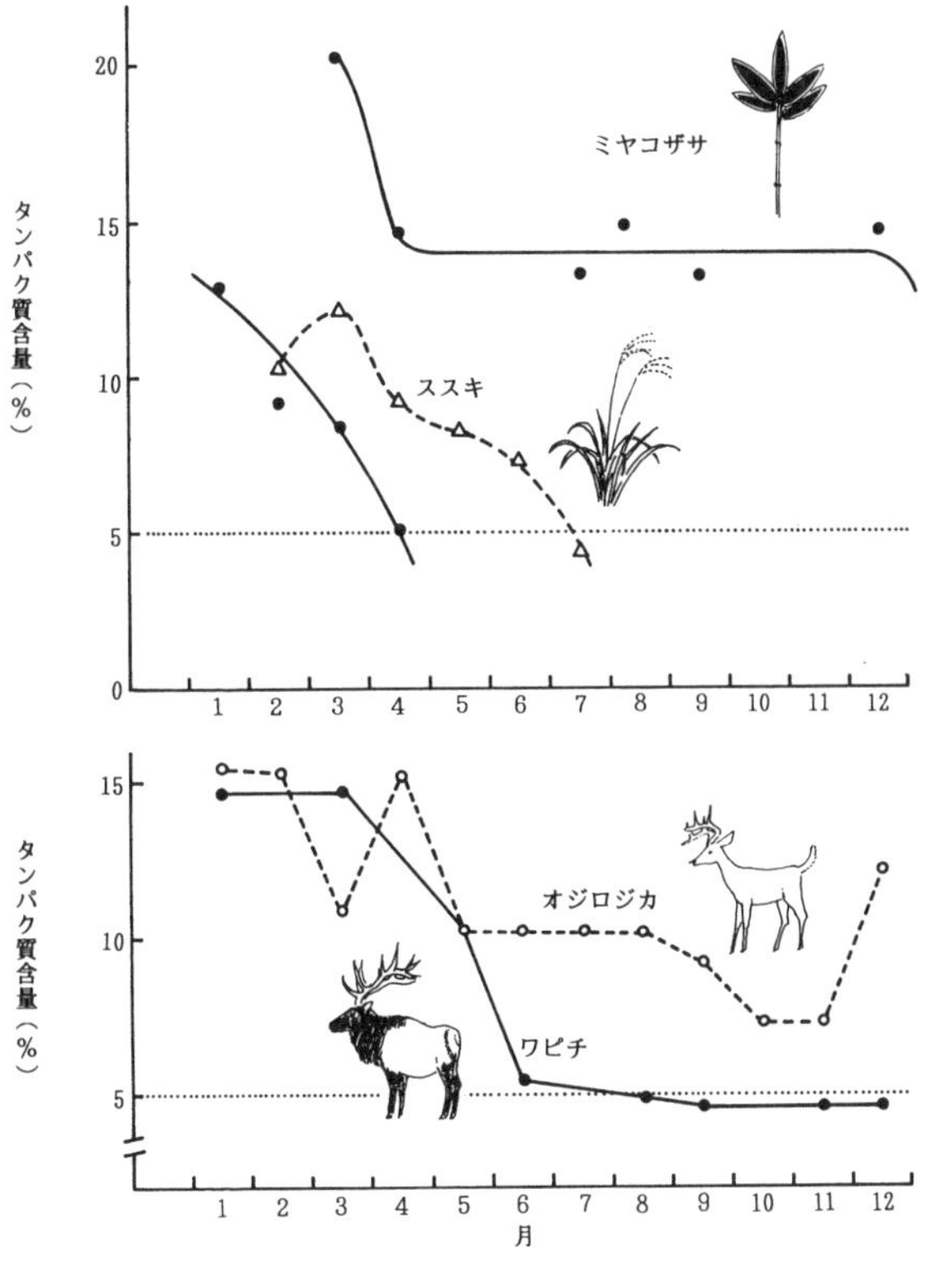

かといって嫌いでもないようだった。もっとも実験に用いたシカは動物園で野菜や濃厚飼料を食べて育った「口の肥えた」個体だったから、野生ジカに関しては何ともいえないのだが、少なくともシカはミヤコザサを嫌って口にしないということはないようだった。

五・採食に対する耐性

採食に対する耐性とは採食された後の回復力ということである。これまでにあげた四つの条件も確かに重要である。例えば供給量が多くなくても、栄養価が高ければ良い食物のひとつになりうる。逆にさほど栄養価や嗜好性が高くなくても、ふんだんにあれば食物の一部となりうる。しかし永続的に主食であり続けるためには、採食された後、その植物が回復できる、つまり再生力がなければならない。この意味で野生動物にとってはこの第五の条件こそが非常に重要な意味を持つのである。

この点に関してミヤコザサはどういう性質を持っているだろうか。ここでミヤコザサの種生態を思い出してほしい。このササの特徴のひとつは地上部の寿命が短いことであった。ササに対するシカの採食は冬に強まる。なぜならば冬には他の植物が落葉したり枯れたりするため、数少ない常緑植物であるササの重要性が相対的に増すからである。そうするとどうなるか。ミヤコザサの場合、ごく一部の古い稈を除けばほとんどが前の夏に生育したものである。これらは来たるべき夏にはほとんどが枯れてしまう。したがって採食つまり葉の除去はミヤコザサにとっては早晩枯れるものが少し早めになくなるという程度の効果しかもたないことになる。それではチマキザサではどうだろう。このササの場合、冬には今年の葉と去年の葉とが大ざっぱに言って二対一の割合で共存している（図表36）。去年の葉にとって採食はミヤコザサの場合と同様さほどのダメージとはならない。しかし大量にある今年の葉は次の夏の光合成を担っており、この葉を失うことは、チマキザサ群落全体の生産にとって深刻な影響を持つことになる。

　このように考えるとミヤコザサはチマキザサよりも採食に対する耐性があることが予想される。この点に関するまとまった研究はないが、よく探してみると参考になるものが二、三見つかった（図表37）。チシマザサでは刈り取りによって稈の密度は二二・三％に、地上部全体の現存量は一一・四％にも落ち込んだという。クマイザサ（チマキザサの仲間）では密度は九〇・二％とあまり減少しなかったが現存量は五四・〇％とほぼ半減したことになる。これらに対してミヤコザサの場合は密度は一一七・三％とむしろ上昇し、現存量も七八・三％であり、刈り取りの影響は最も小さかった。これらの実験結果はミヤコザサがササ属の中では最も刈り取りに耐性があることを示している。

　いうまでもなくこのような性質は採食に対する適応ではなく、寡雪という気候条件に対する適応であるに違いないのだが、結果的にこのことがシカの採食に対しても有利に働いているのである。

図表36：ミヤコザサとチマキザサの葉量の経年変化を示す模式図。シカの採食は冬に強くなるが、ミヤコザサでは枯れる前の葉が除去されるからダメージは小さい。チマキザサでは来るべき夏に光合成を担う葉が除去されるのでダメージが大きい。

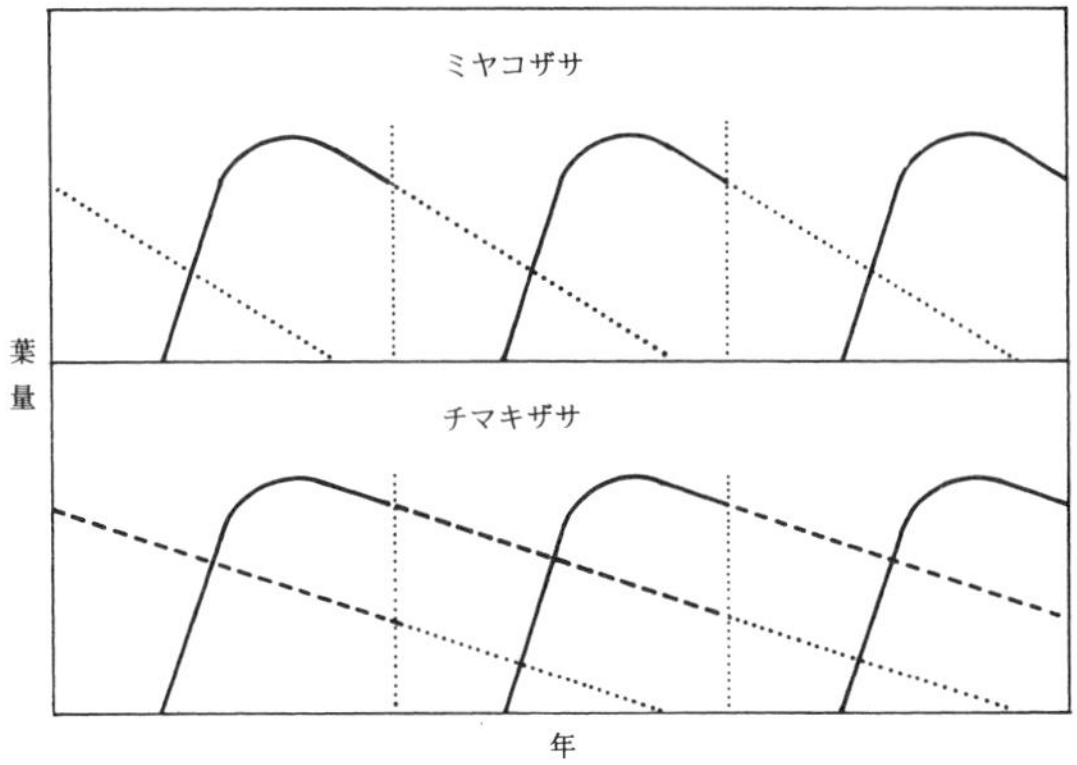

以上の検討により、ミヤコザサはシカの食物としての五つの条件すべてを満たす理想的な植物であることが理解されたと思う。

我々は懸案であった「なぜミヤコザサがあのような重要な食物たりうるのか」というテーマに対してほぼ満足のゆく解答を得たと言ってよいだろう。

(三) ミヤコザサによる冬のシカの分布推定

シカの季節移動を示す間接法としてミヤコザサの被食率の調査を行ったことはすでに紹介したが（第二章四節）、その後同じ方法で五葉山一帯での広域調査を試みた。調査の時期は標高の高い場所の雪が解けた後で、しかも新しい筍が伸びて古いササが枯れる前という微妙な時を選ばなければばならない。

一九九〇年の五月、うららかな日のことだった。溢れるばかりの光をあびながら爽やかな風の中を車を走らせる。山々にはさまざまなトーンの緑が波打ち、その中に添えられたカスミザクラの淡紅色がパステル画のようだ。道路沿いにはヤマブキやコンロンソウが次々と現れては

図表37：ササ属三種の刈取り後の回復率（%）。いずれも三月に刈取り、生長完了後調査。

	密度	現存量	文献
チシマザサ	22.3	11.4	松井(1963)
クマイザサ*	90.2	54.0	松井(1963)
ミヤコザサ	117.3	78.3	県ら(1979)

*チマキザサ節の１種

消えて行く。何という美しい国にいるのだろうと思う。北上山地の五月は一年でも最も麗しい季節を迎えようとしている。

ぼんやりと思うことがある、土地ごとの美しさの絶対量は同じではないかと。南の国の夏は力強く、また冬は優しくそれぞれに魅力がある。そこではそれぞれの季節の魅力がほどよく配分されているかのようだ。これに比べると北国の冬は無彩色だ。山に緑はない。もちろんそこに美しさを見いだすことはあるが、華やかさとは無縁の世界だ。その長く厳しい冬を通り抜けた時、樹々は溢れるように葉を開き、花々が次々と咲き継いでゆく。ここでは一年間の美しさがこの季節に濃縮されているようだ。まるで息をひそめていた冬の日々を埋め合わせるかのように。

茅葺きの屋根を背景に畑の脇に老夫婦が座って鍬の手を休めている。何か奇妙に感じたのは地べたに座るというのが都会では目にすることの少ない光景になってしまったせいだからだろうか。田舎の人だから衣類が汚れるのも気にしないで座っていると見えなくもないが、私にはそうでないという確信がある。

私が春の花を写真におさめようとして地面に座り込んだり寝転んだりするのを見て、家族は、

「お父さんってすぐそうなんだから」

と言う。私は口では、地面に咲く花はこういう角度から撮らなければだめなのだと言いながら、心の中には実はそれだけでなく、そうすること自体が楽しいのだという気持ちがあることを知っている。地面に接することは心地よい。地面に接しても冷たくない季節が来たのだ。

ミヤコザサのサンプリングをするために車を捨てて山路を歩く。ヒメイチゲ（図表38）やコキンバイ

が咲いている。陽気にさそわれてキベリタテハが飛んでいるが、翅の縁の黄色は色あせてほとんど白に見える。この小さな生命が長く厳しい冬を耐えて来たのだ。その時、明らかに違う蝶が目にとまった。あわてて近寄ってみるとミツバウツギの花で吸密しはじめた。それはサカハチチョウの春型だった(図表39)。昆虫少年だった頃の浮きたった気持ちがよみがえる。

この調査で、五葉山一帯でのシカによるミヤコザサの被食の程度は保護区の内部と外部とで明らかに異なる垂直分布を示していることがわかった(図表40)。保護区内ではほぼ標高が高くなるにつれて被食率も高かったが、これは高い場所は雪が多く、シカが少ないためである。シカが雪を避けて標高八〇〇メートル以下に集中したため、多くの地点で被食率は六〇パーセントを越え、一〇〇パーセントの地点も少なくなかった。これに対して保護区外では一般に被食率が低かった。これは保護区外には農耕地や人家があること、また冬季に狩猟や有害獣駆除によって銃口を向けられるためにシカがこれらの場所を避けて保護区に逃げ込むからである。標高四〇〇メー

図表38：林床にひそやかに咲くヒメイチゲ。

トル以下では再び被食率の高い地点があったが、これは低地ではミヤコザサの生育する場所が限られるためにシカが集中的に採食したからだと思われる。実際、低地での調査ではミヤコザサの生えている場所を見つけるのに苦労することが多かった。

さて保護区内の標高五〇〇メートルから七〇〇メートルの範囲ではササの葉が八〇％以上、時に一〇〇％も採食されていたが、これはここがシカの越冬中心になっており、非常な高密度になっていたことを反映している。ここでは冬の食物として利用できるのはミヤコザサをおいてほかにない。ミヤコザサを食い尽くしたシカたちは栄養価の低い低木の枝や樹皮を採食せざるをえなくなる。そしてこのような強い採食が毎年繰り返されれば、さしものミヤコザサも減退してゆくのではないかと懸念されるのである。

いずれにせよミヤコザサに残された食痕を利用するというこの方法はシカの越冬中心がどこにあるか、そして越冬状態が過密であるかどうかを判断するのに大変すぐれている。第二章四節でふれたようにシカの越冬中心は

図表39・ミツバウツギの花にとまるサカハチチョウ（春型）。

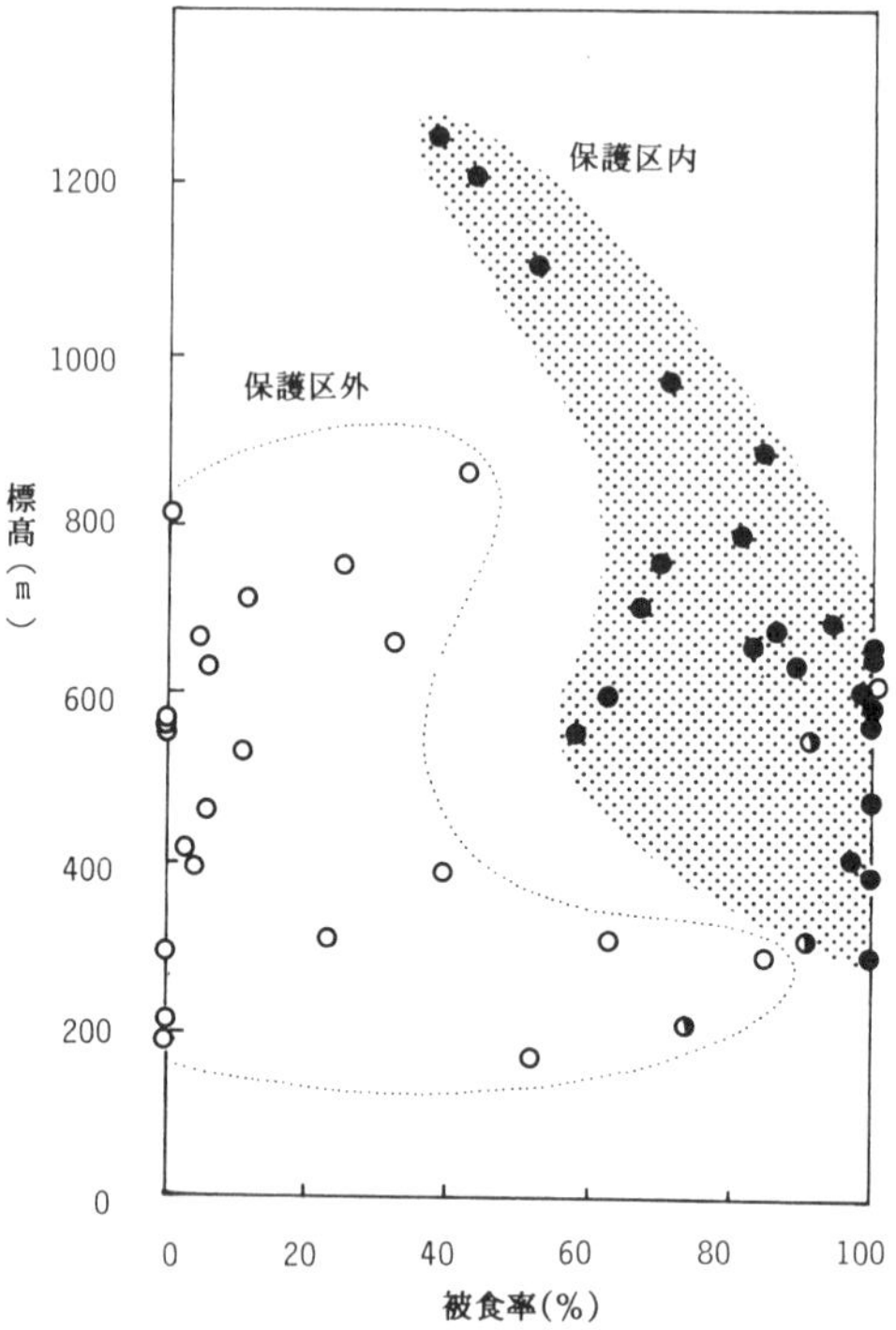

図表40：五葉山とその付近におけるミヤコザサの被食率の垂直分布。保護区内（●）または保護区に隣接する地点（◑）で被食率が高く、保護区外（○）では低かった。

年によってかなり大きな変化があるから、同じ調査を継続することによってそのことの証拠が示されるであろう。

このようにミヤコザサをシカの食物として見るというアプローチによって、ミヤコザサがシカの主食であるのはこのササが積雪の少ない場所に適応して枝分れを単純にし、地上部の寿命を短くしたことの結果であるということが明らかになったが、このことはさらに興味ある展開を見せることとなる。それを本章の最終節で紹介しよう。

四 考察——雪、ササそしてシカ——

(一) 冬のシカの分布

一九八一年から一九八二年にかけて、私はササの分布の調査を始め、その輪郭をつかみかけていた。ミヤコザサとチマキザサの境界はほぼ気仙川あたりにあり、その北では遠野盆地を囲むように東へ振れる(**図表23、26**)。一方、これと並行してシカの試料を集めるためにハンターに協力を求め、あちこちを動き回っていた。その感触ではシカの分布もまたおよそこの範囲に限られているようだった。しかし私がカバーできたのは限られた点であり、ことに分布の周辺部分になると情報が乏しく、輪郭をイメージするには至らなかった。

一九八二年の早春、いつものように調査を終えて大船渡市の農林事務所に挨拶に行った。シカの猟期が終わってしばらくした頃だったので、猟の結果はいかがでしたかと聞くと、担当の人が、

「ちょうど地図が出来たところだけど、見ますか」

と言って管内図を拡げて見せて下さった。それを見て私は声を上げんばかりに驚いた。シカの捕獲地点はミヤコザサの分布範囲にすっぽりと収まっているではないか（図表41）。これらの点は五葉山から離れるほど密度が低くなり、陸前高田市の西を流れる気仙川を西の、そして釜石市の北を流れる釜石川を北の限界としている。[*7] ぼんやりと感じていたシカの分布範囲が、これではっきりと示されたことになる。

　ミヤコザサの分布に決定的な影響を持つのは冬の雪であった。そしてこの図に落とされたシカの捕獲地点、つまりシカの分布がミヤコザサの分布と一致していたという事実は、冬のシカの分布もまた積雪によって影響を受けているに違いないことを示唆していた。あまりにも見事な一致ではないか。それまで私はシカはミヤコザサの特性をうまく利用して主食にしていると考えていたが、実はそれどころではなくシカの分布そのものがミヤコザサと深い関係を持っているというのが実態らしいのだ。

　シカの分布がミヤコザサの分布範囲に収まっていることを示すこの地図は、北上山地南部が積雪量五〇センチを境界として、その東の、ミヤコザサが生育し、シカが生息する地域と、そして西の、チマキザサが生育し、シカのいない地域とに分かれることを示している。

（二）　シカの脚（蹄と長さ）

ササだけでなくシカの分布を左右しているのは雪らしい。もちろん動物の分布を決定する要因は極めて多様である。しかし私はこれまでにシカがあのスラリをした脚ゆえに雪の中に沈んで難渋しているのを見ていたので、ひとつの主要な要因としてシカの蹄が小さいことを示してみようと考えた。そこで狩猟されたシカの体重を測定し、蹄にインク・スタンプを押し付けて「足形」（「蹄拓《ていたく》」と言うべきか）

を取った。そして体重をこの蹄の面積で割って一平方センチ当たりの体重つまり負荷重を求めようというわけである。

その結果、蹄負荷重は子ジカで一平方センチ当たり四〇〇グラム余り、一才オスで六二〇グラム、メス成獣で七〇〇グラム、オス成獣で七六〇グラムであった。他の有蹄類の蹄負荷重を比較すると、最大のものは北アメリカ産のヘラジカで一平方センチ当たり八〇〇～九〇〇グラム、そしてオジロジカ、ジャコウウシと続く(図表42)。ニホンジカは性、年齢いずれを見てもオジロジカに近い値であった。シカ科の中で注目されるのはトナカイで一平方センチ当たり二〇〇グラムという並外れて小さい値を持っている。よく知られるようにトナカイは多雪地域に適応したシカであり、蹄が著しく大きいだけでなく、毛が生えていて防寒および滑り止めの効果があると言われる。シャモアはシカではないが、その蹄負荷重はトナカイと同じ二〇〇グラムである。シャモアはヨーロッパのアルプスなどに生息するカモシカに近縁な有蹄類で、岩場での活動を得意とする。蹄負荷重が小さいことはこ

図表41：五葉山周辺のシカ捕獲地点（●）から描いたシカの冬季分布域（灰色部）。シカの分布はミヤコザサ線の東側に収まっていた。大船渡地方振興局一九八〇年（昭和五五年）度資料より。

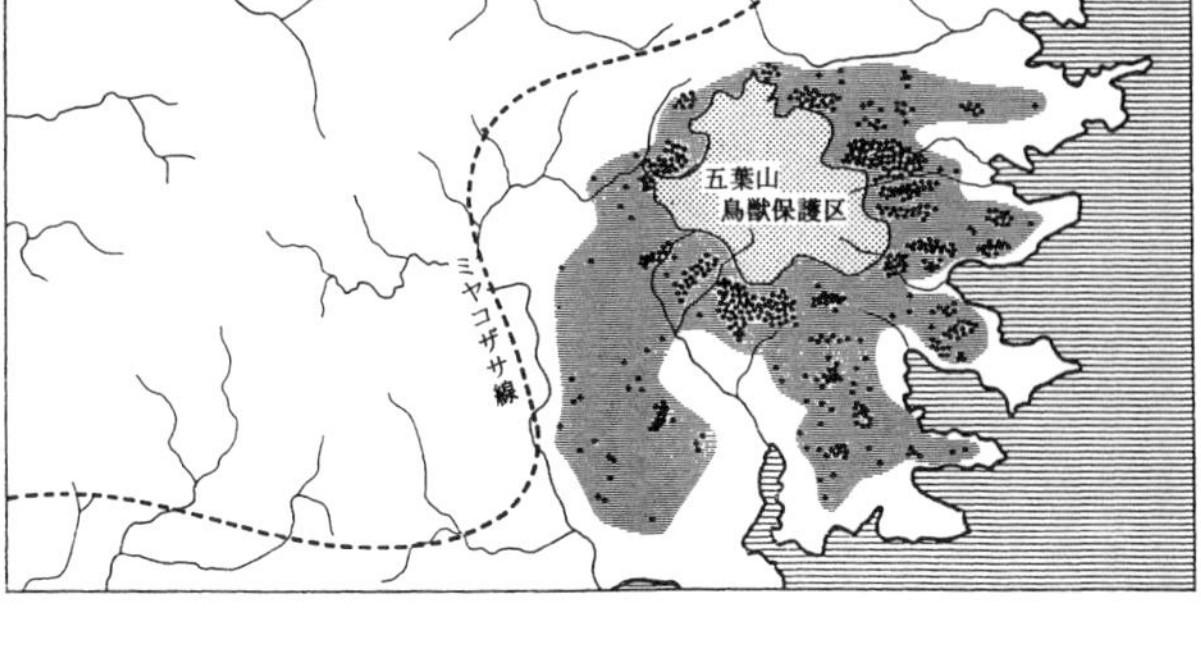

のことと関係するに違いない。
この比較によってニホンジカの蹄負荷重は有蹄類としては普通ないし、やや大きいことが判った。もちろん有蹄類の蹄負荷重はクマやオオカミなどに較べれば非常に大きいから、ニホンジカの脚は雪の中にズボズボと沈んでしまうことになる。実際、積雪期のシカの動きを見ていると雪の中での動きは実に苦手だ。ハンターに追われて雪の中を逃げる時は各個体が散り散りに走って行くのではなく、一列になり、先頭のシカが胸でラッセルし、後続が続く。深い雪の中では自由に走ることができないのだ。

蹄の面積とともに重要なのは脚の長さだ。そこで前肢長と後肢の下半、すなわち後足長とを測定した(図表43)。後肢はいわゆる「ヒザ」(下腿骨と中足骨の接合部、ヒトの場合カカトに相当)で強く曲がっているから実際に雪に埋まるのはこの後足長よりやや長い程度だと考えられる。

測定の結果は、前肢は子ジカでオス、メスとも五〇センチ、一才オスとメス成獣で約五五センチ、オス成獣で

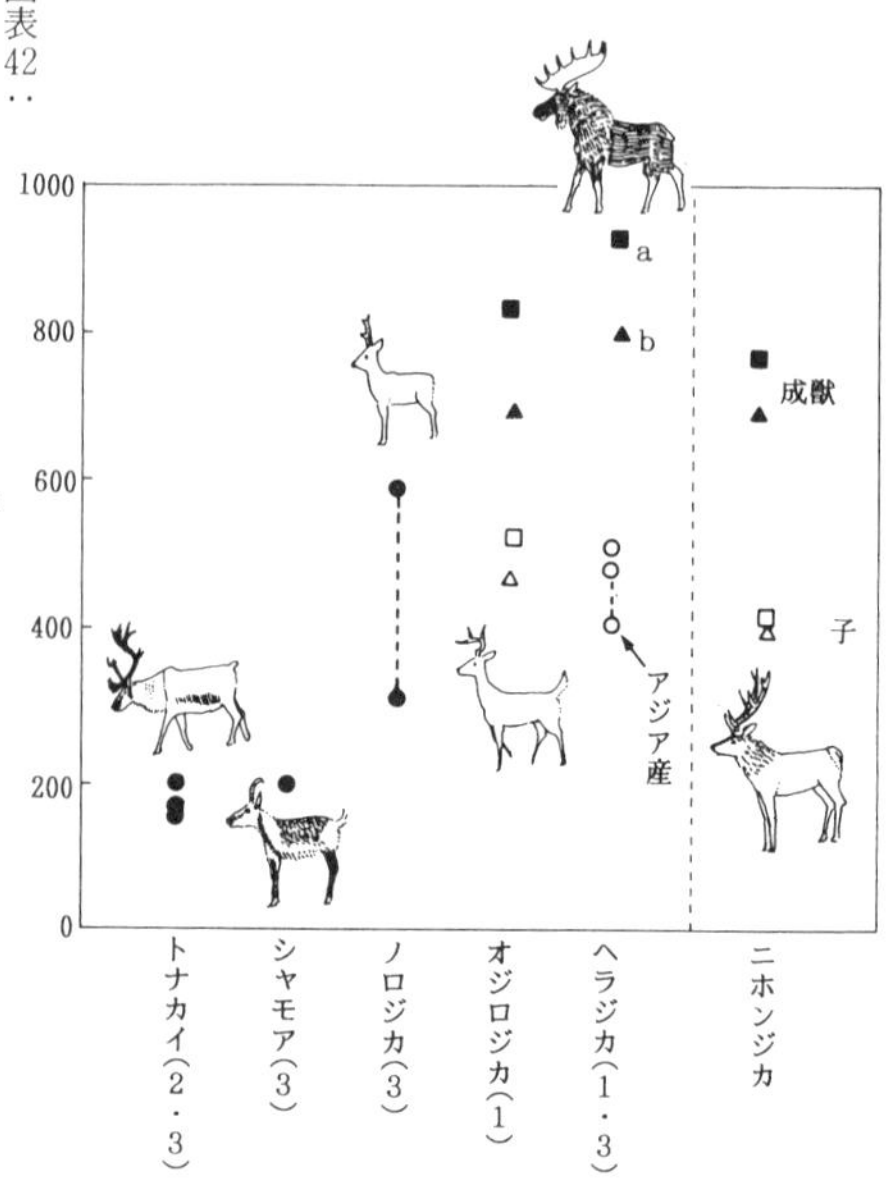

図表42・シカ類の蹄負荷重の比較。
黒色・成獣
白色・子
四角形・オス
三角形・メス
ただし丸は性齢不明。
1・ケルソール(一九六九)
2・クライン(一九八六)
3・a・ナジモヴィッチ(一九五五)
b・ニュー・ブランズウィック産

六〇センチであり、後足は同じ順に四〇センチ、四三センチ、四五センチであった（図表44）。これらの値は体重や胸囲に比べるとそれぞれのクラス間の違いが小さい、つまり子ジカは相対的に脚が長いことを示している。

シカの行動に直接影響するのは胸の高さだが、これは四〇センチから五〇センチ程度であった（図表44）。

我々はここでまた五〇センチという数字に出会った。そこで改めて全国レベルでの積雪量とシカの分布とを重ね合せてみた。するとシカの分布は基本的に積雪五〇センチ以下の地域に限られており、一〇〇センチ以上の地域にはほとんどいないことがわかった。積雪五〇～一〇〇センチの範囲では局地的に生息している地域もあり、ことに北海道ではその傾向が顕著であった（図表45）。

五葉山のシカの蹄や後足長、胸高の測定値はシカの分布が積雪量五〇センチ以下の範囲に限られているという事実を、すべてではないにせよ、よく説明している。

（四）群落—動物複合体

私は本章二節でササの分布が積雪量と深い関係があるこ

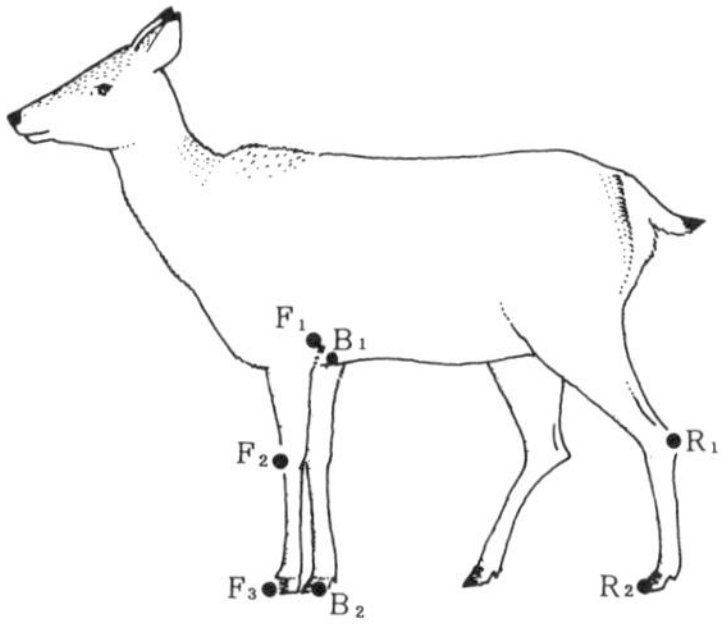

図表43：シカの計測部位。
前肢長・F_1-F_2＋F_2-F_3
後足長・R_1-R_2
胸高・B_1-B_2

とを、そして本節でシカの分布もまた積雪量に強く関係していることを示してきた。繰り返しになるが、積雪深五〇センチの西側と東側の自然は明瞭なコントラストをなしていた。西側のキーワードは多雪、チマキザサ、シカ不在であり、東側のそれは寡雪、ミヤコザサ、シカ生息である。ここでこのことを再考してみたい。

植物生態学の主要な分野のひとつに植物社会学があるが、これは狭義には構成種の組成によって群落を分類しようとするものである。分類学であるから細かく分けることと同様、あるいはそれ以上に構成種の共通性によってより大きい単位を見いだすことも重要な課題である。生態学の重要な視点のひとつは現代の生物学が細胞レベルあるいはさらに分子レベルへとミクロな方向に発展したのとは逆の方向に、個体以上のレベルを対象とし、個体群や群集（群落）さらに山や川、あるいは地域へと対象を拡大したことにある。その知見によると東北地方の山地帯に優占するブナ林は日本海側のブナ－チシマザサ群団（群落分類学における群集の上級単位）とブナ－スズ群団とに分類されている（佐々木、一九七三）。そして

図表44：五葉山のシカの前肢長
後足長
胸高（センチ）。

		前肢	後足	胸高
オス	子*	50.6	39.4	44.6
	1歳	57.2	43.3	51.7
	成獣	60.4	45.1	54.8
メス	子*	50.0	39.1	44.0
	1歳	50.6	41.1	52.3
	成獣	56.0	42.6	52.1

*月齢7-9カ月

図表45：日本列島における積雪深とシカの分布（黒色部）。

シカの分布は積雪五〇センチ以下の地域にほぼ限定されており、一メートル以上の地域（点刻部）にはほとんど分布していない。

縦線部は積雪五〇センチ〜一メートル。

気象庁（一九七〇）、古林ら（一九七九）より作図。

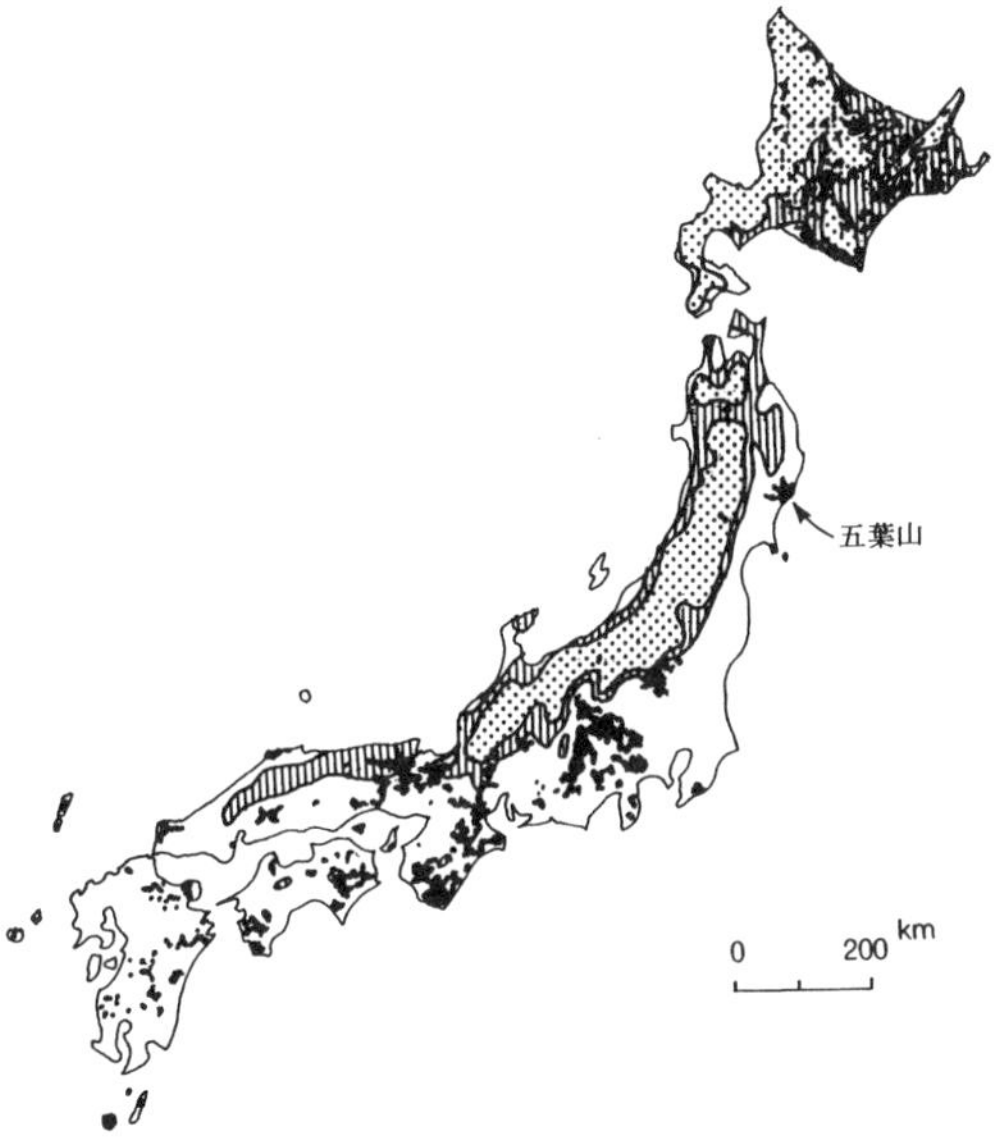

チマキザサをともなう落葉広葉樹林は前者の、ミヤコザサをともなう落葉広葉樹林は後者の下位単位とされており、これらふたつの群団の違いを生じせしめている要因は積雪量の違いであるとされている。つまり積雪量の違いによって植物社会が東西の大きな単位に分かれると認識されているのだ。

この成果を認めつつ、私は少し大胆にこれらの群落単位にさらに動物を加えた単位を考えている。五葉山一帯のミヤコザサをともなうブナ林とシカの組み合わせは、名前をつけるとすればブナ―ミヤコザサ―シカ複合体とでもなろうか。

そこで考えられるのがこれに対応する複合体である。我々はおぼろげながらカモシカが雪深い地域に生息していることを知っている。そこで落葉広葉樹林とカモシカの分布を検討してみた。すると両者は基本的によく対応しているが、カモシカはやや脊梁寄り、つまり奥羽山脈側にかたよって分布していることがわかった(図表46)。つまり東北地方の山地性落葉樹林は積雪量に対応して、太平洋側にブナ―ミヤコザサ―シカ複合体が、そして日本海側にブナ―チシマザサ―カモシカ複合体があることになる。

このように言えば生態学を学んだ読者はバイオームという概念を思い起こすかもしれない。これはアメリカのクレメンツとシェルフォードが提唱したもので、一定の相観を持つ植物群系(ある環境条件下でよく似た相景を持つ植生単位で、大陸程度の広がりを持つ)と、それに特徴的な動物群を統合的に含めた単位で、生物共同体の最も大きい単位であるとされる。例えばツンドラとトナカイ、ステップとバイソン、サバンナとゾウなどである。

私がたどりついた単位もこれと同じものなのだろうか。フィールドワーク、試料の分析、データの整理に明け暮れた日々の結果に達した認識が既存のものであったというのはちょっと寂しい気がしないでもないが、凡人の「発見」とはそんなものなのかもしれない。しかしよく考えてみるとツンドラとトナカイなどの組み合わせはどれほどの生態学的情報に基づいて論じられたのだろうか。シェルフォードの研究は膨大なデータに基づくものだということはよく知られるところだが、トナカイとツンドラなどの対応はどちらかといえば論理的帰結だったのではあるまいか。少なくともこれらの組み合わせに意外なものはない。

定義に照らせば同じ概念であるとしても、私は植物群系と動物群との間で展開されている具体的な関係を自分自信の体験を通じて帰納的に把握し、その単位を認識したことを重みのあることだと思っている。

初めて五葉山に登った時にも、ミヤコザサ線や、東北地方の植生が日本海側と太平洋側とで明瞭に違う、いわゆる背腹性、シカの分布、バイオームなど個々の知識としてはいずれも知っていたことなのだが、それらの有機的なつながりは見えていなかった。まさに「見れども見えず」だ。しかし食性という、動物と植物とをつなぐ接点を追及する過程で、バラバラに見えたこれらの情報が

図表46：
カモシカの分布（黒色部）と落葉広葉樹林の分布（縦線部）。両者はよく一致しているが、カモシカの分布はやや多雪地に偏っている。
古林ら（一九七九）、吉岡（一九七三）より抽出作図。

ひとつながりの関係を持って形を成しているのが「見えた」のだ。

このようなことに気づいたのは私が動物にも植物にも興味をもち続けて来たことと無関係ではないかもしれない。植物学者は植物だけを、動物学者は動物だけを研究するという専門化あるいは分業化が進めば進むほど総括的な見方はできなくなるだろう。考えてみれば自然はただあるがままに存在するのであり、動物学、植物学などという分野は人間の、それも研究者の勝手に作り上げたものにすぎないのだ。そのことによって自然を見る姿勢が硬直化し、つぶさに自然を見ることができないでいるということは随分あるのではないかと思う。自然は研究されるために存るわけでは無論ないが、研究しようとすれば時に雄弁に、時にエレガントにその真相を語ってくれる。そこには誇張や妥協はない。裏切られることは決してなく、もしそう思えたとしたら、それは自分の調べ方が間違っているのだ。

「私は、自然が故意にわれわれを悩ませているとは思わない。むしろ私は、自然が妥協を知らない点にこそ楽しみを見いだしている。」（グールド、一九八三）。

第四章　シカの生態を考える

研究の出発点であった金華山島で、私は植物群落に及ぼすシカの影響に取り組み、その過程でシカの食性を理解することの必要性を痛感した。食性研究それ自体は謎解きの要素があり、しかも答えは教科書にない。技術も必要だが、それだけではどうにもならない。自分がシカを取り巻く自然をどれだけ知っているかが鍵となるが、知識がすべてでもない。それはなかなか興味深い世界だ。

食性分析と山歩きのくりかえしの日々を重ねるうちに、食性分析はさまざまな意味で自分にふさわしい研究対象だと思うようになってきた。その核心はある場所の自然を理解することに喜びを感じる博物学的興味にあるように思う。その源は自然に関する知識を積み重ねることへの歓心にあるといえるだろう。一方、食性を知ることによってシカと植物群落の動的な関係が理解できることが徐々に体感できるようになってきた。植物たちは草食獣の採食に対してさまざまな適応を果たしている(高槻、一九八九b)。例えば、ある種の植物はトゲを持ったり、植物体内に特殊な物質を含むなどして草食動物の採食を逃れる。一方、草食獣に採食されなければ群落を維持できないシバのような植物もある。そして草食獣もまた植物を利用すべくさまざまな適応を果たしてきた。シカの食性を理解することはシカと植物群落との接点を理解することである。植物群落は気温や水分条件、あるいは地形などの環境要因の影響を受けて成立し維持されているが、私はそのような物理的要因よりは草食獣の採食という生物的要因の方により強く心を惹かれる。それは自然界の構造と機能を解きほぐすことへの歓心といえるだろう。

シカの生態研究に取り組む上での私なりの視座は、食性を介してシカと植物とのつながりを理解しようというものだとの確信が次第に固まってきた。本章ではこのような視座から見たニホンジカの生態を紹介したい。

一　シカの胃

（一）　ジャーマン・ベル原理

「ジャーマン・ベル原理」という考え方がある（ガイスト、一九七四）。これは二人の生態学者の名前に由来するものである。いずれもアフリカの有蹄類の生態に関する研究者で、ジャーマンの論文（一九七四）は我国では生態学の教科書に社会学の論文として紹介されたので（森下、一九七六）その分野で有名になったが、この論文を読むと有蹄類の生息地の食物供給状態から論を始めており、植物との関係という観点からも非常に重要な論文である。[*8] すなわち有蹄類の食糧という観点からすると、イネ科植物（grass）と双子葉植物とは生育様式と栄養価が対照的であり、一般に前者は草原に大量に生育するが繊維質で消化率は低い。これに対して後者、ことに低木類の果実や種子などは良質であるが森林内に少量にしか生育しない。そしてアフリカの有蹄類はこれに対応するように草原には大型で群居性のものが生息し、森林には小型で単独性のものが生息する傾向がある。この事実をジャーマンはこれらふたつの環境における食糧の供給状態が重要な要因となると考えた。すなわち草原的環境ではイネ科植物が大量に生育するため、有蹄類は選択することなく食物を大量に採食できるが、森林的環境では少量の低木類が散在し、このため森林棲の有蹄類は良質の若葉や果実などを選択的に採食するというわけである。ここでは触れないが、ジャーマンはこれを出発点として採食行動と社会性、対捕食者行動との関連性を見事に展開してゆく。彼自身が論文中に書いているようにこの論文は量的なデータに基づくものではなく「アイデア」なのだが、しかしそれは安楽椅子型の思いつきではなく、深い洞察と豊かなフィールド経験とに裏づけられたものであることを、私は彼から聞いて知った。

一方ベルの論文（一九七一）は一般向けに読み物風に書かれたものだが、この中で彼はアフリカのサバンナに生息する有蹄類の季節移動の謎解きを紹介している。その舞台となるセレンゲティ草原における季節移動は雨期と乾期という環境の変化によって起こるのだが、その移動に種ごとの順番があり、まずシマウマが、次にヌー（ウシカモシカ）が、そして最後にトムソンガゼルが移動する。

ところで哺乳類はみずからセルロースを分解できないから、草食獣は植物を利用するために消化管内にセルロース分解酵素を持つ微生物（バクテリアと原生動物）を宿らせて植物の細胞壁を破壊させ、これによって細胞質を利用することに成功した。反芻獣（偶蹄類）はこれを四つの胃を発達させることにより、また非反芻獣（奇蹄類）は盲腸や小腸を発達させることにより解決した。小型獣は代謝率が大きいため相対的に大きいエネルギーを必要とする。しかし必要エネルギーの絶対量は小さくてすむから良質の食物を選択的に採食できる。大型獣はこの逆に多量の食糧を必要とするが、相対エネルギー要求量は小さいから、低質の食糧を非選択的に採食する。ことに非反芻獣は食物の消化管内の通過速度を速くすることによりタンパク質を摂取するという適応をしたから、細胞壁の多い、成長しきった低質の植物でも利用することができる。

さてセレンゲティの草原であるが、雨期の終わりには草原の植物は垂直的に三層に分かれている。上層はタンパク質含量の少ない稈が多く、その下の中層には丈の高い草の稈と葉、下層には栄養価の高い小型の草や双子葉植物の若い葉が生えている。このことからベルたちは大型獣は丈の高い草が邪魔になるからこの最下層を利用しにくいに違いないと考えた。そしてこの仮説を検証するためにトムソンガゼル、ヌー、シマウマの胃内容物を調べてみた。その結果トムソンガゼルだけが大量(四〇%)の双子葉植物を含んでおり、他の種ではイネ科が主体であった。これをもう少し詳しく見るとヌーでは葉が多いのに対してシマウマでは稈が多かった。この結果はシマウマが上層を、ヌーが中層を、そしてトムソンガゼルが下層を利用していることを示していた。こうしてベルは最後に季節移動の説明に移る。雨期は植物が豊富であり、草食獣たちは混群を作って採食する。食糧は十分であり、出産、育児が行われるのはこの季節だ。乾期が訪れると草は生育を停止する。豊富だった植物は食い尽くされ、大型獣は長草型群落(草丈の高いイネ科草原)の拡がる

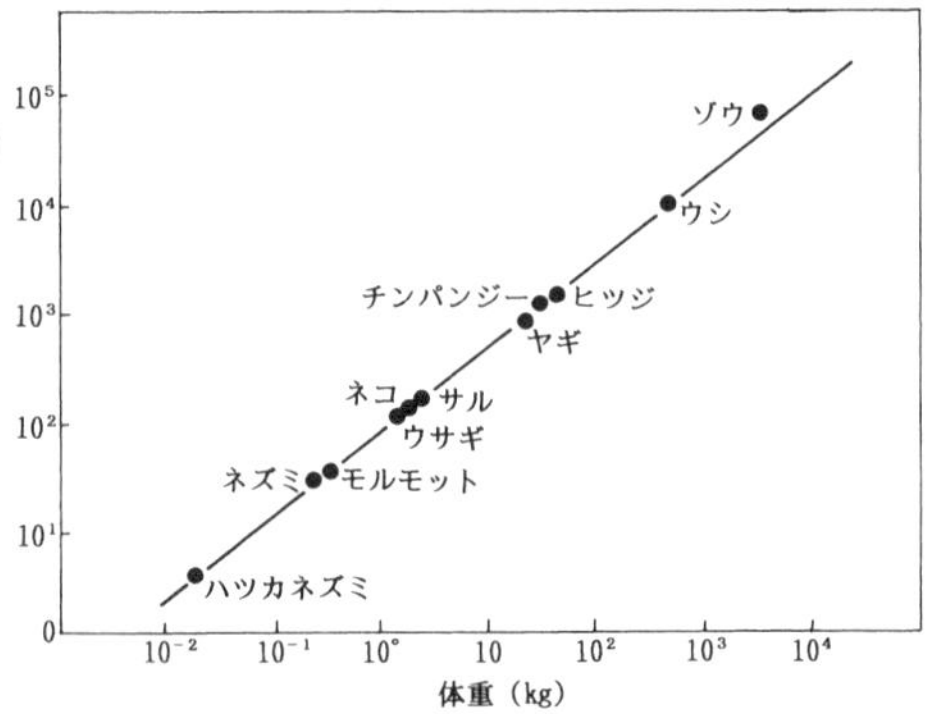

図表47:哺乳類数種の基礎代謝率(〇・七五乗)と体重との関係。ロビンズ(一九八三)より。

場所に移動する。興味深いのは彼らが移動してしまった草原は上層が刈り払われているため、それまで食べにくかった下層の栄養価の高い植物が小型獣に利用しやすい状態で提供されることだ。この研究はジャーマン（一九七四）のそれが比較生態学的なものであったのに対して、草食獣たちが食物に関して競合的というよりはお互いが「食い分け」をすることにより、限られた資源を有効に利用しているということを明らかにしたという意味で群集生態学的な色彩が強い。

このすぐれた生態学研究は異なる分野からも支持されるものであった。第一は栄養生理学的な知見である。クライバーは『生命の火』（一九七五）という気のきいたタイトルの著書の中で、一般に哺乳類の基礎代謝率は体重の四分の三乗に比例して大きくなるという関係を提示した（図表47）。すなわち基礎代謝率をR（キロカロリー／日）、体重をW（キログラム）とすると両者の間には次の関係が成り立つ。

$$R = 70\,W^{0.75}$$

この式は基礎代謝率は体重の増加ほどは増加しない、いいかえれば大型哺乳類は相対的には小型哺乳類よりも基礎代謝率が低いことを意味している。このことと草食獣の食性との関係はすでに説明した通りである。

ジャーマン・ベル原理を支持する第二の知見は消化器官の解剖学的知見である。やはりアフリカの有蹄類に関して、その胃の形態学的研究がホフマンによって行われた。その著書『反芻獣の胃』（ホフマン、一九七三）は解剖学の伝統のあるドイツの研究らしく徹底した試料採集と記載の精神が貫かれている。

膨大な数の観察に基づいて、ホフマンは反芻獣のサイズと胃との間に一定の傾向のあることに気づいた。すなわち小型のディクディクやダイカーなどでは胃の構造が単純で、第一、二胃の発達が悪く、相対的に第四胃が大きい。これに対して大型のスイギュウ、リードバック、ヌーなどでは第一胃は巨大なものに発達し、そのサイズは絶対値だけでなく四つの胃の合計値に対する値も大きいものとなる。同時に第一胃の筋肉、第二胃の「蜂の巣」を形取る稜《りょう》の高さ、第三胃の膜のが同じ大きさの単純な繰り返しではなく、規則的に大小をくりかえす度合い、第四胃の螺旋《らせん》状のひだの数なども発達する。ホフマンはこれを食糧の栄養価と関連付けて考察し、これら一連の形態的特徴は利用する植物の栄養価の違いに対する適応の結果であると結論した。

これら対照的なグループは習慣的に前者がブラウザー、後者がグレイザーと呼ばれて来た。ブラウザー（browser）はブラウズ（browse）すなわち木本植物、ことに低木を食べるものであり、グレイザー（grazer）はグラス（grass）すなわちイネ科を食べるものというところから名付けられたものである。

この原理はこれまでも多くの人が見てきたアフリカのサバンナの自然を新しい観点から見事に説明した。そして家畜に関して蓄積されて来た消化生理学や代謝生理学、解剖学からも支持を得たばかりでなく、これらの分野の研究者に野生動物への関心を拡大させたのではないかと思う。また行動学、社会学、進化学にも強い影響を与え、わずか一〇年ほどの間に古典的な論文として引用されるようになった。

生態学への影響の一例を紹介するとイェローストーン国立公園に生息する五種の有蹄類（バイソン、ワピチ、マウンテンシープ、ミュールジカ、プロングホーン）の冬の食性分析例では体重が大きくなるほどイネ科の占める割合が大きくなる、つまりグレイザー的であることが示された（ヒューストン、

一九八二、図表48)。

また、これら野外での食性調査による裏づけを一歩進めて、実験的に組成の異なる飼料を与えて消化率などを調べた研究もなされた。ベイカー・ホッブズ（一九八七）はワピチ、マウンテンシープ、ミュールジカの三種にイネ科と木本植物の葉の混合飼料を与えた。このうちワピチが最もグレイザー的、ミュールジカが最もブラウザー的と予想される。その結果、予想通りイネ科が多い飼料ほど消化率が低く、また通過速度が遅いこと、そして種間を比較すると消化率はミュールジカで低く、通過速度はミュールジカで速いことが示された。

そして、さらには水鳥の採食生態にも波及することになる。例えば北米の一八種の水禽《すいきん》類の消化器官を比較した研究によると、草食性のコクガン、オカヨシガモ、ホシハジロなどでは砂嚢《さのう》、小腸および盲腸が発達しているのに対してホオジロガモ、ヒメハジロ、コオリガモなど肉食性の鳥ではこれらが未発達であるという(バーンズ・トーマス、一九八六)。

このようにこの原理がこの分野の研究に及ぼした影響

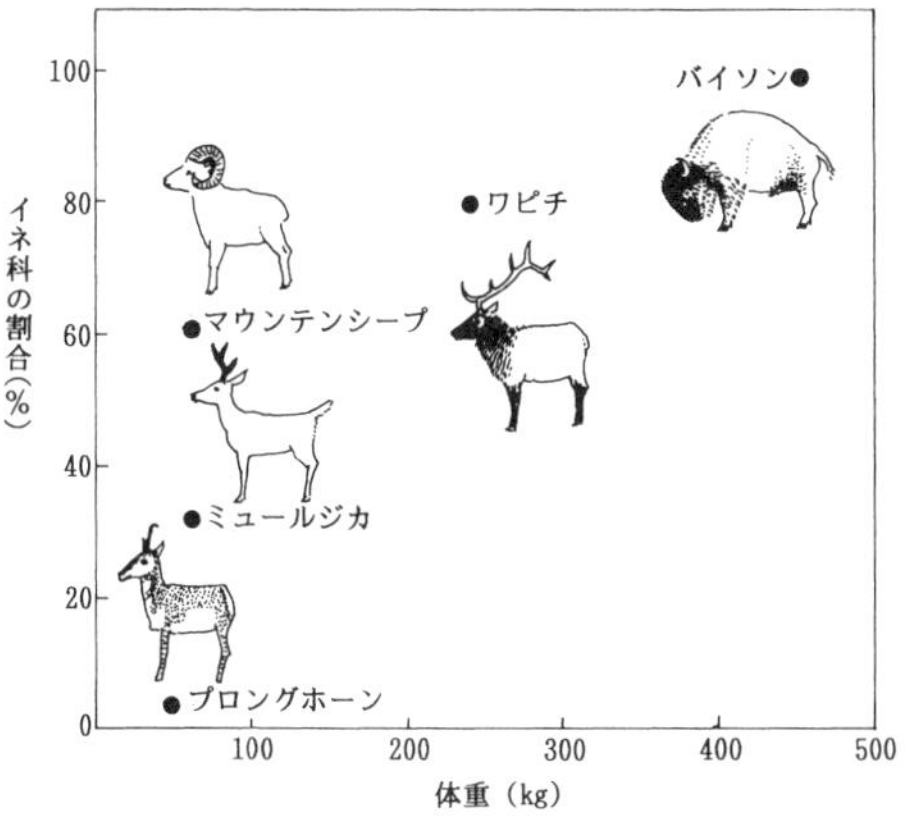

図表48：イエローストーン国立公園の有蹄類五種の体重と冬季食物組成に占めるイネ科の割合。ヒューストン（一九八二）より。

はなはだ大きかったが、改めてジャーマンの原著を読み返してみると、その中に次のような一文があるのに気づいた。

「この関係はアフリカのレイヨウ類に限られるものではなく、シカや鳥類にもあてはまるものと信じている」(ジャーマン、一九七四)

あの温厚な表情からはうかがえない誇りと自信に満ちた言葉だが、若きジャーマン博士の情熱が伝わって来る。

さてこれだけの予備知識に立脚した上で五葉山のシカの食性を考えてみよう。

まずミヤコザサであるが、ササはまぎれもなくイネ科の一種である。生育状態は一様であり、大量に存在する。これらはいずれもジャーマンの指摘したイネ科の特徴を満たしている。しかしササは一般のイネ科植物とは違い、ネザサなど一部のものを除けば林床をその生育地とする。また一般のイネ科植物が夏に生育した後に枯れるのに対してササは常緑性である。このようにササはジャーマン・ベル原理で論じられた一般のイネ科とはかなり異なる性質を持っている。

それではニホンジカの生態はどうだろうか。まず生息地だが、日本の植生は基本的に森林で被われているため、シカの生息地は森林であると考えられがちであるが、これにはさらに検討を要す。かつてシカ狩りが行われた場所は山麓部や丘陵地が多く、植生もススキ原や低木が藪状に茂る群落であったようだ。これらの群落は人手が加わったものであり、シカにとって好ましいのはこのようなある程度変形を受けた二次群落である可能性が大きい。つまりシカは純然たる森林生活者というよりは何らかの原因で森林が破壊されたような群落の方を好むようだ。

次に群れサイズはどうだろうか。シカは通常三、四頭の群れで暮らしている。しかし冬になると群れサイズは大きくなるし（第二章三節）、金華山島のように草原のあるところでも大きい群れを形成する（高槻、一九八三a）。このようにニホンジカは数頭から数十頭の群れで生活するが、しかしアフリカのサバンナのレイヨウ類のような群居性とは言いがたい。とはいえ単独性では決してなく、これは基本的に単独性であるカモシカと比べると明らかである。

カモシカとの違いは土地利用に決定的に現れる。カモシカは縄張りを持ち、互いに距離を保ちながら暮らす（赤坂・丸山、一九七七）。カモシカが見せる、眼下腺《がんかせん》をこすりつけたり、場所を決めて溜め糞をするなどの特異な行動も、この縄張り制と関係するに違いない。これに対してシカは繁殖期のオスがいわゆるハーレム・テリトリーを形成するものの、これは土地を防衛するというよりはむしろメスを防衛するのであり、カモシカの縄張りとは異なるものである（三浦、一九八四）。メスたちはもちろん、オスも一年の大半は縄張りを持たないで暮らす。そして腺からの分泌物のこすりつけや溜め糞などのマーキング行動もしない。

このようにシカの特性をジャーマン・ベル原理に照らしてひとつひとつ検討してみると、ニホンジカはかなりグレイザー的であるということが理解されるであろう。ただしニホンジカがオープンランドに住む典型的なグレイザーではないという点と、主食であるササがジャーマン・ベルの考えているイネ科とはかなり性格が違うという二点がニホンジカの場合に特徴的なことだということがわかった。

（二）　シカの胃

ホフマン（一九七三）の論文を読んでから、私はシカの胃の勉強を始めた。新しい勉強を始めるのは見知らぬ林に分け入るようで胸のときめくものだが、しかしあたかも林に入ろうとすると必ず藪にであって難渋するように、初めのうちは知らない語彙や表現に出会ってとまどうことが度々であった。文献を探して判ったことはニホンジカの胃に関しては参考になる研究は全くないということだった。[*9] しかもわずかに見つかったウシ科の論文もジャーマ・ベル原理という観点からの検討がなされていない。ここは自分自身の目で確かめるしかなかった。

このように書けば研究の発展としてちゅうちょなく胃の調査を始めたように聞こえるが、それまで植物の調査をしていた者がシカの内臓を調べるというのはかなり思い切りのいることだった。私にこれを踏み切らせたのは実はこのような論の帰結ではなく、北アメリカの野生動物研究の実態を見たという体験による。

一九八一年の夏、私はアメリカ、カリフォルニア州立大学のD・R・マッカラー博士とカナダ、カルガリー大学のV・ガイスト博士に会うという、今思えば怖いもの知らずの旅行を企てた。ガイスト博士はすでに紹介したが、マッカラー博士は若くして『テュール・エルク』（一九六九）という名著をものし、後に『ジョージ保護区の

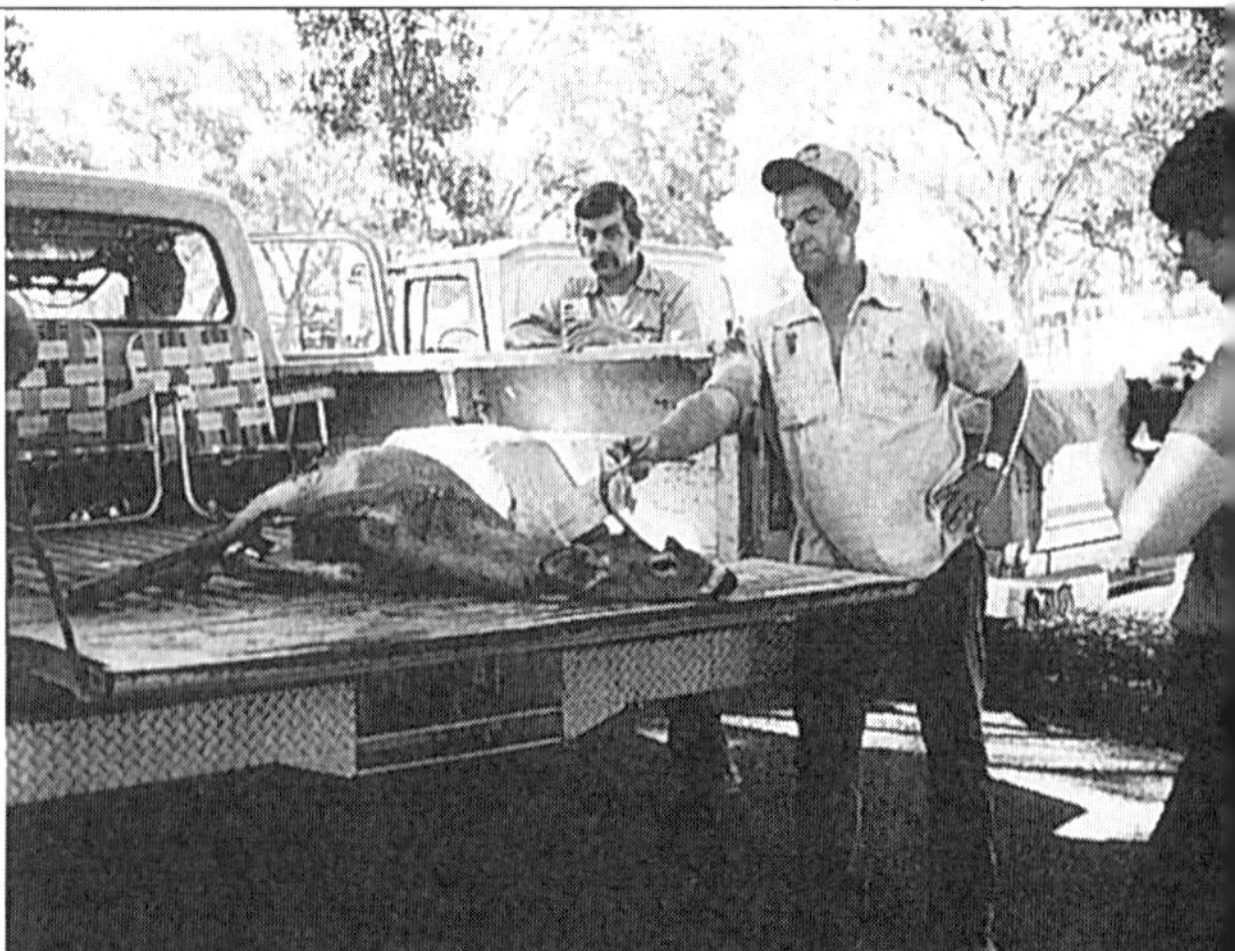

図表49：カリフォルニア州立大学の農場にあるチェック・ステーション。ハンターはシカを提供し、研究者はサンプルを採取した後、肉をハンターに返す。

シカ群』（一九七九）を著した高名な野生動物研究者だ。この本はアメリカ野生生物協会賞を受賞している。その旅でマッカラー博士とはシエラネヴァダの山中でキャンプをしたり、各地の野外研究施設を案内して頂いたりのすばらしい時間を過ごすことができた。その時ホップランドの大学付属農場を訪れた。ここではちょうどシカの猟が行われているところで、我々が訪れたときもハンターに射たれた数頭のミュールジカが運ばれて来た。農場の入り口にチェック・ステーションと呼ばれる「関所」があって、ハンターは必ずここを通るから、捕獲されたシカはすべてここでチェックを受けることになる（図表49）。チェック・ステーションにはハエなどが寄って来ないように細かい網を張った小屋があり、シカはここで解剖される。射殺されたシカを見るのは初めてなので、始めのうちは恐る恐る遠巻きにながめる。マッカラーさんは着替えもせず、それほど大きくもないナイフで解剖する。私の目の前で何頭かのシカが解剖されていった。

その夜、キャンピングカーのベッドの中で天井を見ながら私の胸に去来したのは、自分がこれまであこがれるように読んで来たアメリカの野生動物の研究論文はこうした過程を経て作られるのだという実感であった。私はこれまで日本の学会などで時々、「アメリカの野生動物管理は体制が全然違うし、ハンターの質も違う。全くうらやましい限りだ。日本ではあまりにも環境が違い過ぎる。これではとても勝負になんかなりはしない」という、愚痴とも諦めともつかない言葉を聞くことがあった。確かにそれは本当だ。野生動物に関する市民の関心、行政の態勢や予算、大学の施設、それらすべてに驚くほどの差がある。だが数時間前私の目の前で行われていたシカの解剖は特別の技術も機材も使っていたわけではない。論文を読む時、ただ結果を読むばかりで、自分が本気でやってみようという気持ちがなかったからなのではないか。体制が違い過ぎるとか伝統がないとなげいてばかりいても、そこからは何も生まれはしない。その夜、何度も寝返りを打ったのは、乾いたカリフォルニアの空気の中でのどが乾いていたせいばかりではなく、よし、日本に帰ったらこれに挑戦してやるぞという気負いから来る興奮も手伝っていた。

ところで東北大学の農学部には私のいる生物学教室出身の玉手（英夫）教授がおられた。願ってもないことに先生は家畜形態、ことに消化器官がご専門だった。私が自分の研究の輪郭と、現在知りたいシカの胃の形態の話をしたところ、先生は大変に興味を示され、実際に試料が手に入ったら連絡をくれるようにと親切に言って下さった。

一九八一年十一月三〇日、私は学生といっしょに五葉山に行った。待ちかねたシカ猟解禁の前日である。それまで植物の調査に定期的に利用していた公民館に泊まり、自動車で来ているハンターたちにシカの胃を提供してもらうように頼む。翌朝、猟が始まり、成果はあったのであろうが、公民館で待つ我々のところに連絡をくれるハンターはいなかった。がっかりした。だが考えてみれば

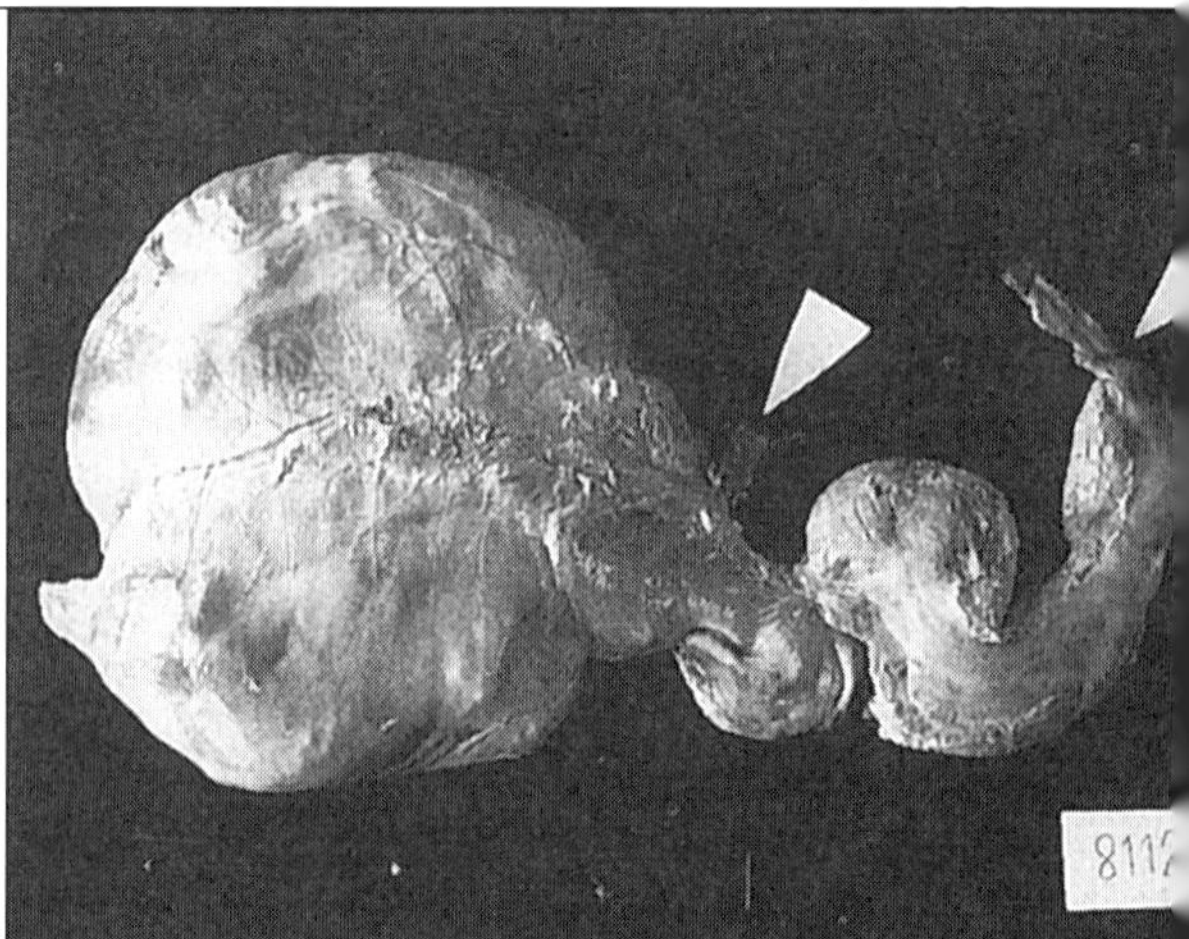

図表50：
シカの胃の外観。
左側の大きいのが第一胃、
この右側に付着するのが第二胃、
中央の楕円形が第三胃、
右端が第四胃。
第三・四胃は
見やすくするために開いてある。
左側の三角形が入口（食道）
右側の三角形が出口（小腸）

無理もないのかもしれない。ハンターとしても突然見知らぬ人間に調査だからシカの内臓を提供してくれといわれても戸惑ったことであろうし、山を歩き廻ったあと、わざわざ連絡に来るというのもおっくうなことに違いない。しかしこれであきらめるわけにはゆかない。帰り際にかねて知り合いになっていた地元のハンター、藤原さんにシカが捕れたら連絡して下さいとお願いして帰ることにする。

その年のクリスマスの日、藤原さんから電話があった。三頭獲れたから来いとのことだ。さっそく翌朝、自動車を飛ばす。マッカラーさんがしたように解剖をしようとするのだが、実際にやってみるとなかなかうまくゆかない。藤原さんにも手伝ってもらいながら何とか外部計測と胃の採集を終える。

仙台に帰って玉手先生に電話をし、実験室で見てもらうことになった。シカの胃というのは強い匂いがする。野包んでいたポリ袋を開けると、その匂いが鼻を突く。野外ではそれほどとも思っていなかったのだが、実験室では実に強烈だ。思わず顔をそむける。ところが驚いたこ

図表51：シカの胃の内壁の状態。
上左・第一胃の絨毛
上右・第二胃の六角形
下左・第三胃の横断面
下右・第三胃内の膜
a・一次膜
b・三次膜

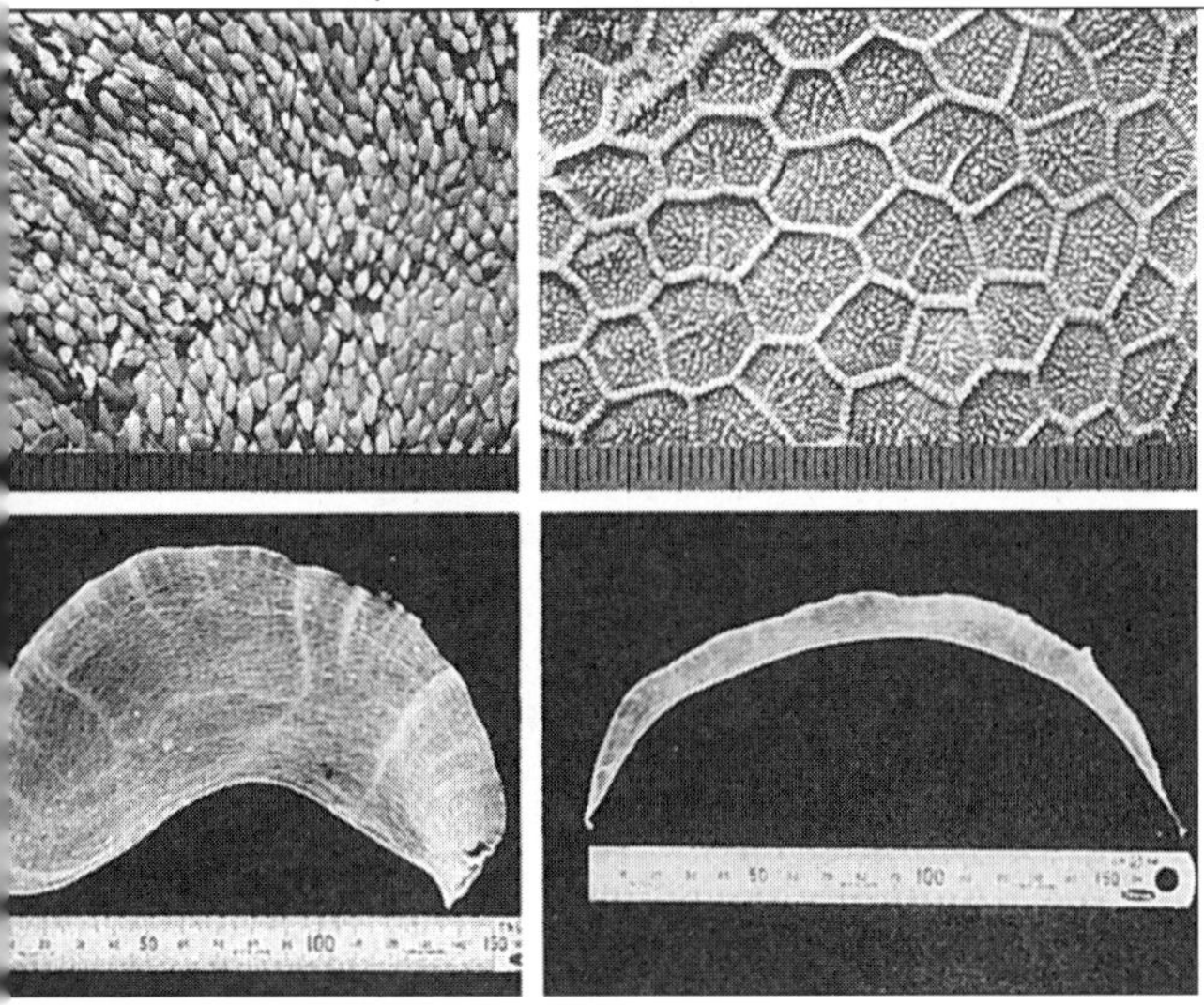

とに玉手先生はにこにこしながら、

「ハハァ、おもしろいですね。思ったより発達してますね」

などとつぶやきながら、その胃をなで廻したり、ひっくり返したり、ついには顔もくっつかんばかりに近づいてながめておられる。あとで研究室の学生さんに聞いたら、先生は長年、有蹄類の胃を扱ってこられたので、鼻があの匂いをもはや臭いとは感じなくなったのだと嘘のような本当のようなことを言っていた。しかしその甲斐あって、観察のポイントや、本を見てもわけのわからなかったラテン語の部位名や計測の要領などを教えて頂くことができた。

こうしてニホンジカの胃を調べたところ次のようなことが判った。四つの胃全体重が体重に対して占める割合は二・二〜二・五%であり、これはミュールジカ（一・二%、ハコンソン・ウィッカー、一九七一）やオジロジカ（一・九%、ショートら、一九六五）の値よりも大きかったが、ノロジカ、ダマジカ、アカシカの値（二・八〜三・〇%）よりはやや小さかった（ナギー・レジェリ

図表52：第三胃の横断面。三日月型の膜（大、中、小の三段階）が規則的に配列しているのがわかる。

ン、一九七五)。

各胃ごとの特徴は次のとおりである。第一胃は最も大きく、腹腔で大きなスペースを占めている(図表50)。その大きさは巨大というべきものがある。その壁は厚く、収縮のための筋肉がよく発達している。いくつかの分室に分かれており、内面には絨毛《じゅうもう》(乳状)突起が生えている(図表51)。絨毛の状態は一様でなく、背面では突起が小さく、密度も低いが、前後の盲囊《もうのう》では大きい突起が密生している。

第二胃は第一胃に比べればずっと小さく、成獣ではグレープフルーツほどの大きさである。第一胃との仕切りは不明瞭で、かなり大きな開口部がある。この胃は「蜂の巣胃」と呼ばれるように内面に六角形の模様がある(図表51)。六角形は径一〇ミリあまり、辺を形作る稜は高さ一ミリほどである。

第三胃は第二胃よりもひとまわり小さい楕円形である。この構造を文章で表現するのは難しいが、内側には半月形の膜があり、いわばミカンの小袋のように仕切られている。この膜は大、中、小の三段階があり、規則的に並

図表53:シカの各胃の重量比(%)と体重との関係。●・オス ○・メス 高槻(一九八八b)より。

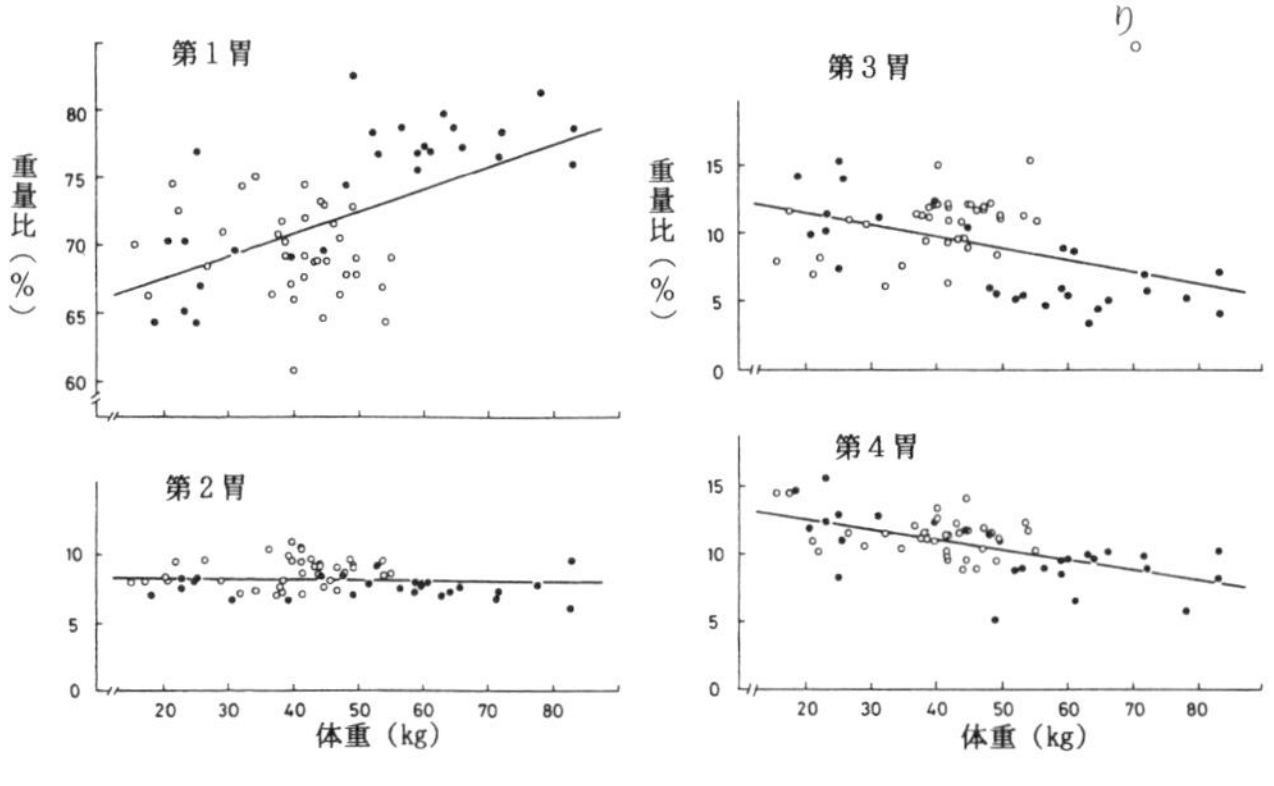

んでいる（図51、52）。それぞれの枚数は大と中が一〇枚余り、小は二〇〜三〇枚であった。第二胃との仕切りは明瞭で、境界の開口部は狭いスリット（細い隙間）状である。

第四胃はソックスのような形をしており、内面は消化液が分泌しているためヌルヌルしている。内面には縦方向に螺旋状のひだが一五本ほどある。入り口、出口とも狭い。

四つの胃の重量を測定したところ、オス成獣では第一胃の重量百分率が実に八四％もあることが判った。これはニホンジカと同属で体重が一一〇キロもあるアカシカの値八〇・八％をも上廻るものであった（ナギー・レジェリン、一九七五）。このことは胃の形態や各室の重量比から見る限り、ニホンジカは典型的ともいえるグレイザーであることを意味している。

これらの胃を計測していて気づいたことがあった。子ジカの場合、胃全体が小さいのは当然だが、それだけでなく相対的にも明らかに第一胃が小さいのだ。もしそうであればホフマン（一九七三）が種間で認めた、グレイザーで第一胃が大きく、ブラウザーで小さいという関係がニホンジカという一種の中でも成り立つのではないか。こう考えて体重に対して四つの胃の相対重量をプロットしてみた（図表53）。すると予想通り第一胃は体重に比例して増大し、逆に第二胃、第三胃は減少することが判った。ただし第二胃は体重に関係なく常に八％位であった。

以上のように、ニホンジカの胃各室の重量比は種の内部でも変異があることが示されたが、このことはジャーマン・ベルが種の間で論じた問題をさらに発展させるものと言える。この研究は内容は狙いが明確だし、試料数も十分だと思ったので、思い切ってアメリカのジャーナル・オブ・ワイルドライフ・マネージメント誌に投稿してみた。校閲の手紙はかなり厳しく、論旨に関係ないところで少し意地が悪いなと感じるような指摘もあったが、結局受理された（高槻、一九八八b）。

二　ニホンジカの食性と生態

五葉山のシカの胃の形態とサイズはニホンジカがグレイザー的な性格を持っていることを示唆していた。事実、五葉山のシカの主食はミヤコザサというイネ科植物であった。そしてそれは表日光に住むシカと同様であった（高槻、一九八三b）。また私がシカの食性研究を始めた金華山島でも、ススキ、シバあるいはアズマネザサと場所により変異があったものの、全体としてはイネ科を主食としていた（高槻、一九八〇）。これらの事実から、私はニホンジカをグレイザー的なシカであろうと想定していた。この想定はジャーマン・ベル原理が指摘する他の側面、例えば群れサイズがかなり大きいこと、交尾期以外は縄張りを持たないことなどからも支持されるように思われた。

（一）　あてはまらぬ例

このような考えを固めつつあった頃、対馬でツシマジカが有害獣駆除で捕獲されるという情報が入った。そして九州大学の小野（勇一）先生と東京農工大学の丸山（直樹）さんのお力添えと対馬町村会のご協力で一九八二年九月に現地を訪れることになった。

胃内容物の分析結果は意外なものだった。胃内容物は常緑広葉樹をはじめとする木本植物の葉が主体だったのである。また果実や種子類も多く、イネ科はわずかに七・三％に過ぎなかった（高槻、一九八八a）。これはむしろ典型的なブラウザーの組成である。私の想定はさっそくつまずいてしまった。ツシマジカはグレイザーであるニホンジカの例外的存在なのだろうか。この問題を考えてゆくためには何といっても南西日本での情報が乏しく、問題は棚上げされた。

その後、長崎総合科学大学の鳥巣（千歳）さんと川原（弘）先生にご一緒頂き、五島列島にある野崎島で調査する機会があった。ここでは糞分析を行ったが、その結果、島の大半を占める常緑広葉樹林で得られたシカの食糧の主体は双子葉植物の葉であることが明らかになった(高槻ら、一九八四)。これらはおそらく木本植物の葉であろうと推定されたが、顕微鏡で見る表皮細胞では木本植物と草本植物との区別は困難であった。もっともジャーマン・ベル原理からすれば、これらいずれであっても双子葉植物を主食とするものはブラウザーとなる。これはどうも対馬や野崎島の特殊事情とは思えない。少なくとも九州地方の自然林である常緑広葉樹林にすむシカはブラウザー的であるらしい。

(二) 振り出しに戻る

このように対馬と野崎島の例は、北日本のシカがグレイザー的であるのと対照的に、南日本のシカはむしろブラウザー的であることを示していた。問題は振り出しに戻されたことになる。

ニホンジカの食性が南北で大きく違うらしいことが垣間見えようとしている。これは何を意味するのだろうか。ふたつ考えられる。ひとつはこれらのシカは性質が違い、その結果として食性が異なるという可能性、もうひとつは同じニホンジカが生息地の植生の違いに応じて食性を柔軟に変えているという可能性である。しかし東北地方と九州とでは個体群は完全に隔離されているから、この違いがいずれに起因するのかは解らない。この点を検証するにはシカが生息する一地域または隣接した地域に暖温帯性の常緑広葉樹林と冷温帯性の落葉樹林が併存していればよい。ところが、驚いたことに、そして悲しむべきことに、現在の日本でこのような条件を備えている場所はほとんどないのだ。東北地方にはまとまった常緑広葉樹林はない。関東には日光周辺と房総半島にシカが生息するが、前者には落葉広葉樹林と亜高山性針葉樹林しかなく、後者には常緑広葉樹林しかない。中部地方では常緑広葉樹林でシカの生息する場所は多くない。近畿地方は開発が進んでいるが、紀伊半島は可能性がある。中国、四国、九州地方も常緑広葉樹林のある低地は開発が進み、シカの生息地は破壊されているようだ。ただし屋久島は可能性がある。

(三) ヤクシカを調べる

検討の結果、紀伊半島と屋久島に可能性が残された。その頃、屋久島は生物圏保護の対象として環境庁などによる調査が始まったところだった。この島は亜熱帯から高山帯に至る、我国で見られるほとんどの植生帯を備えており(宮脇、一九八〇)、しかも島全体にニホンジカの亜種ヤクシカが生息している(大塚、一九八一)。最高峰宮ノ浦岳一帯にササ(ヤクシマヤダケ。ヤクザサとも呼ばれる)が生えているというのも東北地方の山地帯と共通であり、条件としては魅力的だ。この島こそ私の目指す条件をすべて具備している。標的を屋久島にしぼり、大阪市立大学の依田(恭二)先生や鹿児島大学の田川(日出夫)先生のお力添えで、二度の屋久島行きが実現した。

飛行機から見た屋久島は噂通りだった。すなわち洋上のアルプス、険しい山の頂が海から突き出しているという感じなのだ。それに思いのほか大きい。島の北西にある永田という漁村に京都大学のサル研究者が利用する小屋があるので、ここにお世話になって調査をした。名にしおうヤクスギはもとより、さまざまな南国の植物に出会うのはいつも大きな喜びだ。地形図と植生図を頼りに代表的な地点を探し、小屋からの日帰り行をする。簡単な群落調査とシカの糞の採集だ。意外なことに低地にはまとまった林は残っていなかった。まともな照葉樹林は国立公園であるこの島にも二カ所しか残されていないという。屋久島でこのありさまだ。行く先々で出会う我国の自然破壊に暗い気持ちになる。小屋での夜は小屋の管理をしながらサルの研究を続ける岡安（直比）さんを交えて、サルや島の自然の話に花が咲く。低地での採集が終わると、中腹以上に行かねばならない。花之江河《はなのえごう》の山小屋に泊まり、山地帯と山頂周辺での調査をする。森林限界付近のヤクシマシャクナゲやミヤマビャクシンなどの、明るさやトーンの異なる緑が絶妙な配色を見せる。それに山そのものが巨大な岩であり、そこに生育するヤクスギの景観も他に見られないスケールだった。ここからはヤクザサ帯となる。長い森林内の登りの後だけに、広々とした尾根歩きは快適だったが、炎天下の登りに私はあごを上げてしまった。

「歳かなァ」

そう言いながら岩陰でハァハァ息をつく私を同行の鈴木君たちが笑う。背負ってきた荷を少しでも減らそうと、水筒や交換レンズなどまで放りだして、また登りにかか

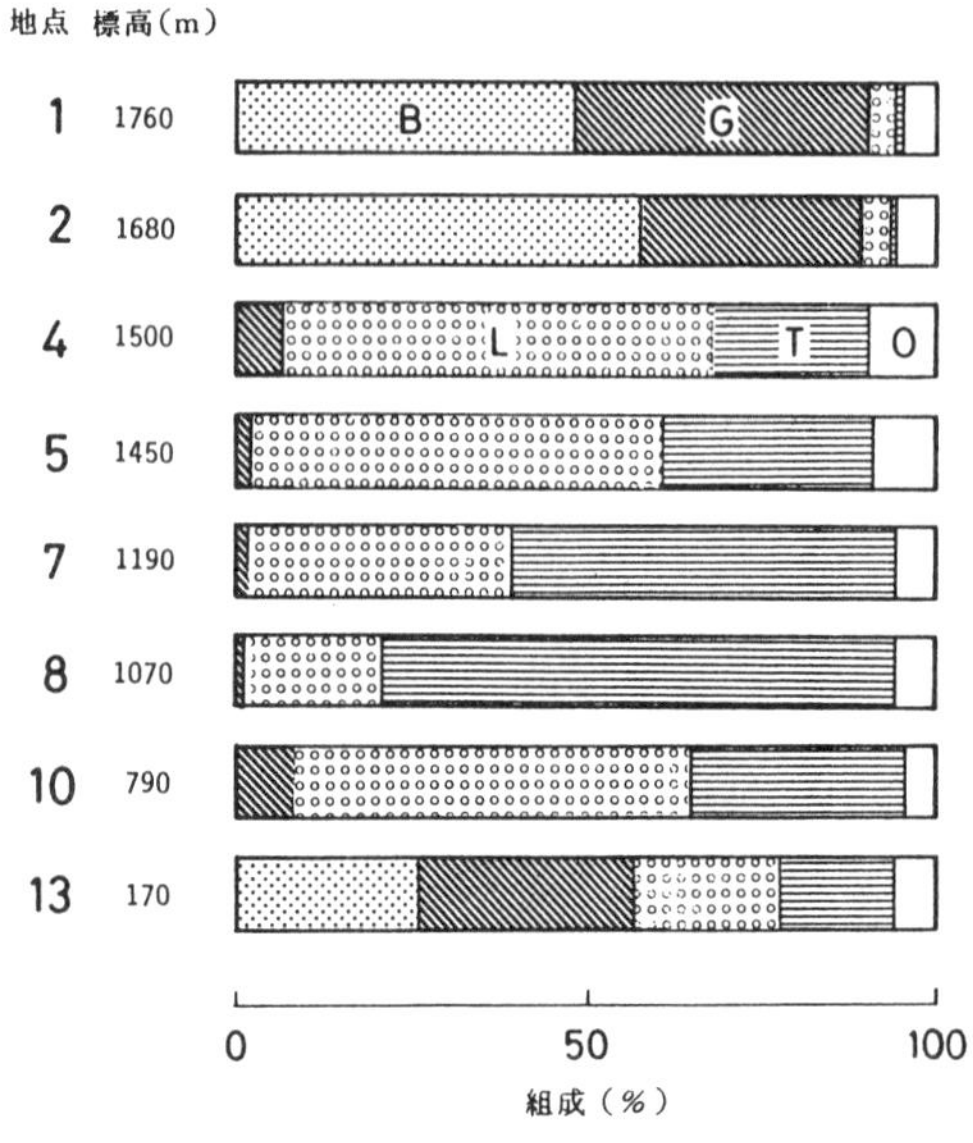

図表54・・屋久島の各地点におけるヤクシカの糞組成。
B・ササ類
G・グラミノイド
L・双子葉植物の葉部
T・樹枝、樹皮
O・その他
高槻（一九九〇c）より。

る。意地になって登った宮ノ浦岳は九州最高峰だ。三六〇度の視界は爽快だったが、それを楽しむには私はバテすぎていた。

こうして採集し、仙台に持ち帰ったヤクシカの糞を分析した結果は次のようであった（図表54）。

まず山頂周辺のヤクザサ帯ではヤクザサが五〇～六〇%を占めていた。ここではヤクザサの他にもウシノケグサ属やノガリヤス属などのイネ科も多く、これらグラミノイド（イネ科、イグサ科、カヤツリグサ科の総称）を合わせると九〇%ほどにも達した。つまりこのゾーンに暮らすヤクシカはグレイザーとしての性格が強いということになる。

ところが森林限界である一五〇〇メートルから一〇〇〇メートルまでのヤクスギ帯では糞中の組成ががらりと異なっていた。すなわちグラミノイドは二～七%に過ぎず、代りに双子葉植物の葉と木質繊維とが八〇～九〇%と組成のほとんどを占めていた。双子葉植物の葉の表皮細胞は大同小異で種や属の特定はできなかったが、大半はクチクラ（細胞の表面に分泌された膜状物質）の発達

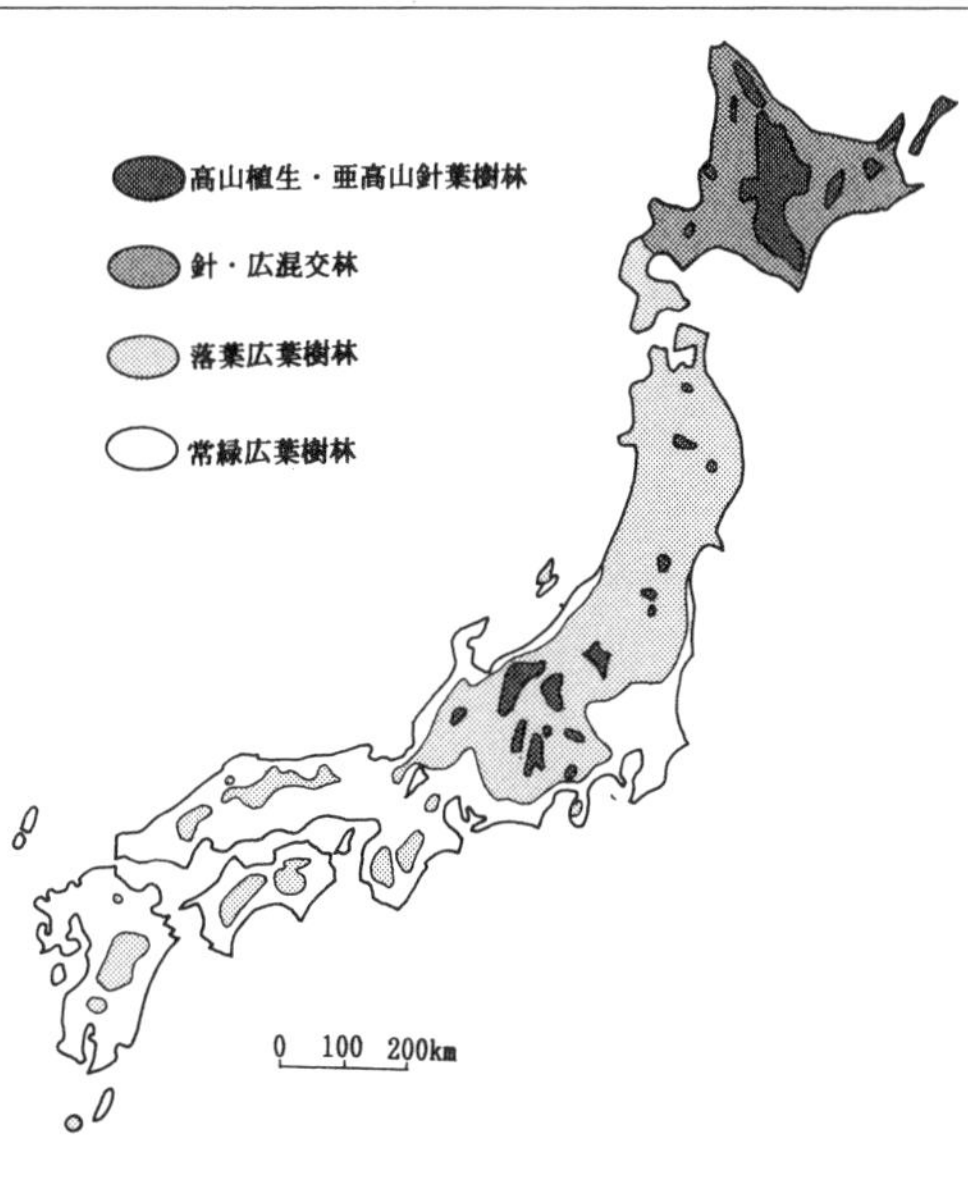

図表55：我国の植生図。吉岡（一九七三）より単純化。

した常緑樹特有のものであった。スギと考えられる針葉樹の葉も検出されたが、量的にはわずか五％程度に過ぎなかった。[*10] 標高七九〇メートルの常緑広葉樹林での組成もヤクスギ帯のそれと似ていた。すなわち双子葉植物の葉が五五・八％、木質繊維などの非同化器官が三一・〇％で、グラミノイドはわずか八・五％であった。

ヤクシカの食性の分析結果は第二の仮説を指示するものだった。すなわち当初私が想定した、ニホンジカがグレイザー的であろうという予測は見事にはずれ、むしろこのシカの食性が柔軟で、生息地の植生の違いに応じて変化しうるという可塑的な性格を持つことを示していた。私は考え方を抜本的に改めなければならない。

(四) ジャーマン・ベル原理を見直す

五葉山のシカとミヤコザサの関係を考えたとき、私は有蹄類と群落との複合体という考え方に思い至った(第三章四節)。この考えを発展させて、もう少し広く日本列島を眺めてみよう。日本列島の植生は本州の中央を境にして北に冷温帯落葉広葉樹林、南に暖温帯常緑広葉樹林に大別される(図表55)。植物社会学的には最上級単位であるクラス(群綱)レベルで区別され、それぞれブナ・クラスとヤブツバキ・クラスと呼ばれている。前者は落葉広葉樹が優占するため新緑、紅葉などに示される四季の区別が明瞭であること、またしばしば林床にササ類を伴うこと、冬に積雪があることなどで特徴づけられる。一方後者は常緑広葉樹が優占するため林は暗く、林床は貧弱であり、四季の変化は不明瞭である。このような植生の著しい違いは、当然そこに生息する動物の生活に影響を与えずにはおかない

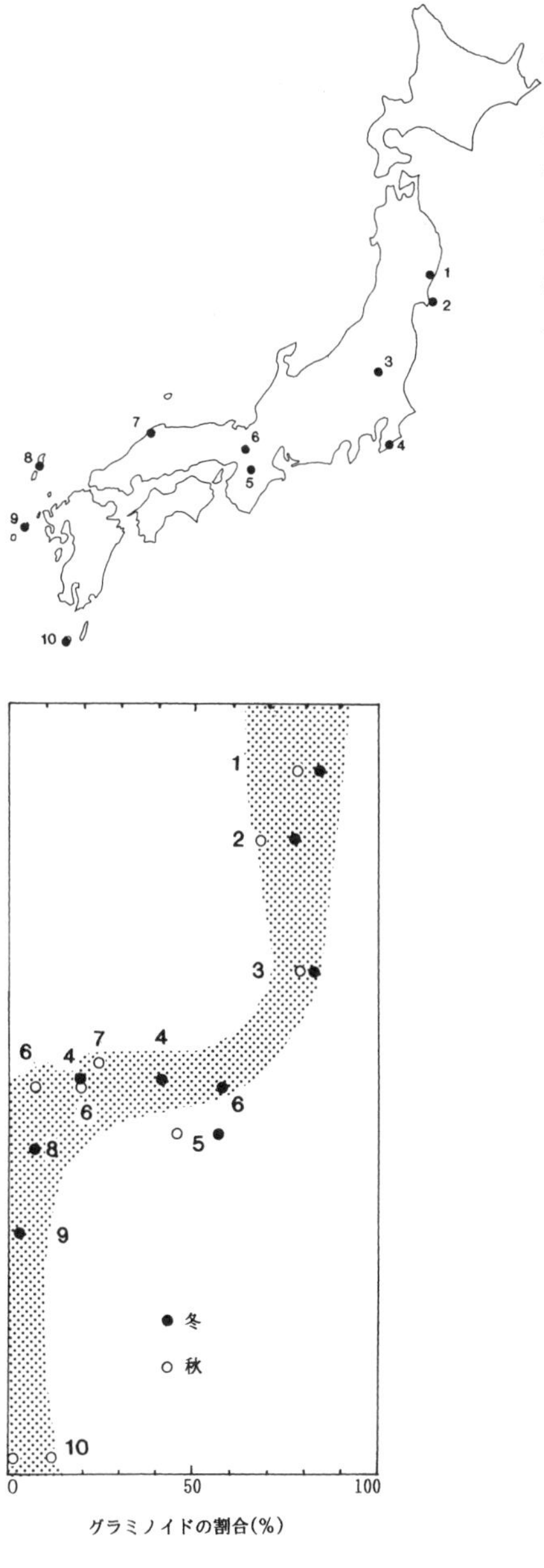

図表56：日本各地のシカの食性に占めるグラミノイド（イネ科、イグサ科、カヤツリグサ科）の割合。
1・五葉山（高槻、一九八六）
2・金華山島（高槻、一九八〇）
3・表日光（高槻、一九八三b）
4・房総半島（高槻・鈴木、一九八八、高槻、一九八九c）
5・奈良公園（高槻・朝日、一九七八）
6・北摂（高槻、一九八五）
7・島根半島（高槻・佐藤、一九八八）
8・対馬（高槻、一九八八a）
9・五島列島野崎島（高槻ら、一九八四）
10・屋久島（高槻、一九九〇c）

であろう。

このような考えに立って、これまで機会をとらえて行って来た各地のニホンジカの分析結果を日本地図の上にまとめてみた（図56）[*11]。すると北緯三五度付近を境界として、ササを主体とするグラミノイド優占型の北日本のものと、種子や果実、それに木本の葉が優占する南日本のものとに鮮やかに分けられた。特殊とみていた金華山島のシカの食性も大きい枠組みからみればグラミノイド主体であることが理解された。変曲点である北緯三五度というのは関東地方から東海、近畿を経て中国地方にいたる広い範囲を含むが、そこではグラミノイドの占める割合も変異が大きかった。奈良公園ではグラミノイドがかなり多く、この傾向からややはずれていたが、これはもちろん餌付けなどのために極度に高密度になり、その結果シカの採食が強くなってシバ群落などが卓越したことの結果であり、本来のこの地方のシカではこれよりはグラミノイドの量は少ないものと考えられる。

まだまだデータは断片的ではあるが、ここで示した傾向は今後の分析によって修正を加えられながら確かなものとなってゆくであろう。いずれにせよ、この比較は、異なる環境に暮らすニホンジカがその違いに応じて食性を変え得る柔軟な性質を持っていることを暗示している。

アフリカのレイヨウ類の胃の比較形態のモノグラフを書いたホフマンはその後もこのテーマを発展させ、一九八五年にはシカに関しても総説的な論文を書いている。この中で彼はニホンジカをシカ科の中でも最もグレイザー的であると位置づけているが（図表57）、これは私の金華山のシカの食性に関する論文（高槻、一九八〇）に基づいている。しかしこれまでの議論から明らかなように、これは訂正を要する。現在の私の見解ではニホンジカはこの図のかなり左側までをカバーするとすべきである。

ジャーマン、ベル、ホフマンたちは複数種の有蹄類が共存することに注目し、そのことから種の違

図表57‥採食様式の形態生理学的特性に基づくシカ科の配列。ニホンジカは右側に配列されているが、これは再検討の必要がある。シカ科以外の種は点刻で区別されている。ホフマン（一九八五）より。

いの持つ法則性を見いだした。しかしアフリカ大陸で発見され、その後北アメリカなどいずれも動物相の豊富な大陸で追認されたこの原理を、動物相の乏しい我国にあてはめようとすることには無理があるのかもしれない。自然現象を見る目を既製の概念で曇らせてはならない。長いこと私を惹きつけて来たこの「原理」にとらわれすぎるのはよそう。

ある植生に複数種が生活している大陸と違い、この島国ではニホンジカというシカ科唯一の種がふたつの植生帯で生活しているのだ。これは現在の哺乳類相を形成してきた日本列島の歴史にまで遡る問題だ。古生物学の成果は日本列島にオオツノジカ、ヘラジカ、アカシカ、チタール、シフゾウ、ジャコウジカなど多くのシカがいたのに、唯一ニホンジカだけが生き残ったという事実を我々に教えている(長谷川、一九七七)。これら古生態学に正面から取り組むことは現在の私の手に余るが、確かなことは、この歴史を生き延びたニホンジカという唯ひとつの種が生態学的には複数種の役割を果たしているという事実であり、そのこと自体実に興味深いことではないか。このように発想を転換してもう一度このシカを把えなおすことにしよう。

野生動物の生態研究の基礎項目のひとつとしての食性研究は古くからあるが、今私はこの作業に上記のような意味づけができるところまで達した。もっともこれらが古くからあるというのは欧米のことであり、我国では残念ながらニホンジカをはじめ他の野生動物の食性もほとんど判っていない。私はニホンジカの食性を日本列島という範囲に拡げて取り組もうと考えている。もちろんそれが大変な作業であり、少人数が短期間にできることでないことはこれまでの経験から判っているつもりだ。しかし目的は設定できたのだからコツコツと蓄積してゆこう。たとえそれが遅々たるものであっても。

三　狩猟個体分析

ここで五葉山のシカの一年を簡単に紹介しておこう。

ようやく春が訪れた四月、長い冬を越したシカたちは一年で最も疲弊している。食糧の乏しかった冬の間にシカたちは痩せてしまい、中には腰骨や肋骨が浮き出した個体さえいる。しかし四月の中旬になれば新しい植物が芽生え始め、シカたちも徐々に体力を回復することができるようになる。オスたちの角の多くはこの頃までに落ちる。五月は一年でも最も麗しい季節であり、植物たちが溢れるように花開き、葉を伸ばす。あれだけ痩せていたシカも毛並みが良くなり、もう骨ばった者などいなくなる。オスの袋角《ふくろづの》が伸び始めるのもこの頃だ。

六月中旬から七月にかけては出産の季節だ。山を歩いていて突然足元から子ジカが跳び出して肝をつぶすことがある。この頃シカの毛は鹿の子斑《かのこまだ》らのある夏毛に換っている。夏の間、あり余る食糧を食べたシカたちはよく太り、ことにオスは前半身が太くなって筋肉隆々となり、角も長くなって枝分かれしたものになる。子ジカは母親のミルクを飲んですくすく生長し、跳んだり撥ねたりと実に活発だ。八月下旬になるとオスの角は伸び切り、皮が剥げるようになる。オスは角を藪に荒々しく打ち付けて皮を剥ぎ、その後、角を木の枝や幹にこすりつけて磨きあげる。オスたちは首が太くなるのみならず、首筋に黒いたてがみが目立つようになり、メスとはまるで違う獣となる。

オスの体毛がますます黒くなり、行動も猛々しくなる一〇月、いよいよシカの交尾の季節になる。普段メスの多い赤坂峠一帯に、どこから来たのかオスの姿をよく見掛けるようになる。そして夜になると「ウォーーー」という雄叫びが聞こえるようになる。実りの季節を過ぎた植物が枯れ始め、空気に凛としたものが感じられるようになった頃、雄ジカのこの声を聞くと、私はいつも不思議な感銘に打たれる。我々の先祖が狩猟生活をしていた頃、農業をしていた頃、戦争に翻弄されていた頃―そのすべての時代の幾千、幾万の秋が来るたびごとに、シカのオスたちは内なる衝動にかられて鳴き続けて来たのだ。すべての生物は季節に応じてそれぞれの活動を繰り返すのだが、秋の雄ジカの声ほど自然の営みの何たるかに思いを馳せさせてくれるものはないだろう。オスは数頭のメスを保持して縄張りを張り、メスの発情を待って交尾する。ほかのオスが侵入して来ると角や胸を誇示するように立ちはだかる。たいていはそれだけで侵入者は退散するのだが、縄張りオスと侵入者との力量が互角である場合には角をつきあわせての闘いとなる。

交尾期を通じてオスは疲弊し、体重も著しく減る。メスは身ごもり、八カ月ほどの妊娠期間を我が身を守りながら過ごさなければならない。五葉山では通常十二月下旬に本格的な雪が降り、植物を被い尽くす。山に住んでいたシカたちはやむなく山を降り始める。低地にはミヤコザサなどがまだ食べられる状態であるからだ。しかし一月、二月と冬が本格的になるにつれ低地でも根雪となり、シカは木の枝や樹皮までも食べざるをえなくなる。あれほど太っていたシカは次第に痩せ細ってゆく。ことに子ジカはみじめだ。幼い子ジカにとって初めて迎える冬はあまりにも厳しく、体力は限界に達している。雪の中で動けなくなってひとりでじっとしているのを見掛けるのは珍しくない。そして数日後にはその付近でカラスにつつかれる死体が発見される。厳しい冬を乗り越えられずに死んで行く子ジカは想像以上に多い。

冬を越すシカにとっての受難はこれだけではない。十二月から一月にかけては雄ジカの狩猟期であり、それが終わると有害獣駆除によってメスも含めた猟が行われる。雪と狩猟という重すぎる難関を越えたシカだけが来るべき新しい季節を迎えることができるのだ。

このようなシカの一年は双眼鏡と野帳によっても記載することができる。事実、私は金華山島でこれを行ってきた。しかしアメリカでの経験を通じて、狩猟個体の分析を行うことにより、このような記載をはるかに確実なものにできることを学んだ。体重は何キロなのか、それは年齢にともなってどのように変化してゆき、オスとメスでどう違うのか、栄養状態が良い悪いとはどういうことなのか……。これらは具体的な数字で表して初めて議論の対象となる。

私はこの作業を五葉山で実行に移すことができた。これはセンサスやミヤコザサの調査を主体とした環境庁のプロジェクトに続く、五葉山での研究の第二段階といえるだろう。この作業は現在も継続しており、共同研究でもあるので詳細は後日に譲ることとして、ここではいくつかのポイントだけを紹介しておきたい。

シカに関する生物学の基礎として、体の大きさをはじめ

図表58：バネ計りによりシカの体重を測定しているところ。

とする計測を試みることにした。動物の解剖でもシカほどの大きさになると力仕事だ。体重はメスで四〇～五〇キロ、オスでは七〇～八〇キロとなる。とても一人では測定できない。脚をひもでしばり、体重計にかけて棒に吊して測る（**図表58**）。

解剖といっても学生時代にネズミの解剖をしただけなので、正式なものは知らない。地元のハンターのやり方を見よう見まねでまねしただけのものだ。それにゆっくりと解剖しているわけにはゆかない。というのもこちらから頼んでシカを射ってもらっているわけではなく、ハンターの獲物から研究用の試料を分けてもらっているからだ。ハンターは早く肉を分けて帰ろうとするから大急ぎでサンプリングしなければならない。そうでなくても東北の冬の落日は早い。ことに何頭も獲れたときは戦場のような忙しさになる。

（二） 生育

試料は一二月から一月にかけての狩猟によるオスと三月頃の有害獣駆除による個体である。後者はメスが主体だが、一部にはオスや子ジカも含まれる。

シカの年齢は歯に形成される年輪の数からわかる。ことにシカは下顎の門歯（切歯）が大きく、また抜きやすいのでよく利用される（大泰司、一九七六）。ただし一歳の夏に乳歯が抜けて永久歯に替わるから、一歳以上の場合は年輪数に一を加えたのが年齢となる。こうしてシカの年齢がわかれば、それに対して体重や外部計測のデータをプロットすれば生長曲線を得ることができる。

体重は六、七月の出生時にはほぼ四キロほどであるが、九カ月齢で約五倍の二〇キロほどになる（**図表59A**）。一歳九カ月齢でオスとメスで違いが現れ始め、オスでは前年の二倍近くの四〇キロほどに達

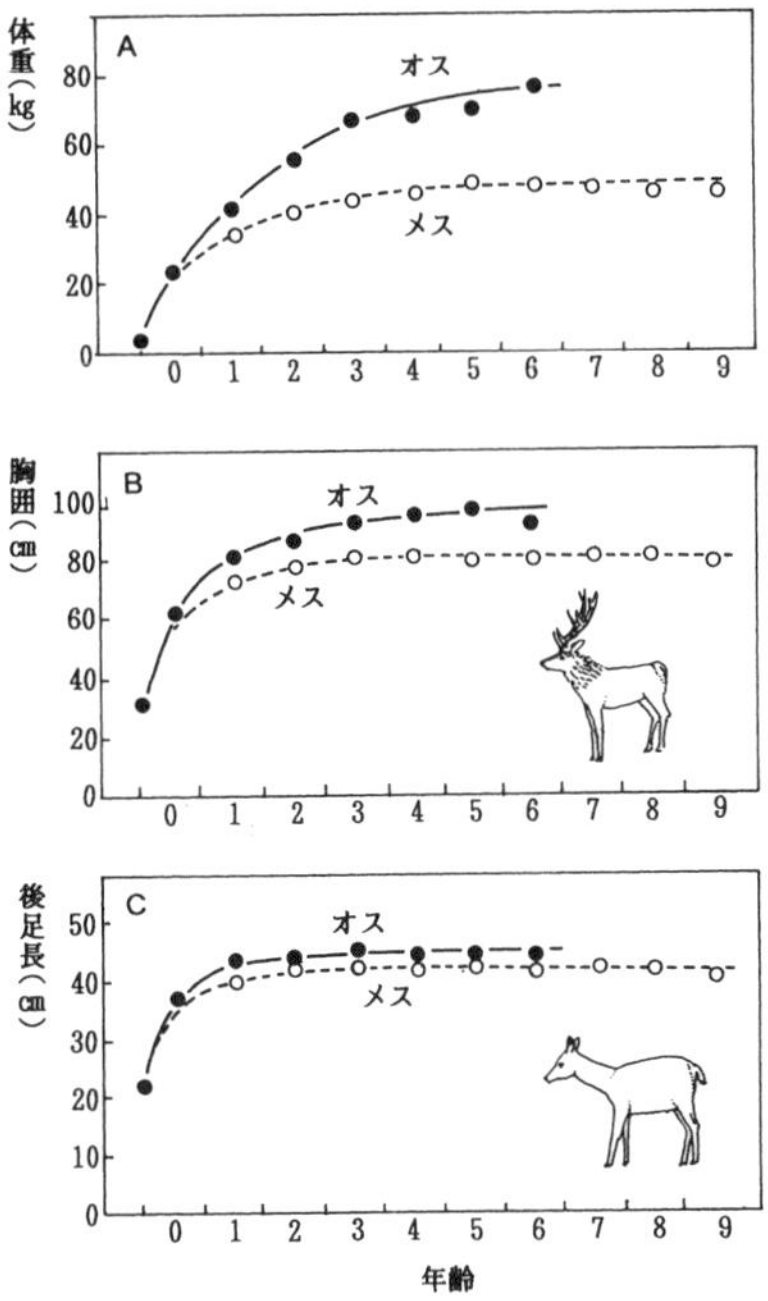

図表59：五葉山のシカの生長曲線。
A・体重
B・胸囲
C・後足長
オスの六・五歳以上とメスの九・五歳以上はまとめた。
●・オス
○・メス

するが、メスでは一・五倍ほどである。オスでは二歳以降も体重は増え続け、二歳半で五七キロ、三歳半で七〇キロほどになる（六歳以上の平均七九・三キロ）。メスでは二歳、三歳と徐々に増加して、五〇キロ前後で安定する（三歳以上の平均四八・五キロ）（図表59A）。

次に胸囲を見ると、体重と似たパターンをとるものの、オス、メスの違いはやや小さいことがわかる。メスでは約八〇センチで、またオスでは九〇センチから一〇〇センチで安定する（図表59B）。

これらに比べると後足長は性差が小さいだけでなく、子ジカと成獣との差も比較的小さい。子ジカの後足長は成獣の約半分ほどであり（体重ではオスの場合、成獣の五％ほどしかない）、一歳半ですでに成獣と変わらない長さに達する（図表59C）。実際子ジカは小さい体の割に脚が大変長い。ディズニーの才能にはいつも驚嘆させられるが、『バンビ』ではその特徴をはっきりとつかんでバンビの脚の長さを強調し、そのかわいらしさを描いて見る者の心をとらえた。成獣の後足長はオスで約四五センチ、メスでも四二センチほどで大差ない。

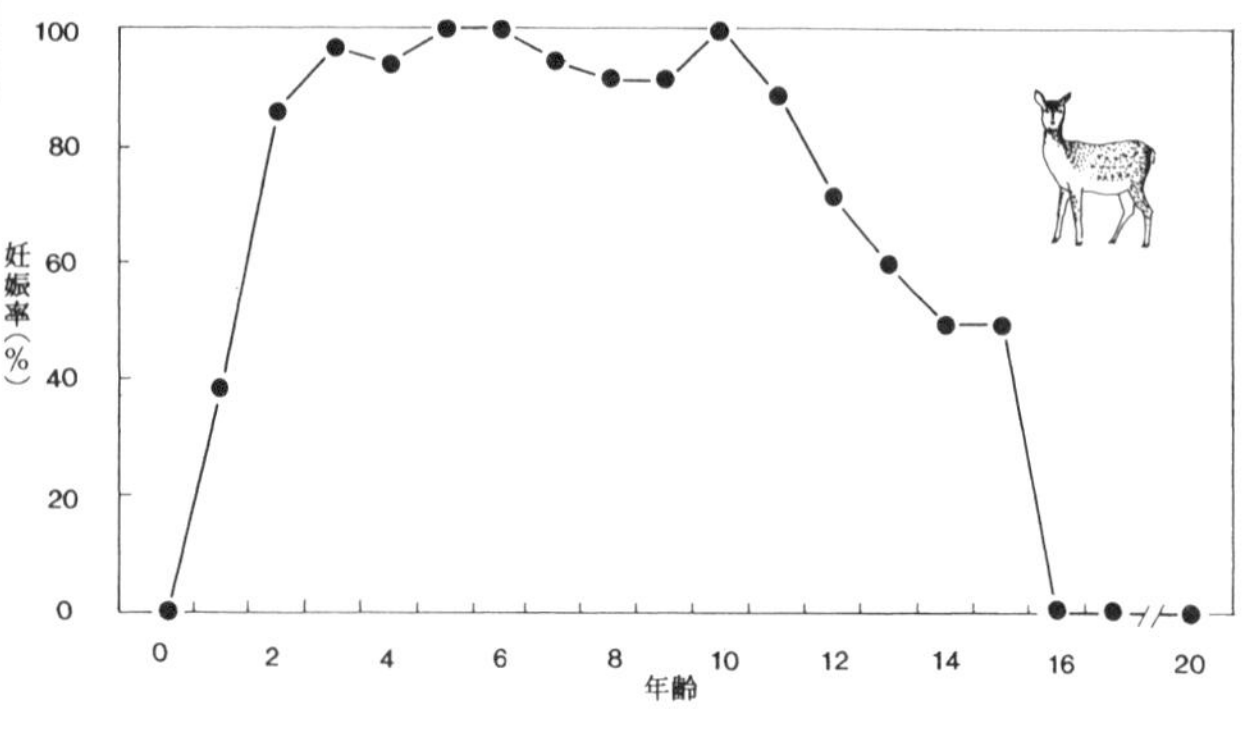

図表60：五葉山のシカのメスの年齢別妊娠率。

全体としてはニホンジカの体格の性差はずいぶん大きいといえるだろう。成獣の体重に関して言えば、オスはメスの約一六〇%ある。これはシカ科の中でも大きい値に属し、[*12]後述するように、この種が典型的な森林棲でもまた草原棲でもなく、その中間的な生息地に適応的であることを示している(ガイスト・ベイヤー、一九八八)。

(二) 繁殖率

調査を始めて驚いたのはシカの繁殖率の高さだった。一九八三年から一九八八年にかけて、三月を中心に二二一頭のメスに関する試料を得た。これらのうち〇歳では妊娠例は全く確認されず、一歳では四一・一%が妊娠していた。二歳以上では急に妊娠率が高くなり、一〇歳までの一五四例では実に九四・二%もの高率であった。しかしこれ以上になると急激に低下した(図表60)。この年齢段階に達すると歯はひどく摩滅しており、摩滅面は第一門歯ではほとんど歯根部にまで達する(図表61)。このため栄養の摂取もまっとうにできなくなるのであろう、死亡率も高くなる。ただしこの年齢階級に属するメスジカ

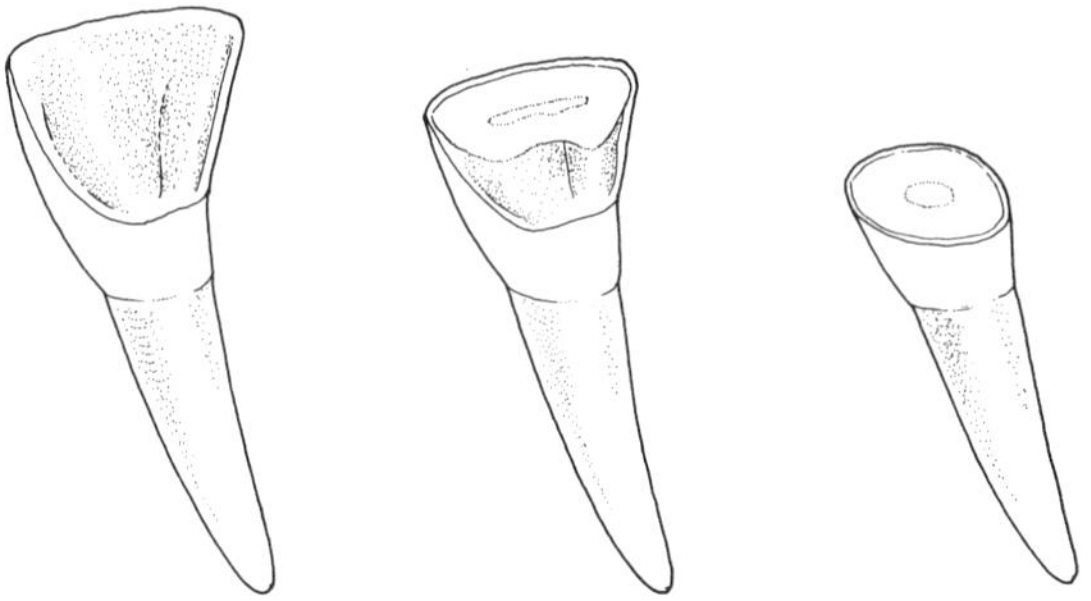

図表61:一歳半で生え替わった永久歯(左)は次第に摩滅し(中)、摩滅面はついには歯根部近くにまで達する(右)。

の数はメス全体の一二・二％に過ぎなかった。この年齢階級を含む二歳以上のメス全体の妊娠率は九〇・一％であった。

妊娠率ではないが出生率に関してアカシカの研究例があるので比較してみよう。半野生状態のアカシカの出生率は、〇歳ではゼロ、一歳で四一％、二歳で七一％、三歳以上でほぼ九〇％であったという（ハミルトン・ブラクスター、一九八〇）。これを五葉山のニホンジカと較べると、二歳の値がやや小さいが、かなり似た結果といえよう。しかし同じアカシカでもスコットランドのラム島にすむ個体群では一歳でわずか七％、二歳で六三％、三歳以上で八五〜八八％と、全体にかなり低い結果が得られている（ミッチェル、一九七三）。さらに同じラム島でも別の時期の調査では一歳でもゼロであったという（ロウ、一九六九、ギネスら、一九七八）。ところがシカの密度が低いスコットランド本土のグレン・ダイでは一歳で六四％と逆に出生率が高い場合もあり（ステーンズ、一九七八）、繁殖率は環境条件によってかなり変動しやすいらしく、それはことに一歳メスにおいて著しい。これは逆にいえば若齢メスの繁殖状態は個体群の質を敏感に反映するすぐれた指標となりうることを示唆する。現在のところニホンジカに関しては我々のデータと比較できるものはないが、ぜひ検討したい項目である。

次に年齢とは無関係にメスの体重と妊娠率との関係を調べてみたところ、体重が三〇キロ未満ではほとんど妊娠しないが、三〇キロを越えると半数以上が妊娠し、さらに四〇キロ以上になると妊娠率が八〇％を上廻ることが判った（図表62）。このことはメスの生長曲線（図表59）および年齢別妊娠率（図表60）と不可分の関係にある。つまり、体重が二〇キロまでの子ジカはほとんど妊娠せず、体重四〇キロ以上になった二歳以上の成メスはほとんどが妊娠する。しかしその中間にある三〇キロ前後の個体は妊娠の可能性が半々程度であるということである。これは年齢では一歳であることが多いが、生育の遅れた二歳でもこの程度の体重であることは少なくないためで、栄養条件によって妊娠率が左右されるであろう。このことはこの年齢であるメスがどの程度いるかということ、つまり一歳の冬の生存率と直接かかわっており、個体群全体の繁殖率を決定する重要な要因になるものと考えられる。

なお妊娠していたメス一六八例のうち、双子が確認されたのはわずか二例にすぎなかった。これはわずか一・二％であるから、ニホンジカにおいては双子というのは例外と考えてよかろう。この二例の内訳は一例がオスとオス、他の一例はオスとメスであった。近縁のアカシカの双子の例としてはイギリスでこれまでわずか一例（ギネスら、一九七一）が知られるほか、ドイツとオーストリアで〇・六％という数字が報告されている（クローニング・フォライヤー、一九五七）。

(三) 生命表

我々は年齢構成と各年齢のメスの妊娠率を知っている。これらから個体群学にとって重要な情報のひとつである

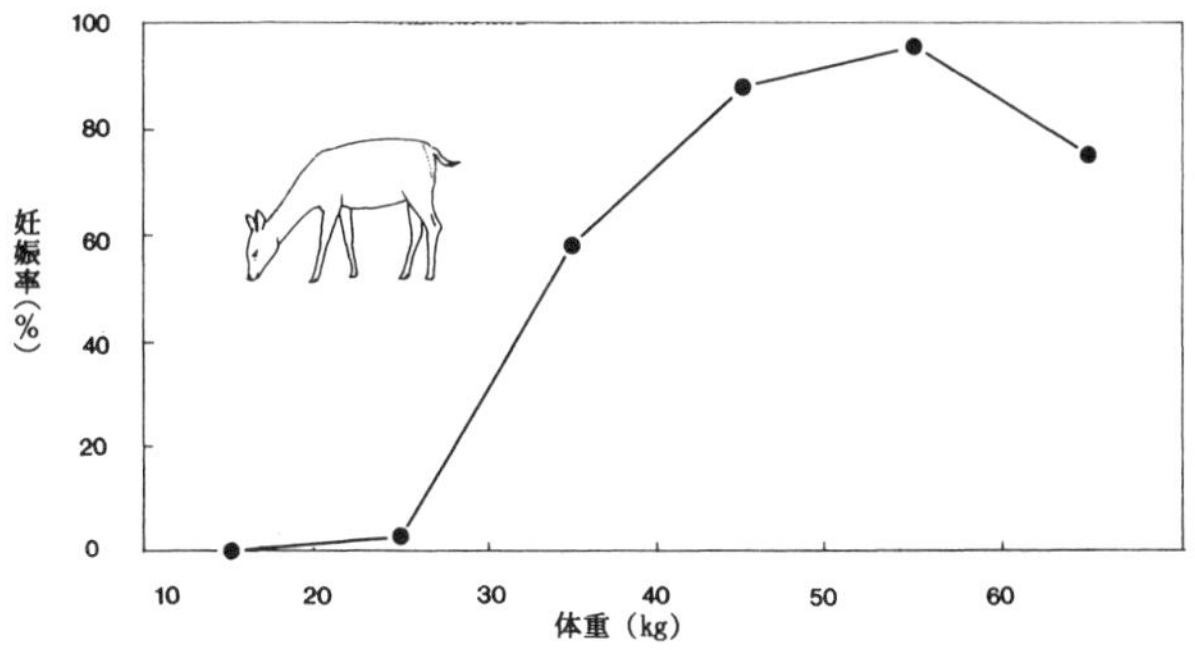

図表62：五葉山のシカのメスの体重別妊娠率。

生命表を作成することができる。生命表とは、動物や植物の個体数が出生後、次第に減少する過程を示す表のことで、個体群変動の重要ないくつかの変数が示される。生命表を作るためには正確には妊娠率ではなく出生率を知る必要があるが、我々のサンプルは二、三月という妊娠後期のものであり、この時点で胎児は五〇〇グラム前後あるいはそれ以上に育っておりこれ以後の流産はほとんどないと考えられるから、これを出生率とみなした。

メスの場合、二五九個体をもとに生命表を作成した（図表63）。年齢構成にはデコボコがあり、実数をそのまま使うことはできないので、これを回帰式にあてはめて滑らかなカーブを得た。これを平滑化という[*13]。その結果二三五・四頭のメスが一九六・四頭の新生児を出産すると計算された。したがって生まれて来るメスの子は、胎児の性比を一対一と仮定できるから、その半数の九八・二頭となる。これを出発点として年齢にともなう減少過程を示したのがいわゆる生存曲線である（図表64）。新生児数を一〇〇〇としたとき半年後の子ジカの数は三二三・六頭であり、この間の死亡率は六七・六％と非常に大きいことがわかった。つまり三分の二が一歳に達しないで死ぬことになる。その後の死亡率は急に低くなって一〇％前後で漸増し、一一歳で二〇％を越える。

生命表ではあと何年生きられるか、つまり余命も求まる。新生児の平均余命は平均寿命であり、メスの場合は二・九歳と算出された。最高年齢が二〇歳であり、一〇歳まではかなり生きているというのが現場での印象であったが、こうして生命表を作ってみると、平均では三歳まで生きることができないことがわかり、いささか驚いた。

オスの場合は試料数が少なかったため狩猟個体（五一個体）と有害駆除個体（四七個体）とを組み合わせて生命表を作成し（図表65）、生存曲線を示した（図表64）[*14]。このようにオスの場合は生命表の作

図表63：五葉山のメスジカの生命表。
f_x・試料数
l_x・各年齢における生存数（〇歳を一〇〇〇とする）
d_x・各年齢における死亡数
q_x・各年齢における死亡率
e_x・各年齢における期待余命
m_x・各年齢における一メス当たりの産子数（ここでは胎児数）

年齢	f_x	平滑化した f_x	l_x	d_x	q_x	e_x	m_x
0		98.2*	1000	676.4	67.6	2.9	0.0
0.5	32	31.8	323.6	24.2	7.5	6.9	0.0
1.5	18	29.4	299.4	26.3	8.8	6.4	0.4
2.5	37	26.8	273.1	27.5	10.1	6.0	0.8
3.5	30	24.1	245.6	27.9	11.4	5.6	1.0
4.5	19	21.4	217.7	27.4	12.6	5.3	0.9
5.5	18	18.7	190.3	26.3	13.8	5.0	1.0
6.5	20	16.1	163.9	24.7	15.1	4.7	1.0
7.5	22	13.7	139.2	22.6	16.3	4.4	1.0
8.5	14	11.5	116.6	20.3	17.4	4.2	0.9
9.5	14	9.5	96.3	17.9	18.6	3.9	0.9
10.5	7	7.7	78.3	15.5	19.8	3.7	1.0
11.5	9	6.2	62.9	13.1	20.9	3.5	1.0
12.5	8	4.9	49.7	10.9	22.0	3.3	0.7
13.5	4	3.8	38.8	9.0	23.1	3.1	0.5
14.5	4	2.9	29.8	7.2	24.2	2.9	0.7
15.5	0	2.2	22.6	5.7	25.3	2.7	0.0
16.5	1	1.7	16.9	4.4	26.3	2.5	0.0
17.5	0	1.2	12.4	3.4	27.4	2.2	0.0
18.5	1	0.9	9.0	2.6	28.4	1.8	0.0
19.5	0	0.6	6.5	1.3	20.1	1.3	0.0
20.5	1	0.4	5.2	5.2	100.0	0.5	0.0

*: 新生児数は妊娠率（胎児数 m_x）と各年齢のメス個体数 l_x との積算により求め、胎児の性比を1:1として算出した。

成の過程にやや無理があるが、それでもこの表から五葉山のオスジカの個体群学的特性を読み取ることができる。これによると、オスの子ジカの死亡率はメスよりもさらに高く、八二・二％に達した。[*15] しかも、その後の死亡率も三〇数パーセントあり、メスと違い徐々に低下していった。これらのこととオスの最高年齢が七歳であったということは、五葉山のオスジカが極めて短命であることを示しており、平均寿命は実に一・〇歳と算出された。

このように〇歳の子ジカの死亡率は非常に高かったが、これらは奈良公園のシカの値よりも明らかに大きかった（奈良公園ではオス四二・五％、メス五九・一％、大泰司、一九七六）。そして近縁のアカシカやワピチでもこれほど大きい値は報告されていない。アカシカや、ワピチでの報告のほとんどは、二〇％から五〇％で、わずかにスコットランドのジュラ島のアカシカのオス（六一・〇％、テーバー・ダスマン、一九五七）、カリフォルニアのテュールエルク（六二・四％、マッカラー、一九六九）、ワイオミングのワピチのオス（六三・九％、ヒューストン、一九八二）などがこれに近い。このような高い初期死亡

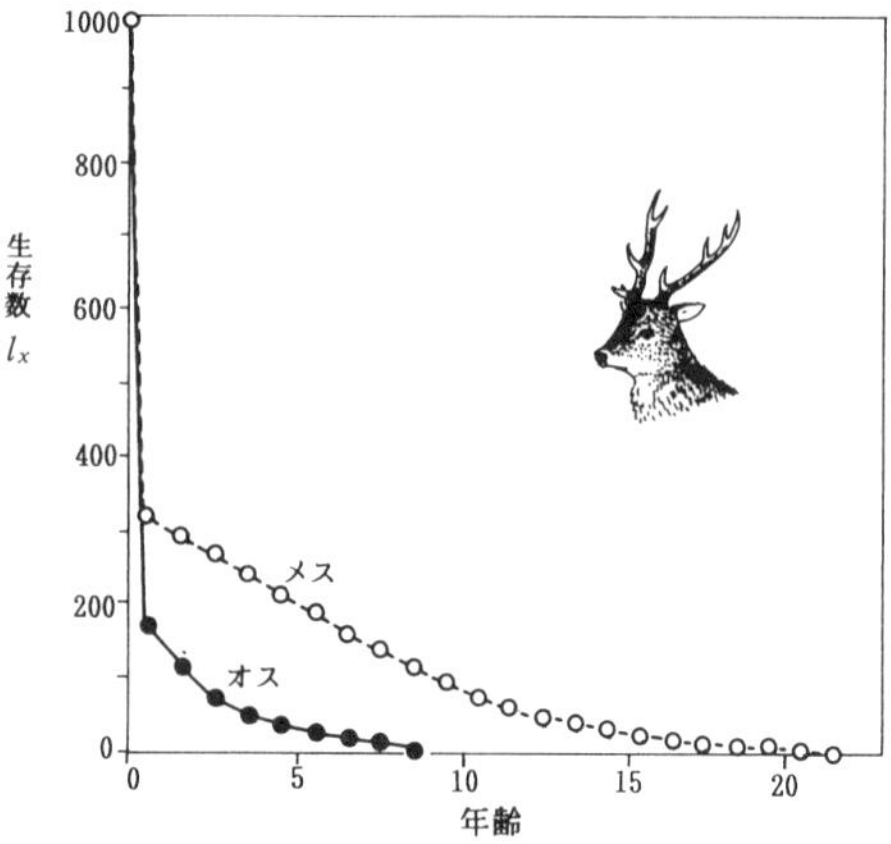

図表64：五葉山のシカの生存曲線。
●・オス
○・メス
新生児数はメスの妊娠率、年齢構成、胎児の性比一対一という仮定から求めた。

率は五葉山の環境がいかに厳しいものであるかを物語っている。しかし我々はこの初期死亡がいつ、どのような要因によって起きているかについてはほとんど何も知らない。

ところでシカはもともとオスとメスとでさまざまな意味で違いの大きい動物である。比較のために図表66には狩猟の影響のない奈良公園のシカの生存曲線を示した(大泰司、一九七六)。ここでもオスの方が急速に減少するが、両者の違いは五葉山ほど極端ではない。また五葉山のシカの最高年齢はオスで七歳、メスで二〇歳とオスがメスの三分の一しかなかったが、これは奈良公園でそれぞれ二一歳と二四歳、金華山島では一二歳と一五歳であったのと比べ違いが大きかった。ニホンジカ以外を見ると、アカシカではオスが一三歳、メスが一四歳 (テーバー・ダスマン、一九五七)、オスが一〇歳、メスが一二歳(アーレン、一九六五)、またワピチではオスが一五歳以上、メスが二一歳以上 (ヒューストン、一九八二) など、いずれもオスがメスよりもやや短命であり、五葉山のような極端な性差はなかった。したがって五葉山の個体群に

図表65・・五葉山のオスジカの生命表。
オスの試料は有害獣駆除個体群と狩猟個体群という異なる集団に由来するので、補正によって両者をまとめた。記号などは図表63と同じ。

年齢	有害駆除	狩猟個体数	補正個体数	f_x	平滑化 f_x	l_x	d_x	q_x	e_x
0				98.2*	98.2	1000	821.9	82.2	1.0
0.5	37	0	0	37.0	17.5	178.1	61.8	34.7	2.6
1.5	10	12	10	10.0	11.4	116.3	37.7	32.4	2.7
2.5	0	7	5.8	5.8	7.7	78.6	23.6	30.0	2.7
3.5	0	8	6.7	6.7	5.4	55.0	15.1	27.5	2.6
4.5	0	9	7.5	7.5	3.9	39.9	10.0	25.0	2.5
5.5	0	9	7.5	7.5	2.9	29.9	6.7	22.3	2.1
6.5	0	4	3.3	3.3	2.3	23.2	4.5	19.6	1.6
7.5	0	2	1.7	1.7	1.8	18.7	18.7	100.0	10.8

*: 新生児数は妊娠率（胎児数m_x）と各年齢のメス個体数l_xとの積算により求め、胎児の性比を1:1として算出した。

おけるオス、メスの極端な生存曲線の違いは、シカの性差だけでは説明できず、これがオスに対する強い狩猟圧に起因するものであることは疑う余地がない。

これほどの狩猟圧がかかると、ほとんどのオスが自然状態でまっとうすべき一生を生きられないことになるはずである。事実、狩猟されたオスの二三・五%はナガまたはゴンボと呼ばれる一本角の一歳オスである。彼らはトロフィーとしての価値はなく、大抵は単に肉を食べるだけのためのものとなる。

シカの角は一歳の夏から生え始め、これは例外なく一本角である。二歳になると二尖（二本枝）になるものがいるが、実はこれは全体の一〇%ほどにすぎず、三分の二ほどが突然三尖となることがわかった（図表67）。そして二歳でも一尖のままの個体も三〇%ほどいた。三歳以上になると六〇・六%が四尖となり、三尖が三〇・三%、二尖はゼロ、そしてまだ一尖のままでいるものが九・一%いた。ただしこの一本角は角座《かくざ》（角の基部にある頭骨と角とを結ぶ部分で、年齢が進むにつれ発達する）が発達しており、一歳のゴンボ角とは性格の違うものであっ

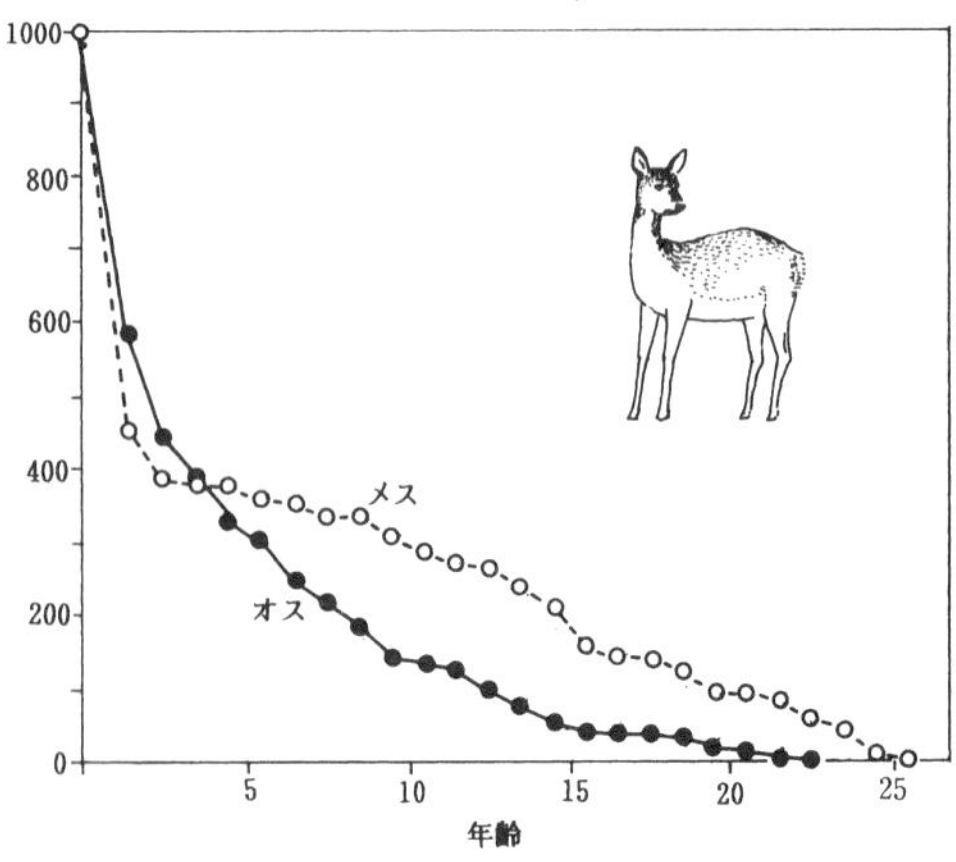

図表66：奈良公園のシカの生存曲線。
●・オス
○・メス
この生存曲線は死亡個体の回収により作成されたもの。大泰司（一九七四）より。

た。

このような角の発達を考えれば、二年ほど待てばトロフィー価値も大きい、立派なオスになるわけだから、猟場としての価値を維持するためには狩猟圧を全体にゆるめると同時に一歳オスの猟は全面的に禁止するのが賢明である。またオスの年齢構成をみると、現状では若いオスが繁殖にたずさわっていると考えられる。これはニホンジカ本来のオスとメスの関係をいびつなものにしている可能性があり、オスジカの狩猟制限はニホンジカが本来持っているオスとメスの関係を維持するためにも重要である。

(四)　栄養状態

植物の豊富な季節に脂肪を蓄えたシカは冬の間にそれを使って冬を乗り切り、春を迎える。その蓄積量は季節のみならず年齢、性別によっても違いがある。そこでその脂肪の蓄積状態を調べることによりシカの栄養状態を知ることができる。ライニー（一九五五）は体内の各所にある脂肪のうち腎臓に付着するものをとりあげた。要す

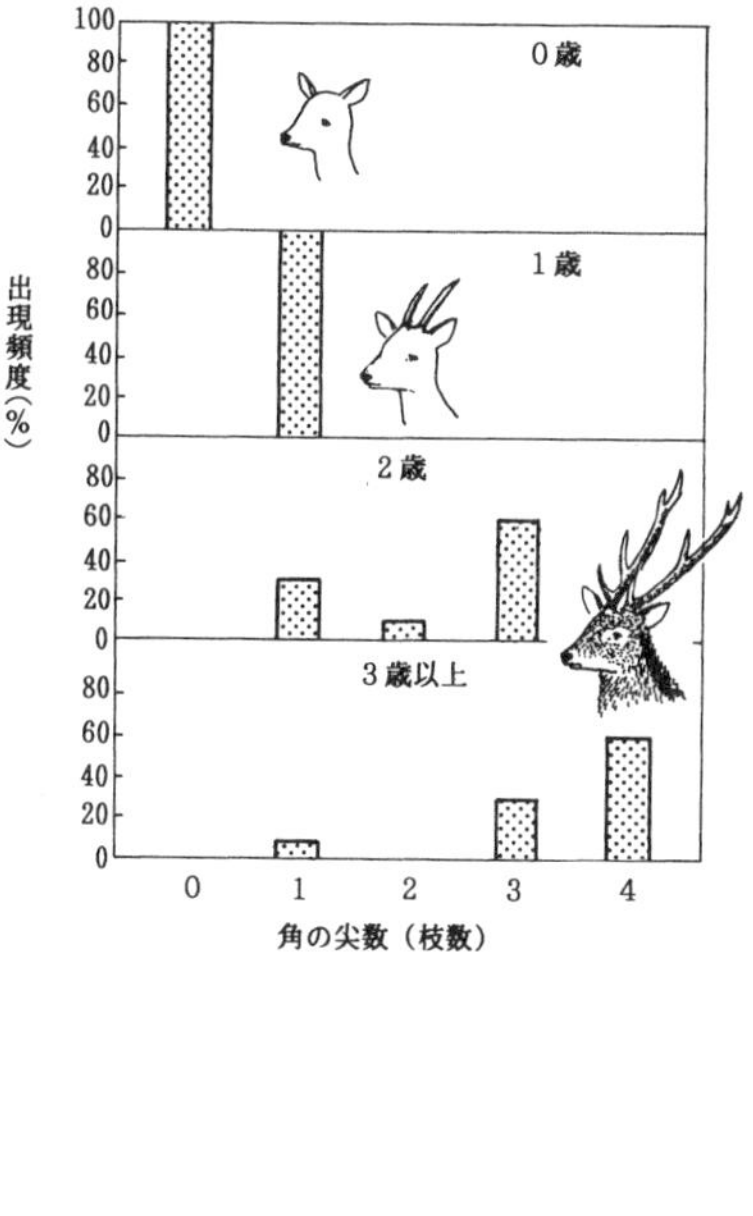

図表67：五葉山のオスジカの年齢と角の尖数（枝数）。年齢とともに枝が一本ずつ増えるというのは正しくない。

るに脂肪の多寡を表現するわけだが、この場合は腎臓の重量に対するライニー腎脂肪の重量の相対値を百分率で表し、これを腎脂肪指数と呼ぶ（図表68）。これは大きさとしても適当だし、栄養状態による変動が割合はっきりしているので広く普及している。

これらの指数を調べたところ三月の腎脂肪指数は妊娠メスが最も大きく、不妊メスがこれに続き、オスと子ジカが最も小さかった（図表69）。メスを妊娠メスと不妊娠メスとに分けたのは、両者で明らかに脂肪量が違うためで、一歳メスではさほど明瞭ではなかったが、二歳以上のメスでは二倍近くも違いがあった。これは妊娠メスが栄養状態が良い、つまり脂肪の多さは妊娠の結果なのではなく、彼女らは栄養状態が良いから妊娠した、つまり妊娠の原因であると理解すべきであろう。よく似た現象がアカシカ（ミッチェルら、一九七六）やトナカイ（トーマス、一九八二）でも報告されている。

次に腎脂肪指数を数値で一〇ごとの段階に区切り、それぞれの段階に対する妊娠率をプロットすると、腎脂肪指数が一〇未満では妊娠率が極めて低いが、一〇以上で

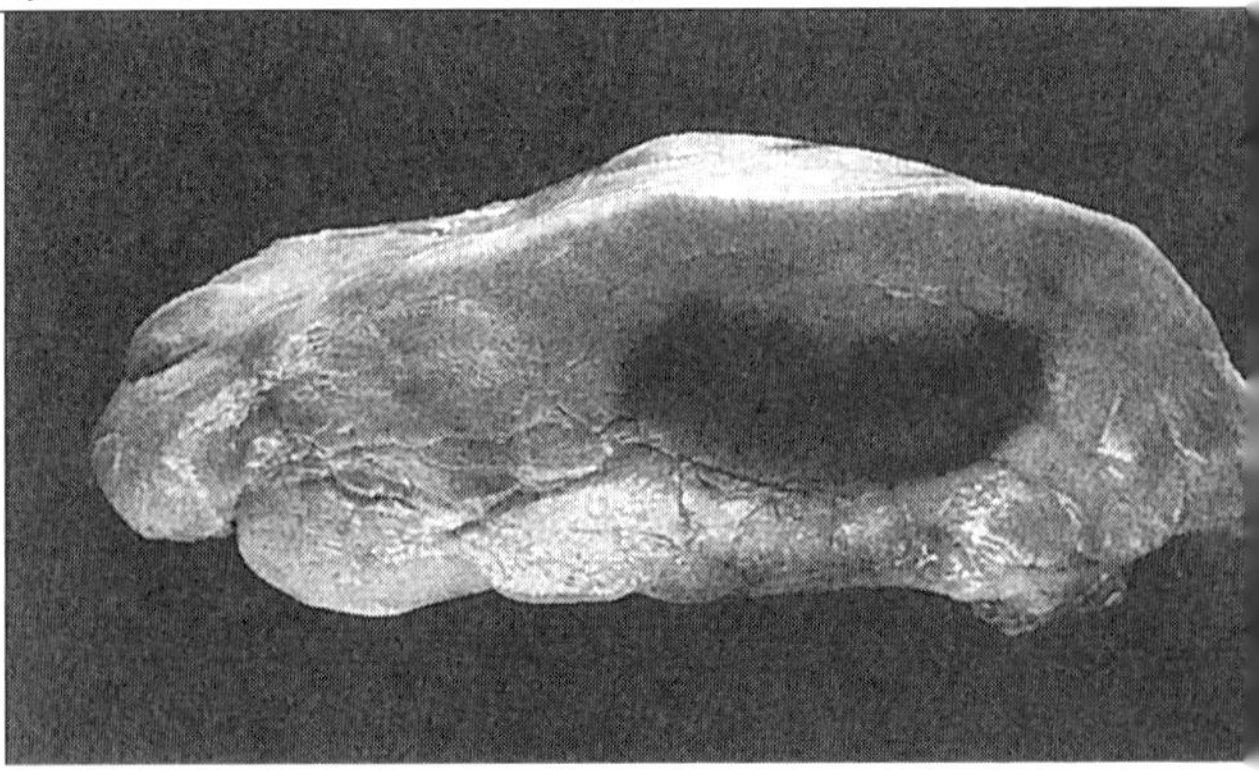

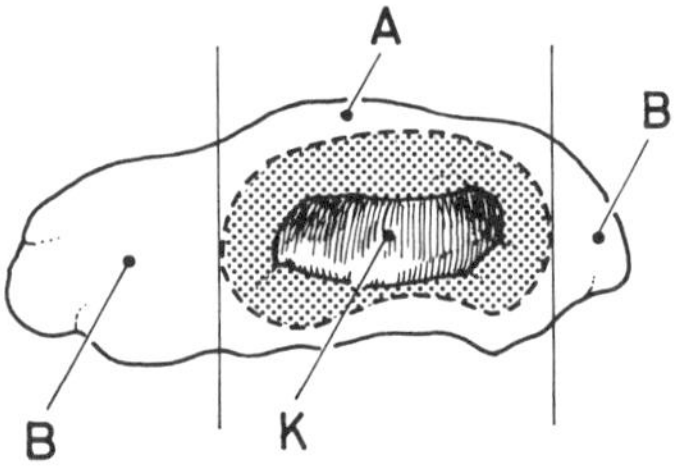

図表68：シカの腎臓（K）とこれを取り囲む腎脂肪（A、B）。ライニーの腎脂肪指数は縦線の両側（B）を除いたものから求める。

急に大きくなり、二〇以上でほぼ安定することが判った(図表70)。これは結局、脂肪の蓄積の少ない個体は子ジカを主体とする小さいシカであり、そのことはおおむね年齢と体重との関係を反映していることを意味する。これらの結果はシカのメスにおいては〇歳、一歳、そして二歳以上という生理的、生態的に大きく性質を異にする三つのクラスがあることを示している。

三月以外の腎脂肪指数に関しては現在のところデータは断片的であるが、それでもいくつかの興味ある傾向が明らかになりつつある(図表71)。最も顕著なのは四尖オスの夏の値で、実に一五〇%に達した。この状態だと腎臓は完全に脂肪で被われており、その厚さも一センチほどになる。脂肪の両端はとぎれなく長く連なる。このようなオスを解剖すると体腔内は脂肪で溢れんばかりになっており、また背脂肪も五センチほどに厚くなり、背骨をはさんで両側に盛り上るほどになる。そして首は太くなり、体重も冬なら七〇キロほどの大きさのものが九〇キロ前後になる。これまで実測した体重の最高記録は一〇三キロであるが、これは九月に調べられたものである。

図表69：五葉山のシカの三月のライニー腎脂肪指数(一九八三〜一九八八年)。

		ライニー腎脂肪指数
オス	0歳	19.2
	1歳	18.2
	成獣(4尖)	14.8
メス	0歳	20.4
	1歳 妊娠	39.5
	不妊	31.7
	2歳以上 妊娠	41.9
	不妊	21.6

ところが彼らの腎脂肪指数は一〇月には半分ほどに急減し、一二月には二、三尖の若オスや一歳の一尖オスよりも小さくなってしまうのだ。

成オスと若オスにおける秋から初冬にかけての腎脂肪指数の違いは何に起因するのだろうか。成オスと若オスで食物の供給状態が違うとは考えられない。これは実はシカの繁殖と関係しているのである。一〇月をピークとする季節はシカの交尾期であり、この季節に成オスは体力を消耗させる。一〇月を境界として四尖オスの腎脂肪指数が若いオスのそれよりも小さいのはこれを裏づける。実際この時期の成オスは食物を摂ることも忘れたように猛々しくなり、メスを追い掛けまわす。これに比べれば繁殖に関与しない若いオスでは晩冬までは腎脂肪をある程度のレベルを維持できるようだ。[*16]

これら若い個体を含めてオスの場合二月から三月にかけて、いずれの年齢群でも著しい減少があり、三月にはすべて二〇%足らずになってしまう。

以上に対してメスの腎脂肪指数は明瞭なピークは認められず、脂肪を消耗し尽くした晩冬から徐々に回復し、

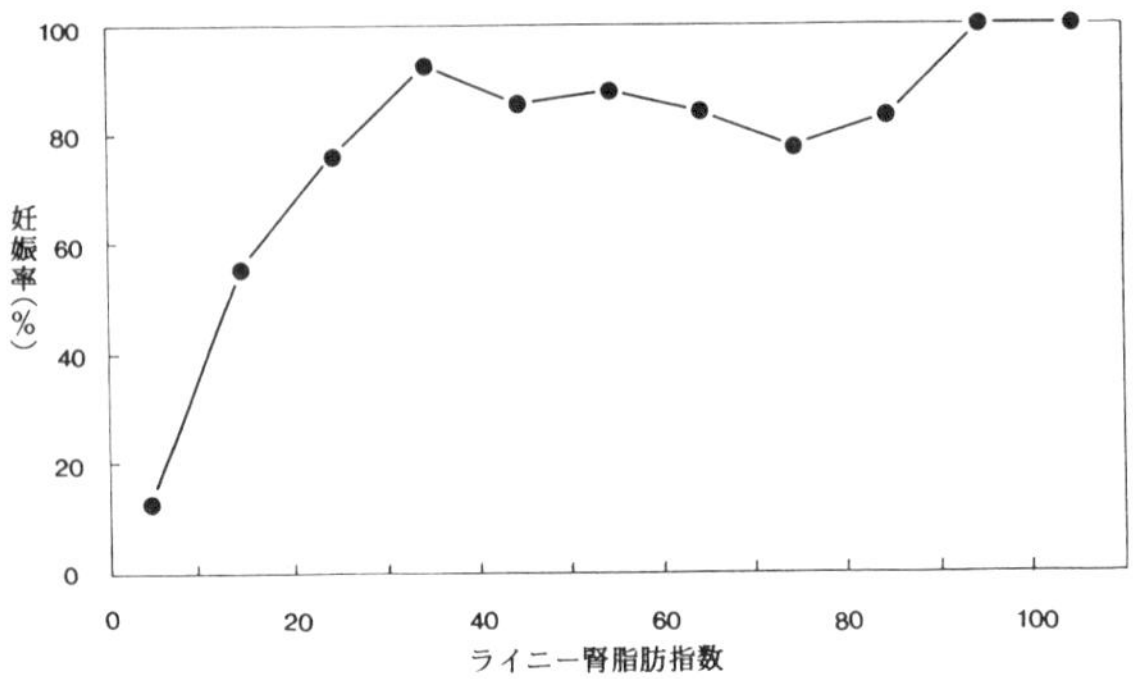

図表70：五葉山のメスジカのライニー腎脂肪指数と妊娠率との関係。

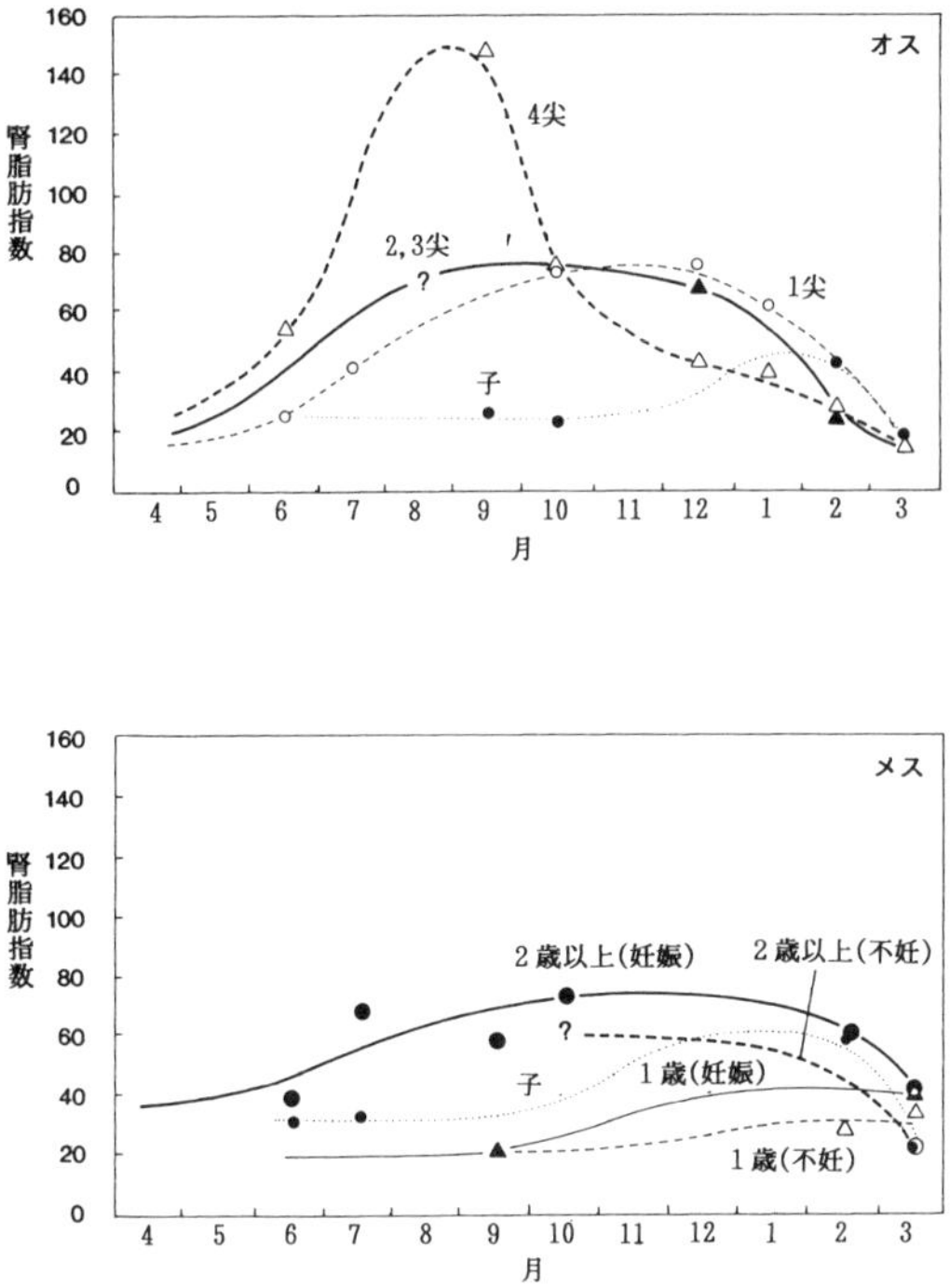

図表71：五葉山のシカ各クラスのライニー腎脂肪指数の季節変化。ただし六月から一〇月までのメスは妊娠状態にない。

指数が八〇前後になって冬を迎え、三月になって急に減少するというパターンをとる(図表71)。夏、秋の成メスの腎脂肪指数は成オスに較べれば明らかに小さいにもかかわらず、三月の妊娠メスの腎脂肪指数の値が他のどのクラスよりも大きいということは注目に値する(図表69)。オスは蓄積と消費が激しいのに対して、メスは限られた脂肪を保守的に利用するのであろう。このようなオスとメスの蓄積脂肪の季節変化の違いは、スコットランドのアカシカ(ミッチェルら、一九七六)やミュールジカ(アンダーソン、一九七二)で報告されたものとよく似ていた。

脂肪の蓄積は当然体重に反映される。ニホンジカではないが、オグロジカ(バンディら、一九七〇)、オジロジカ(モーエン、一九七八)、トナカイ(マッキューワン、一九六八)などに関してオスとメスの体重の季節変化を追ったデータによると、オスは夏に太り、冬に痩せるというパターンをくり返しながら生長してゆくのに対して、メスではその季節的増減がはるかに緩やかである(図表72)。

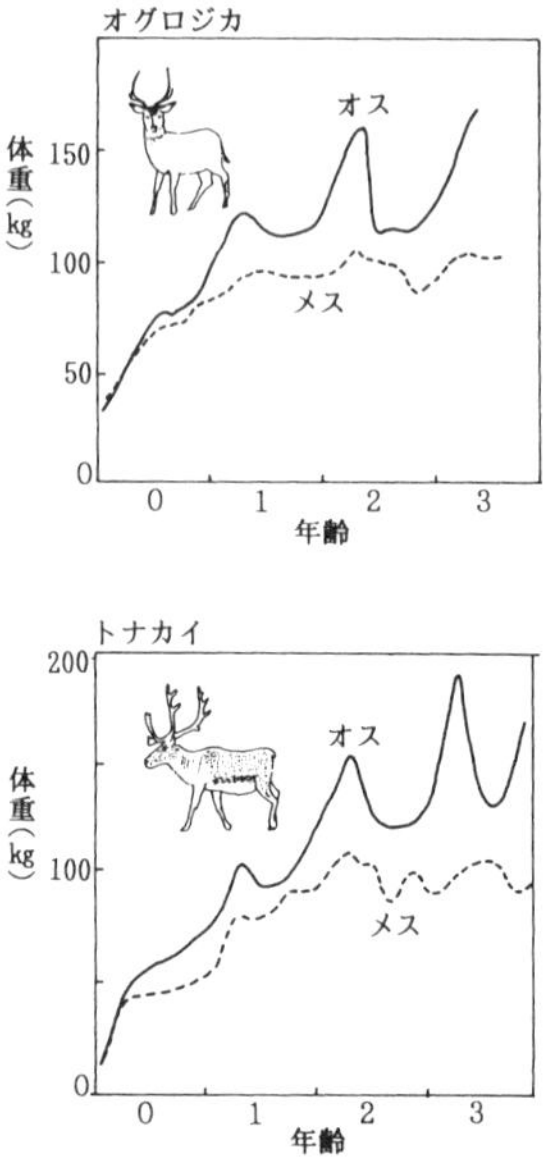

図表72：オグロジカとトナカイのオスとメスの体重増加の比較。季節変化はオスの方が著しい。バンディら(一九七〇)、マッキューワン(一九六八)より。

これら成獣に対して子ジカの腎脂肪指数は一年を通じて常に小さく、ことに夏までは他のどの年齢クラスよりも小さかった（図表71）。実際、子ジカの腎臓にはほとんど脂肪が付いておらず、体腔内にも脂肪らしい脂肪はほとんどない。これは子ジカは摂取した栄養を生長に利用するため、蓄積する余裕がないためと考えられる。同様の指摘はミュールジカ（トービットら、一九八八）、トナカイ（フォング、一九八一）、ヘラジカ（シダーランドら、一九八九）などでもなされている。実際この時期に体力を使い果たして倒れる子ジカは少なくないのだ。初めて迎える冬は、食物がなくなり、雪の中を親たちについて歩きまわらなければならない子ジカたちにとってはあまりにも厳しいものなのであろう（図表73）。腎脂肪の少ないことはそのことの栄養的側面を示している。

（五）　サンプリング

試料を積んだ車が西を指して走る。冬の落日は早く、四時前なのにすでに薄暗い。葉を落としたコナラ林の間にピンクがかったオレンジ色の太陽が落ちて行こうとして

図表73：晩冬期の子ジカ。子ジカは栄養を生長に使うため脂肪の蓄積がなく、晩冬から早春に衰弱して死ぬ個体が多い。

いる。陽が沈むころには宮城県に入り、道は南下する。これまで何度この道を走っただろう。東北地方の冬の道を運転するのは緊張の連続である。仙台から五葉山までは二〇〇キロある。厳冬期は道路が凍結して高速道路は使えなくなるため、片道五、六時間かかることも珍しくない。一日のサンプリングでも前後を含めて三日はとっておかなければならない。お金がないから公民館泊まり。自炊をし、寝袋の生活だ。相当のエネルギーと、間違いなく長い時間と、私にしては少なからぬ経費を投入したこの試料集めを支えていたのは一体何だったのだろう。

本節で紹介した研究の核心をなすのは試料のサンプリングである。試料がなければ何もできないというわけではない。注意深い観察者であれば食性の概略を言い当てることができるだろうし、出生率や栄養状態に関してもおおまかな傾向は把握できるだろう。しかし試料に基づいた定量的な分析から得られる情報の確かさ、その力強さには格段の差がある。私は哺乳類の研究者として育つ経験を持たなかったが、しかし生物学の研究にとって材料の確保が重要であることは体得してきた。

サンプリングの実態を知るようになって驚いたことは、そのような情報が得られる貴重な試料が確保されることなく、いたずらに捨て去られているということだった。岩手県だけでも毎年五〇〇頭から一〇〇〇頭ものオスジカが狩猟獣として捕獲され、これとは別に有害獣駆除によりメスを含めて二〇〇頭前後が間引かれている。『狩猟統計』によれば、全国で毎年二万頭ものシカが狩猟され、有害獣駆除も四〇〇〇頭にのぼる。そして驚くべきことに、それらのほとんどが科学的研究の対象となったことがないのだ。我国の研究者の中には日本のハンターの協力が不十分だとか現在の有害獣駆除のありかたに問題があるなどを理由にサンプリングをしようとしない人が多い。確かにそのような事情はないとはいえない。我々の調査でも、今でこそハンターは協力的で我々が試料をとるまで寒い中を待ってくれるが、初めからそうではなかった。知らない大学の人間が来て何かをよこせといったところで、うさんくさく思うのはむしろ当然であろう。だが、毎週毎週出かけては協力をお願いし、凍える野外で時間を過ごすうちに次第にうちとけ、それが幾冬かくりかえされるうちに今のような協力体制ができ上がってきた。現行の範囲内でも努力さえすれば生物学的に重要な知見がたくさん得られる。私は問題が多いのは我国の研究者の姿勢の方だと思う。

私が試料確保に努力してきたのは、良い研究がしたいという当然の理由に加えてもうひとつ、殺されてゆくシカたちの生命をデータという形によって残し、その死を彼らの仲間の、より良い保護のために活かしたいという気持ちからであった。

それにしても試料の確保にはどれだけの時間とエネルギーがかかることか。長い道を運転していると、三〇歳台にこのような形で多くの時間とエネルギーを割いたことが本当に価値があったのだろうかと不安な気持ちになることがある。特定の項目に限って言えばすでに知られ

図表74：猟を終えて焚火を囲んでくつろぐハンターたち。このような語らいの中から学ぶことも少なくない。

ていることもある。それは文献を読めばすむことかもしれない。効率ということだけを考えればこんな作業はとてもやっていられないことだ。しかし私は思う。この無駄とも思える「過程」こそが野外生態学の真髄なのだと。何度も何度も解剖をしていると小さいが何か新しい発見があるものだ。またハンターとの語らいの中で教わることも少なくない（図表74）。凍てつく寒気の中にいること、それ自体から冬の厳しさを体感する。そのようなことどもが私の体の中に染みついてゆく。その中からひとつでもふたつでも生物とそれをとりまく環境との間で展開されている現象が見いだせれば、これほどの喜びはないではないか。それらはいずれも書物だけからは学ぶことはできない。安楽椅子型の研究態度からは決して得られないものなのだ。

「（フィールドワークは）時間と労力と金がすべてであり、しかも投資した時間に比して得られるものは多くない。自然界の混沌になんらかの意味や秩序を見いだすことができた。それ以上にすばらしい報酬があるだろうか？」（グールド、一九八五）。

四　ニホンジカの生態を考える

植物との関係という限られた側面からではあるが、これまで五葉山のシカの生態を考えて来た。その過程で自分なりにシカの生態の理解を深めてきたつもりである。ここではもう少し視野を拡げてニホンジカの生態に関する考察を試みたい。

食性の項で紹介した通り、ニホンジカの食性は地域変異が著しい（第四章二節）。食性は生息地の植物的環境に強く影響されるが、ニホンジカの場合、サイズ自体の地域変異もまた大きい点が特徴的である。例えばヤクシカの体重は成獣でも四〇キロほどしかないが(高槻ら、一九八七)、ホンシュウジカではオス成獣で七〇〜八〇キロ、エゾシカでは優に一〇〇キロを越える。そして中国大陸には二〇〇キロにも達する亜種がいるという。このようなニホンジカの地方変異に関しては北海道大学の大泰司さんによって研究が進められており、その成果が出されるのが楽しみである。

一方、森林総合研究所の三浦さんの社会・行動学的研究によっても、九州のシカと奈良公園や金華山島などのホンシュウジカ、それにエゾシカでは繁殖期の行動などに著しい地域変異が認められることが明らかにされた(三浦、一九八六)。また東京農工大学の丸山さんは群サイズの季節性と季節移動のパターンによって、ニホンジカを北日本型と南日本型とに類型する試論を提案した(丸山、一九八一)。これらの研究は、いずれもこのシカが形態・生態的に可塑性が非常に大きいということを示唆している。

この可塑性こそがニホンジカの大きな特性だと考えられるが、それはなぜなのだろう。この問いに答えるためにニホンジカの進化を考えてみることにしよう。この問題を考える上で重要な理論がすでに何度か紹介したガイスト博士によって提示されている。彼は一九八三年に発表した論文の中でニホンジカを含むシカ属(*Cervus*)の進化に言及し、ニホンジカをこの属の原型として次第に大型化、角の複雑化、尻斑の大型化、尾の短化、体色のコントラスト強化という一連の連続的変異を経て、最終的に北アメリカのワピチに至ったという進化過程を示した(図表75)。この考えは彼の代表的研究であるマウンテンシープにおいて提案され(ガイスト、一九七一a)、その後シカ科をはじめとする有蹄類、クマ、さらには霊長類にも拡張された分散説の一翼をなす(ガイスト、一九八三、一九八七)。この説は実に多くの内容を包含するため、ここでその全貌を紹介するのは私の手に余るが、ニホンジカの進化を考えてゆく上で関連するいくつかのポイントをあげておきたい。

この論文では、まず角に代表されるオスの外見を印象づける器官の機能は温度調節などの生理的なものではなく、社会的器官すなわち個体間の関係を示す象徴的器官であるということが強調される。おおまかに見て北方の種ほど大袈裟な器官を持つから、その発達の原因を温度によって説明をしがちであるが、北アメリカではアラスカなど周極地方よりもむしろ南部でこれらの社会的器官が発達していることから、彼は温度よりも周氷河地域であったことにこれらが発達した原因を求めるべきだとする。

ここで重要なのは周氷河（氷河の周辺地域）というのが普通考えられているように貧弱な土地ではなく、それどころかむしろ非常に豊饒な土地であるという意外な指摘である。氷河は岩を砕き、砕かれてできた小石は水とともに噴出して谷を埋める。これらは日照と風にさらされて肥沃なレス（風によって運ばれた微小な堆積物。中国では黄土と呼ばれる）となる。氷河の風下は日当たりが良いため、日照、風（チヌークと呼ばれるフェーン）による高温、季節的洪水など植物にとって一時的ではあるが生育に都合のよい条件がもたらされる。

生産性の高い夏と厳しい冬のくりかえし、つまり食糧の大きな季節変動は動物の大型化を可能にする。この変動は北にゆくほど振幅を増す。（ただしこの説明は正しくなく、動物のサイズを決定するのは振幅の大きさではなく、食物供給期間の長さであることを一九八七年の論文でガイスト自身が訂正している。私はガイストの、このように自分自身の考えそのものにも常に疑いを持ち続け、必要あらば潔く訂正して行くという研究態度にも大いに魅力を感じる。）

図表75：シカ属の適応放散。北方の寒冷乾燥への進化の過程で大型化、角の発達、体色のコントラスト強化、尻斑の発達など一連の形態的変化を生じた。
A・ニホンジカ(*Cerus nippon*)
B・ハングル(*C. elaphus affinis*)
C・ブカラジカ(*C. e. bactrianus*)
D・イズブルジカ(*C. e. xanthopygos*)
E・ワピチ(*C. e. sibiricus-nelsoni*)
F・東欧のアカシカ(*C. e. maral*)
ガイスト（一九八七）より。ガイストは一九八三年に発表した図を修正し、ハングルの尻斑にはさらに修正を加えている（私信）。

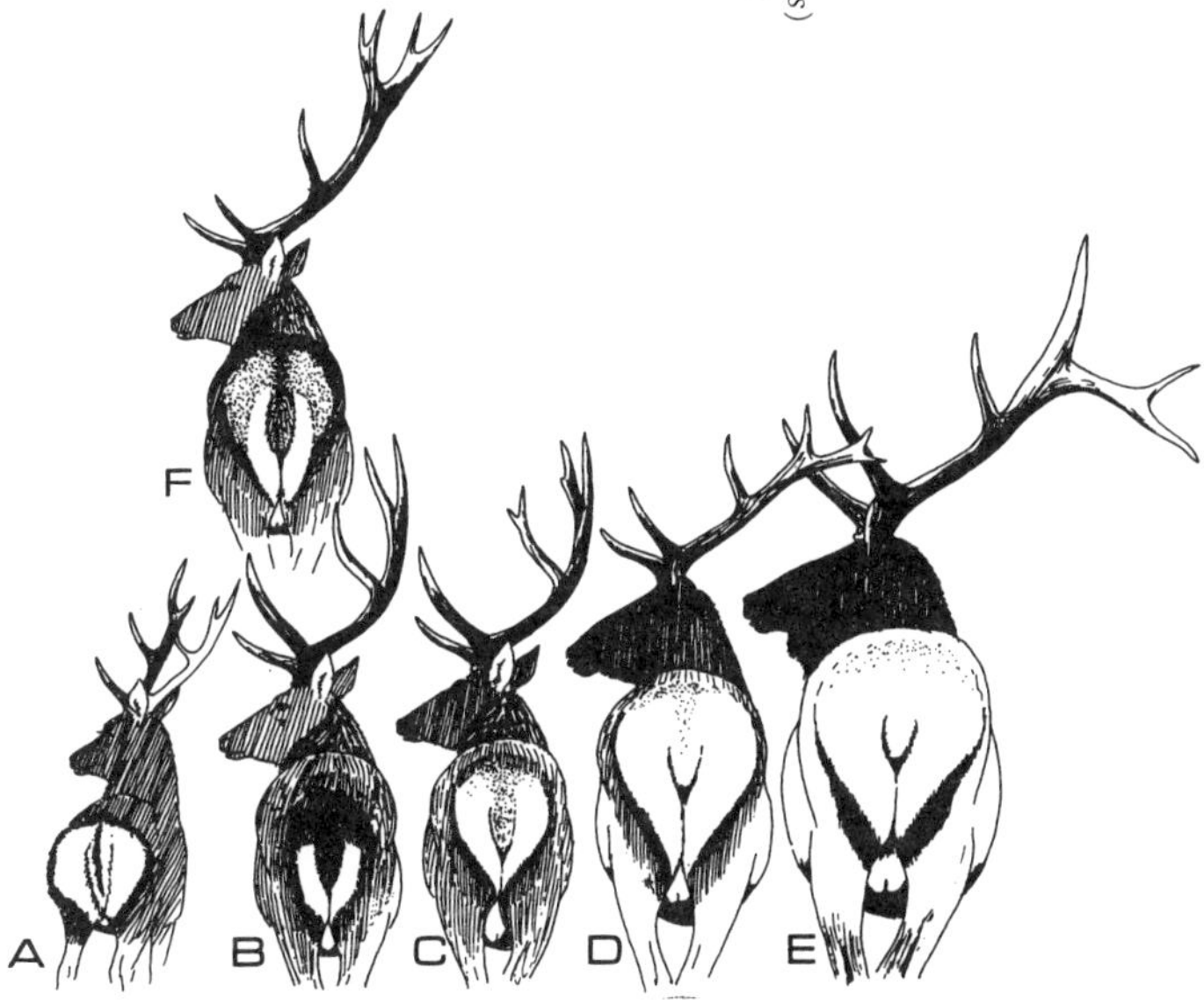

このような新天地に侵入した有蹄類は夏のあり余る食物に出会い、大型化し、活動的になる。彼らは生長が速く、角などの社会的器官は著しく発達し、繁殖が盛んで、常に動き廻り、社会的活動も活発である。このため闘争（食物をめぐるものではなく、メスをめぐる繁殖のためのもの）が激しく、死亡率は高い。彼らはパイオニアとして常に新しい土地へ進出して行くので、ガイストは彼らを「分散型」と呼んだ。

これに対して、侵入した時から十分に時間がたち、個体数が増加して土地の収容力いっぱいにまで達したような個体群はこれとは対照的な性質を示す。すなわち栄養状態が悪いため、体は遺伝的可能性のはるか低レベルで止まるため小さく、繁殖力は低く、個体間の社会的干渉が少なく、無気力である。彼らはその土地から出て行こうとせず、生息地の中の食糧を有効に使おうとする。その意味でガイストは彼らを「維持型」と呼んだ。[*17]

分散型ではことにオスの闘争は熾烈なものとなり、相手を死に至らしめることもまれではない。ガイストの豊富なフィールドワークはこのことを確認したが、その上で彼は、マウンテンシープのオスの闘争においては無用のダメージを回避するために、洗練された威嚇、大袈裟なディスプレーが発達していることを発見する。

この考えは、なぜ氷期を通じて大袈裟な角や外見のグロテスクな哺乳類がかくも急激におびただしく出現したかを説明した。マウンテンシープというひとつの種の行動観察から出発し、これを氷期の哺乳類の進化、そして第四紀学にまで発展させたガイストの碩学と理論展開力はまことに見事というほかない。

ところで**図表76**のシカ属の各型の地理的分布は**図表75**に対応する。その源とされるニホンジカはインド北部に起源することになっている。その実態がはっきりしないのでガイスト博士に手紙を書いたところ、この図は暫定的なもので現在では大幅な修正を要すとのことであった。そしてニホンジカの起源はベトナムあたりと想定しているという（一九九〇年五月八日私信）。

いずれにせよニホンジカの故郷は東南アジアにあるようだ。そこは高温多湿であり、熱帯雨林が卓越する地である。ここには現在でも非常に古いタイプのまま進化を停止したかのような動物群が生息している。その中からこの温室のような環境を脱した動物群がいた。その進化の道程は南から北という方向であり、これは温暖から寒冷、湿潤から乾燥という環境変化をともなう。これは植生からすれば森林から草原への進出であり、シカにとっては視界の悪い環境から良い環境への変化である。すでにふれた食性の類型から言えば、ブラウザーからグレイザーへという変化と見ることができる(第四章一節)。シカ属ではヨーロッパに達したアカシカがひとつの発展型であり、アムールからベーリング陸橋を渡って北アメリカに達したワピチはこの属の究極であると考えられてい

図表76‥図表75のシカ属の放散経路。文字は図表75に対応。ガイスト（一九八七）を私信により一部修正。

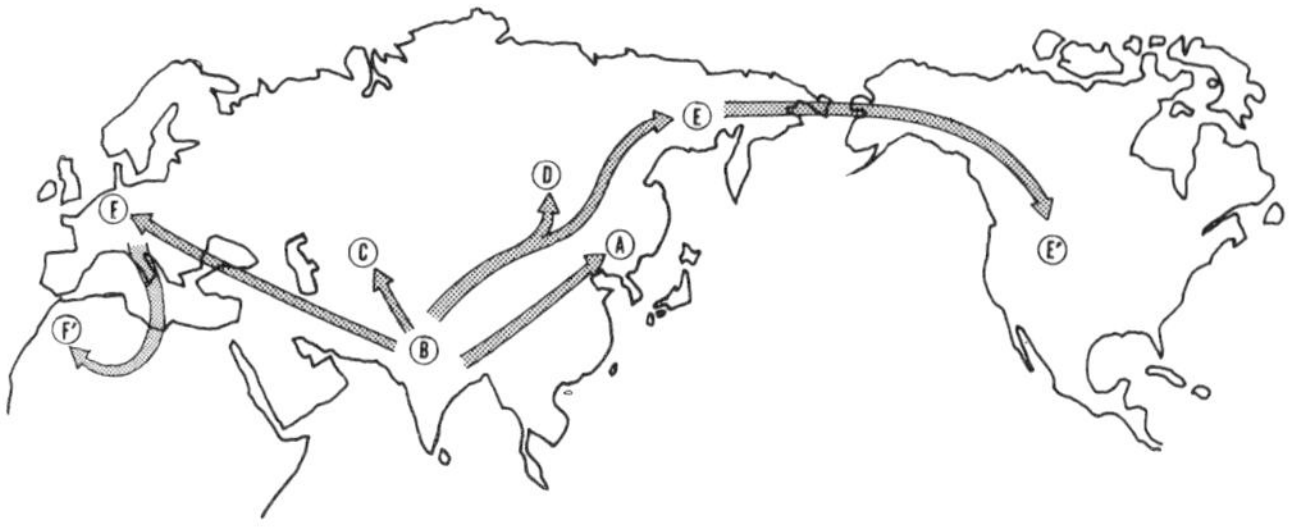

る。ガイストはアジアにおけるワピチに対応的なシカとしてチベットのクチジロジカをあげ、両種が系統的には離れているにもかかわらず多くの共通点を持つことを指摘し、これらがともに極めて寒く乾燥した高地への適応過程による一種の収斂現象（系統の異なる生物が環境の影響によって似た形質をとる現象）であるとした（ガイスト、一九七一b、一九八三、一九八七）。実際この両種の共通性は驚くべきものがあり、彼の理論を強力に指示する例と考えられる（**図表77**）。

このようにシカ属をながめてみると、南は亜熱帯の森林から北は大陸北部あるいは高地のステップに至る、実に多様な環境への適応を果たしたことが理解される。このうちニホンジカだけをとりあげても現在の分布範囲は意外に広いことがわかる。すなわち北はアムールから南はベトナムに至る東アジアの沿岸部を被っている（**図表78**）（大陸にいるシカをニホンジカというのは奇妙に聞こえるが、これは *C. nippon* を和名で呼んだためで、もちろん中国には梅花鹿という名前がある。ちなみに英語では sika deer で通っている）。現在のところ湿潤アジアの

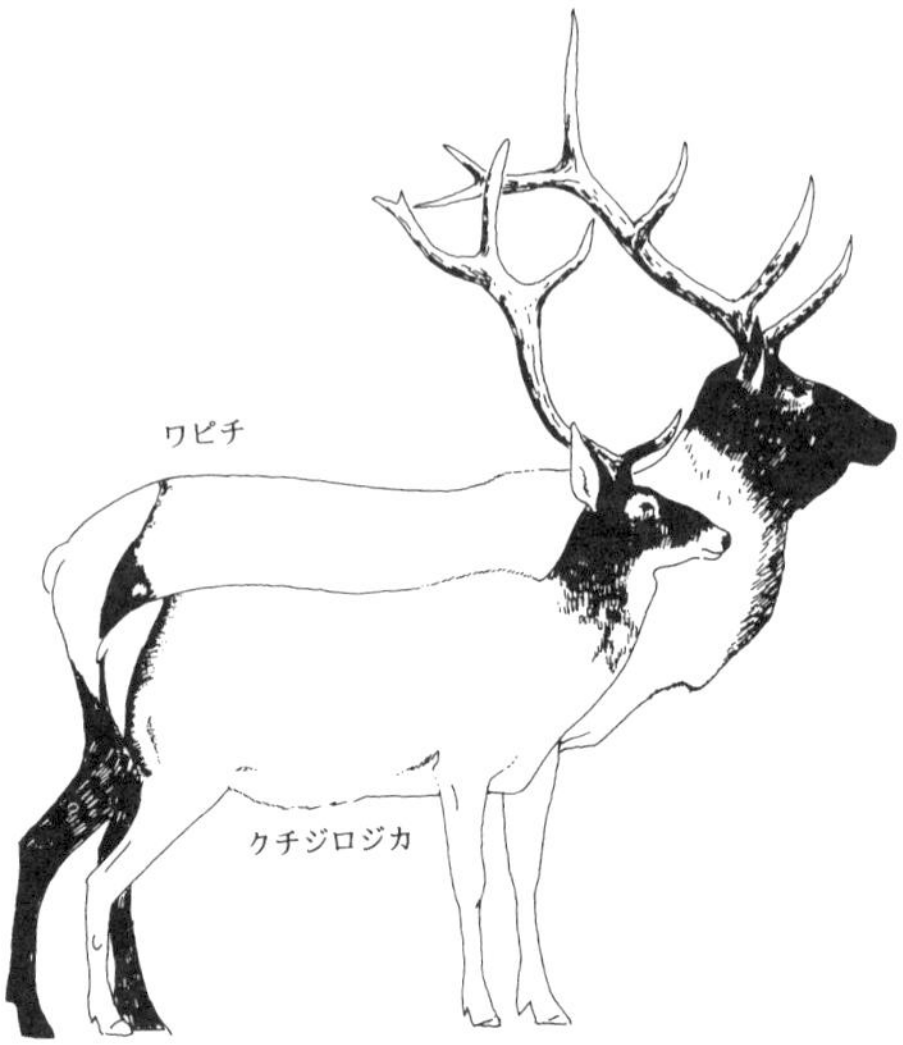

図表77：ワピチとクチジロジカは系統は離れているにもかかわらず、よく似た環境へ適応したため形態的に共通性が大きい。ガイスト（一九八七）より。

ニホンジカに関する情報ははなはだ乏しい。しかしこれまでの考察によれば、そこに住むニホンジカの祖先型に近いシカは小型で森林に生息するブラウザーであると予想される。中国北部のニホンジカはエゾシカに近いものと思われるが、そこは落葉広葉樹林が卓越する地域である。私は中国に行った時、四川省の奥地に住むニホンジカの生息地の写真を見せてもらったが、そこはイネ科の草原の中に所々落葉広葉樹が生えるサバンナ状の場所であった。このようにニホンジカもまた実にさまざまな環境に生息している。

とはいえこれらの分布域を見ると、ニホンジカは北方針葉樹林や乾燥地域には進出しておらず、その分布は温帯を中心として森林地帯を遠く離れることはないことがわかる。これはシカ科全体に関していえることだが、ウシ科においてはカモシカのような森林生のものからアルガリやブルーシープのような岩場適応型、さらにはガゼルやチルーのような典型的な草原生のものまで分化していることを考えると、シカ科は基本的には森林から抜け出すことができなかった動物群であるということができよう。

この森林的環境と草原的環境に関してガイスト・ベイヤー(一九八八)は、シカ科における性的二型(オスとメスとの違い)と生息地との関係に言及し、興味深い指摘をしている。シカ科はオスの角に代表されるように性的二型の明瞭な動物であるが、性差は体のサイズにも認められる。ガイスト・ベイヤーは既往の文献を検討して、シカ科におけるオスとメスの体重比を比較した。すると森林棲の小型種でオスがメスと同じか、一二〇%程度であったのに対して、アカシカやトナカイのような草原棲の中大型種では一八〇%から二〇〇%と性差が非常に著しい傾向のあることがわかった。彼らは同一グループ内での比較が可能なシカ属(*Cervus*)を特にとりあげ、オス、メスの体重比がニホンジカ、

図表78：
ニホンジカ（広義）の分布。
ホワイトヘッド（一九七二）より。

アカシカ、ワピチの順に一六〇％[*18]、一七八％、一三八％であることに注目した。ワピチはオスは三五〇キロにもなる非常に大型のシカであるが、角はアカシカに較べれば相対的に小さい。シカの角はウシ科のそれと違い、半分以上の無機物を含むから、ミネラル含量の低いイネ科草原では十分な大きさの角は発達できないのかもしれないとしている。ワピチはまた走行に適しており、このようなことから彼らはワピチをこのグループにおける草原適応型と考えている。トナカイもまた典型的な草原適応種である。その体重における性差は非常に大きいが、メスにも角があるという点で特異なシカである。

　これらのことからガイスト・ベイヤーは草原適応型の群居性のシカではメスによるオス類似が発達するのだと結論した。しかしこの結論はかなり強引であり、またオス類似の主な理由を行動学的なところに求めているが、その説明は不十分であるし、それだけで説明がつくとは考えにくい。私は、この論文はいわゆるジャーマン・ベル原理が全く一方向の傾向を持つのではなく、極端な草原棲のシカでは再び性的二型が小さくなる、つまり性的

図表79：林縁はシカに隠れ場と採食場とを提供する。林縁は森要素と草原要素の出会う場所であり種の多様性が高く、また放置されれば藪から森林へと遷移が進行してゆく不安定な場所でもある。

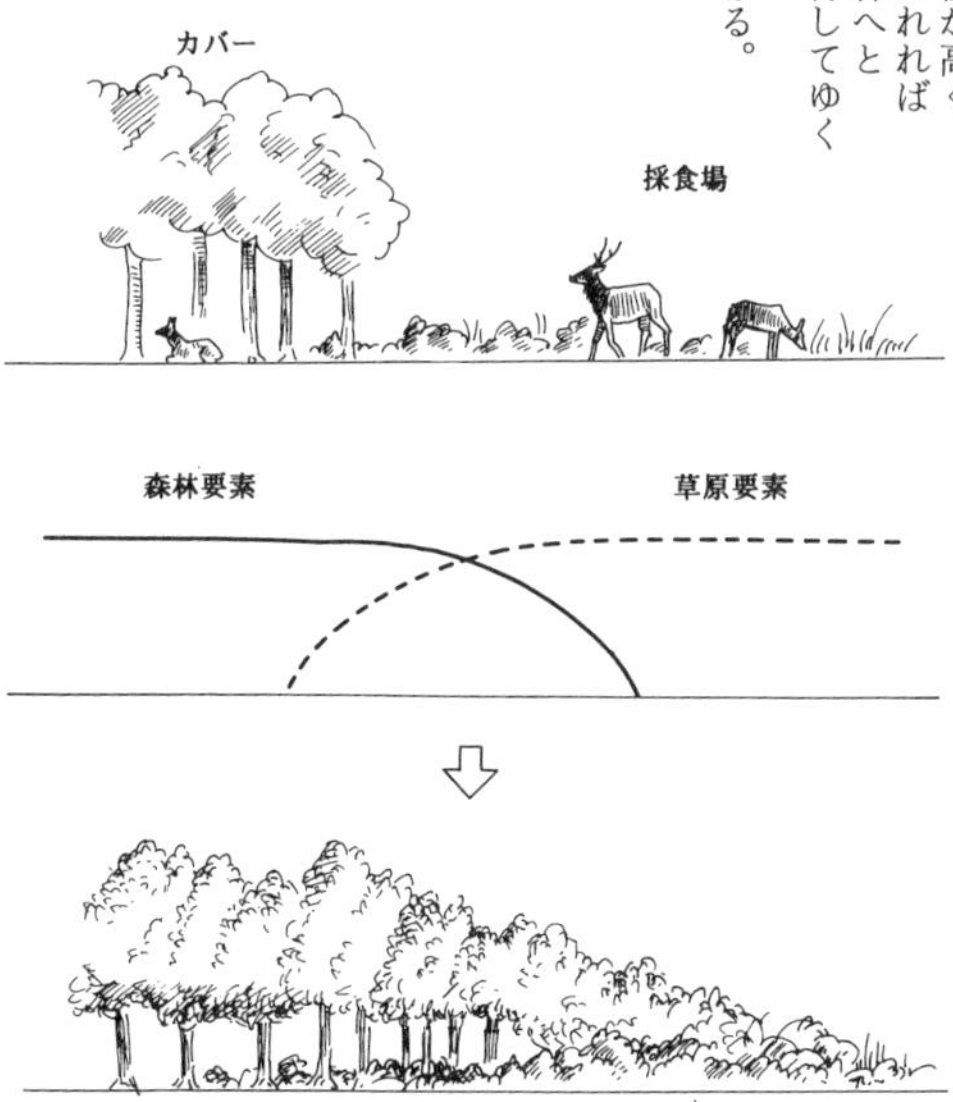

二型は森林と草原の中間域に生息するシカで最も大きくなることを指摘したという点が重要なのだと思う。(彼らはこの説明を根拠にニホンジカを森林棲としているのだが、ニホンジカのオス、メスにおける体重の差六〇%というのは、やはり性差が大きいと見るべきであって、私はこの文脈から言ってもニホンジカは林縁的なシカと位置づけるべきだと思う。)

　ところで林縁的というのもあいまいな表現であるが、シカの生息地という観点からすれば森林とは食物は豊富ではないが季節変化は小さく、安定しており、捕食者から隠れるのに都合が良い環境であり、これに対して草原とは食物が豊富ではあるが、季節変化が激しく、不安定で予想が立てにくく、広々としているため外敵にさらされやすい環境であるということができる(図表79)。いずれが好適であるかは動物の性質によって違うのであり、ジャーマン・ベル原理はこれを草食獣のサイズとエネルギー要求によって見事に説明した(第四章一節)。林縁とはそれらを兼ね備えた場所であり、中間型のニホンジカにとってはこのような場所こそが最適であると考えられる。後述するように広域伐採をしても森林から二〇〇メートル以上は離れようとしないこと(第五章二節)、細長い伐採帯を好むこと(第五章二節)、そして自然林を伐採した後に急激に個体数を増加させたこと(第六章二節)などは、いずれもニホンジカの林縁適応者としての性質と考えれば理解できるだろう。

　林縁とはまた森林と草原とが接する場所であり、光や温度といった物理的環境要因も複雑であり、したがって生育する植物も多様である。それと同時に遷移が進めば森林に、後退すれば草原にと変化してゆく、不安定な場所でもある。このような環境に適応するためには一定の性質に特殊化することは不利であり、さまざまな性質に幅を持たせることが重要となるであろう。私はこのようなニホンジカの性質こそが日本列島の多様な植生に応じてさまざまな食性をとることを可能にしたのだと考えている。
ここで再び日本列島におけるニホンジカに戻ってみよう。この列島は南北に長く、しかも中緯度に位置しているために亜熱帯の南西諸島から暖温帯の西日本、冷温帯の北日本と、はなはだ多様な自然を包含している。これらはほぼ大陸の気候帯そして植生帯に対応する。日本列島のニホンジカはそのすべてに分布しているが、ここでは一層コンパクトにつめこまれているようだ。暖温帯の常緑広葉樹林に生息するものは中国の暖温帯のものと対応できるようである。

ここに生息するニホンジカの中から落葉広葉樹林へ進出する一群があった。この過程で明瞭な季節変化に出会い、食物の乏しい冬を克服するために夏の間に脂肪を蓄えるとか、高い初期死亡率をカバーするために繁殖率を高めるなどの適応をする必要があったろう(第四章三節)。また冬になると群れサイズが大きくなるのは、群れが大きければ外敵を発見しやすくなることを考えると、オオカミに対する適応行動なのかもしれない(第二章三節)。

ところで北日本の冷温帯の落葉広葉樹林は林床をササが被っているという点で日本列島に特徴的である。ササの存在はシカの生態にとっては一層重要な意味を持っている。すでに繰り返し触れてきたように、これらのシカにとって、越冬する上でふんだんにあって常緑であるササは他に代えがたい重要な植物である。シカ属では最大級に達している第一胃の発達もササの消化に対する形態的適応とみることができる(第四章一節)。彼らは常緑広葉樹林を抜けてミヤコザサに出会ったシカであるということができよう。

しかしニホンジカは多雪域には進出できなかった。シカの骨はイノシシのそれとともに全国の縄文遺跡から出土されており、かつてはシカの分布は現在よりもはるかに広く、かなりの積雪地にも生息していたと考えられるが、そのような地域では大雪の時に個体群が壊滅的な打撃を受け、これに人間による狩猟圧が加わって、次第に雪の少ない地域に閉じこめられることになったのであろう。

今後のニホンジカの研究は東アジアにおける本種の位置づけという視座を保ちながら進められる必要があろう。

第五章　応用問題

これまでの章で私は五葉山のシカの生態をミヤコザサとの関連を通して紹介してきた。これらの調査は主として県立公園である五葉山の自然林で行ったものであるが、現実にはシカは公園外にも生息している。これらの場所では人間の生産活動が行われているため、自然植生には見られない現象も見られる。以下の三節では、いわばこれまでの応用問題としての人為活動にともなうシカおよび植生の問題をとりあげることにする。

一　牧場

五葉山の麓、赤坂峠の西方に五葉牧野と呼ばれる牧場がある。北上山地は山頂部がなだらかなので、伝統的にこの部分と山麓部とが放牧地として利用されてきた。五葉山一帯でも五葉山そのものを除けばこのような牧場が多く、波打つ地形とあいまって独特の景観を呈している(図表3)。五葉牧野はこれらとは違い、一九七二年（昭和四七年）に作られた新しい牧場である。もともとはコナラ林であったものを開墾し、牧草を蒔いて牧場としたものである。

ここはシカをよく見かける場所のひとつであった(図表80)。私達は調査の合間を見ては、夜中にサーチライトを持ってシカを見に出かけた。このライトを照らすと、牧場の中に金色に輝くシカの目が見つかる。シカは何が起きたのかわからないのだろう、逃げもせずじっとこちらを見つめている。視線がずれると金色が緑色がかったり、オレンジ色がかったりする。シカが一〇頭、二〇頭いる時には、そのさまざまに輝くシカたちの目が動いて、あたかもクリスマスツリーに点滅するライトのようだ。

このようにかなりのシカがこの牧場を利用することを知っていたので、シカと放牧されている牛との干渉を調べてみることにした。そしてその年（一九八三年）研究室に入ってきた中野（章）君にこれを受け持ってもらった。

我々が知りたいと考えたのは、シカたちが牧場を利用する程度がどの程度であるのかという点と、シカたちは牧草を採食しているようだがこれは牛の食性とどういう関係にあるのだろうかという二点であった。そこで、シカによる牧場の利用度は糞の量によって、またシカと牛の食性は糞分析によって調べることにした。

この年、牛の放牧は五月一〇日に始まり、一〇月二三日に終わった。放牧された牛の数は五四頭であり、一へ

図表80：冬になると五葉山の麓にある牧場でシカをよく見かけるようになる。

クタール当たりの密度は二・二頭であった。牧場内のシカ糞密度は夏の間は低かったが、一〇月上旬以降になって桁違いに増加した（**図表81**）。

シカの増加は基本的には高地からのシカの下降によるものであることは、センサスなど他の情報や観察から明らかなのだが、しかしこの極端な変化はそれだけでは説明しきれず、我々はこれを牛の存在と関係があるものと考えた。一〇月の四日に糞を回収をした後、次に回収したのは十二月一〇日であり、牛を牧場から引き上げたのが一〇月二三日であったから、正確なことは言えないのだが、糞の急増はこの後に起きた可能性が大きい。これは牛が牧場にいるのをシカが嫌って、牛がいる間は牧場に入らないためだろう。その後、シカの糞密度は一二月以降やや減少するのだが、これはこの冬は雪が多く、牧場にも一メートル近くの雪が積もって、かなりのシカがさらに低地に降りたためである。それでもこの期間の糞の平均密度は一〇月以前のそれに比較すればはるかに高かった。

次に我々が調べたのは牛の糞組成である。牛の糞中に

図表81：牧場におけるシカの糞密度（粒／ha・日、平均値±標準偏差）。

期間	粒/ha・日
1983年5月5日-6月30日	73.3 ± 106.9
7月2日-10月3日	11.2 ± 33.1
10月5日-12月10日	3448.0 ± 2032.6
12月11日-1984年5月3日	1626.9 ± 767.7

は牧草類が多く、ことにオニウシノケグサは五〇％ほどを占め、カモガヤ（チモシー）やナガハグサ（ケンタッキー・ブルーグラス）、コヌカグサ（レッド・トップ）、シラゲガヤなども検出された（**図表82**）。ミヤコザサは一七％ほどであった。注目されるのは七月の組成と一〇月のそれがほとんど同じであったという点である。これは、牛たちが牧柵に囲まれ限られた空間にある植物を採食していることを反映しているのだろう。

この糞組成を牧場の牧草の組成と比較したのが**図表83**である。[*19] オニウシノケグサは牧場内でもかなり多かったが糞中にも多く、選択性はかなり高かった。カモガヤは選択性がやや低く、コヌカグサは明らかに選択性が低かった。ミヤコザサは牧場内にほとんどないのに糞中には一七％ほど出現し、選択性は非常に高いことを示していた。逆にワラビは糞中に全く出現せず、よく知られるように家畜が好まない植物であることを示していた。

シカの糞も牧場内で拾ったのだが、牛の場合と違い明瞭な季節変化が認められた。シカの場合、生息地の中を自由に動き廻り、牧場だけを利用していないためにこのような変化が生じたものと考えられる。糞の組成はミヤコザサとイネ科が重要で、互いに補い合うかのように変化した（**図表84**）。まず四月にはオニウシノケグサとイネ科（葉以外の部位も含む）が多かった。ところが七月にはミヤコザサが六〇％以上という高率を占めた。この時期にはミヤコザサが葉を展開しており、葉は水々しく、葉中のタンパク質含量も高く、一年で最も栄養価の高い時期だから、シカが好んで採食する。一〇月には再びミヤコザサが減少し、オニウシノケグサが再び増加すると同時にカモガヤも重要になる。これはこの時期、ミヤコザサの葉が成長しきって堅くなり、まだ牧草類が青々しているからであろう。しかし秋になって植物が枯れ、冬が進んでゆくにつれて、常緑性であるミヤコザサが再び増加し、二

図表82：放牧牛の糞組成（%、平均値±標準偏差）。

	7月2日	10月6日
イネ科	76.6 ± 10.5	73.7 ± 9.8
オニウシノケグサ	53.2 ± 8.4	45.9 ± 10.0
カモガヤ	5.5 ± 5.0	9.9 ± 6.8
ナガハグサ	0.8 ± 1.2	1.1 ± 2.2
コヌカグサ	0.8 ± 1.2	2.2 ± 2.7
シラゲガヤ	1.2 ± 2.0	1.2 ± 2.2
シバ	0.2 ± 0.9	-
その他*	14.9 ± 5.1	13.4 ± 5.4
ミヤコザサ	17.0 ± 8.2	16.6 ± 8.9
スゲ類	0.2 ± 0.6	0.4 ± 1.4
他の単子葉植物	2.5 ± 3.2	0.6 ± 1.1
双子葉植物	0.7 ± 1.9	5.0 ± 4.7
不明	3.0 ± 4.1	3.7 ± 3.1

*イネ科の葉以外の器官

図表83：牧場内の植物量とイブレフの選択指数（E・I）

植物	現存量（g/m²）	(%)	E. I.
オニウシノケグサ	45.2	21.8	0.42
カモガヤ	18.0	8.7	-0.23
ナガハグサ	4.9	2.4	(-0.49)*[1]
コヌカグサ	46.0	22.2	-0.93
シラゲガヤ	4.9	2.4	(-0.33)
ホソムギ	7.3	3.5	(-1.00)
シバ	-	-	(1.00)
他のイネ科	8.2	4.0	0.58
ミヤコザサ	0.4	0.2	0.98
スゲ類	0.7	0.3	(-0.24)
シロツメクサ	13.1	6.3	-*[2]
他の双子葉植物	5.7	2.7	(-0.59)
ワラビ	47.9	23.1	-1.00
その他	4.7	2.3	(0.14)

*[1] 括弧内は現存量，糞組成のいずれもにおいて10%以下だったもの

*[2] 糞中では同定されず

度目のピークをとる。しかし冬の間、ミヤコザサを食い尽くしてしまうため、さしものミヤコザサも二月以降は減少してゆく。この間、「その他」で示したカテゴリーが増加しているが、その主体は木質繊維であった。この結果はシカたちが利用できる葉を食い尽くして低木類の枝などまで口にするようになったことを示しており、このことは野外観察でも裏づけられた。

牛とシカの糞組成から両種の食物の重複の程度を調べてみた。[*20] その結果、両種の食べ物の組成は七月に三四・九%、一〇月では五五・九%重複していることがわかった。牛の放牧中はシカがあまり牧場に入らないとはいうものの、この重複はかなり大きく、これだけ重複していれば牧草の奪い合いという競合関係もあると考えてよいだろう。

いずれにしても、冬にシカがかなりの密度で牧場に侵入して牧草を生え際まで食べてしまい、牧場はまるでみすぼらしい芝生のようになってしまう。このため翌年の牧草の生育は明らかに阻害されており、これによって牛の食糧事情に悪い影響が生じている。

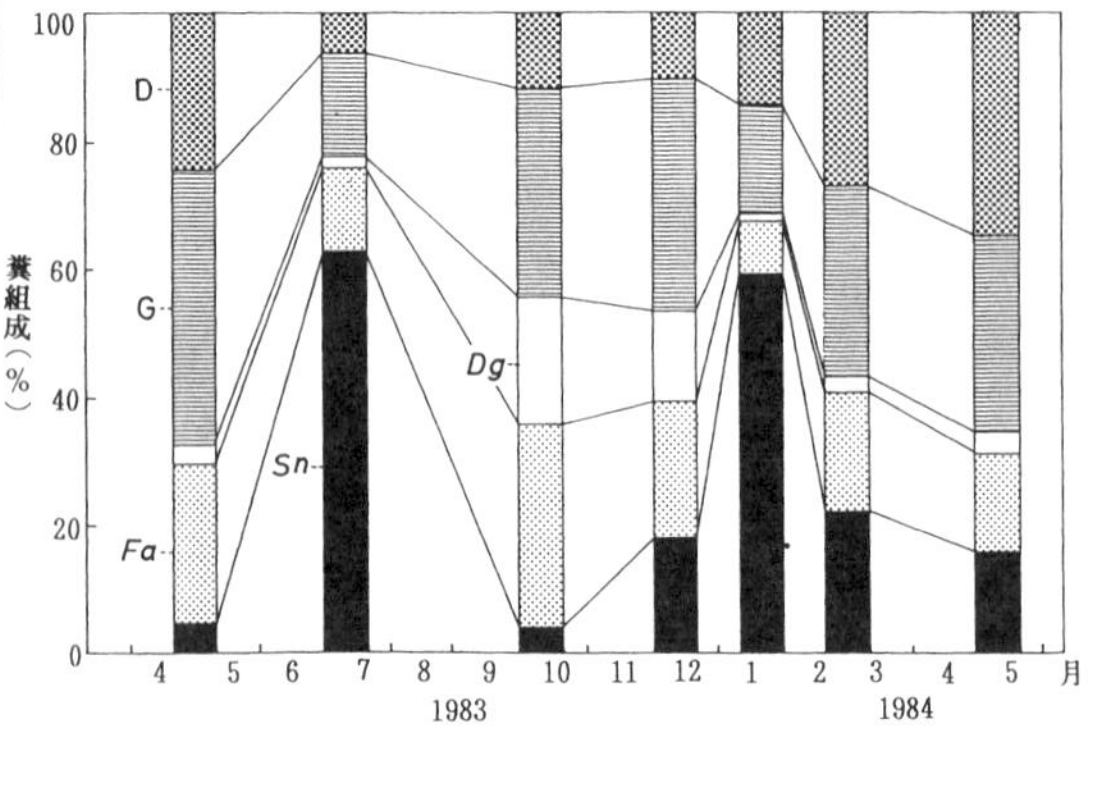

図表84・五葉山の麓にある牧場におけるシカの糞組成（%）。ミヤコザサは初夏と冬に増加した。

S_n・ミヤコザサ
F_a・オニウシノケグサ
D_g・カモガヤ
G・他のイネ科
D・双子葉植物

二　伐採

(一)　広域伐採

第一章で紹介したように、北上山地の自然植生は意外に古くから人の営みの影響を受けて来た。薪炭林としての林の利用はその代表的なもので、コナラやミズナラの林は一〇年余りの周期で伐採されてきた。薪炭生産は北上の重要な産業であり、かつて岩手県は全国一の木炭生産県であった(岩手県、一九八二)。また戦前は軍馬の産地であり、また戦後も自動車が普及するまでは馬が重要な交通、運搬の手段であった。いわゆる南部駒である。そして彼らを養うため、民家は曲屋《まがりや》と呼ばれる、馬舎を取り込んだ独特の形のものを発達させた。このため人々は馬の飼料であるススキやハギを確保するために林を伐採し、「萱場」や「萩山」を作って火入れや刈り取りによってこれらを維持してきた。しかしこれらの営みは斧や鎌によるものであるから植生への影響は規模が小さく、一種の平衡を保ちながら美しい里山が形成され、独特の景観が保たれてきた。

しかし燃料革命が起きて薪炭の需要がなくなり、また馬も過去の遺物となってしまった。そしてチェーンソー、ブルドーザーなどの機械力は林に対してまさに破壊的な威力を発揮することになる。一九六〇年代以降、日本中で森林の伐採が恐るべき勢いで進行していった。

五葉山もその例外ではありえなかった。正確な資料はないのだが、ひとつの大きな波は釜石の製鉄所が燃料確保のために行った伐採であろう。これは明治の中葉にピークとなる。一八八五年(明治一八年)には五葉山全域は自然林に被われていたが、一八八六年には炭焼きの人夫が入山し、毎年二〇〇ヘクタールのペースで伐採を進め、ピーク時にはその数は五〇〇人にも達したという。また一九〇七年（明治四〇年）には三〇〇組が入山したという記録があるから、かなりの規模で伐採が行われたことがうかがえる。その後は上記のような平衡を保った薪炭林が維持されたものと思われるが、太平洋戦争中は乱伐があったであろう。そして昭和四〇年代に入ると機械力を駆使した大規模伐採が始まる。この伐採はそれまでのものが薪炭生産を目的としていたのと異なり、燃料革命によって価値を失った薪炭林を針葉樹に変えることを目的としていた。標高八〇〇メートル前後よりも低い場所の多くは民有林であり、その多くが針葉樹植林のために伐採された。それではこのような森林伐採はシカにどのような影響を及ぼしたのであろうか。これが本節のテーマである（高槻、一九八九d）。

伐採地から林にいたる直線状の調査区をとり、植物の刈取とシカの糞の回収をすることにした（図表85）。調査区の長さは伐採地側と林内それぞれ一五〇メートルの合計

図表85：五葉山山腹にある伐採地。シカはもはや自然林の中だけで暮らすことはできない。

三〇〇メートルとし、これに沿って五〇メートル間隔に方形区をとってサンプリングすることにした。

野外作業は一九八三年の四月、七月、八月に行った。植物の調査は八月に行ったのだが、東北地方の夏は涼しいとはいえ、夏は夏、やはり暑い。しかも伐採地だからギラギラ照りつける炎天下である。手伝ってくれた学生諸君も始めのうちは楽しげにペチャクチャおしゃべりをしながら作業をしていたが、そのうち口数が少なくなり、終わりの頃はただもう早く終わって帰りたいという表情で黙々と作業をしていた。私もしばらく下を向いて作業をしていて、急に立ち上がるとクラクラと軽いめまいを覚えるほどだった。

シカの糞のサンプリングは七月に行った。この時は梅雨の雨にたたられ、惨々な目にあった。夏でも長時間雨に打たれると体の芯まで冷える。歯がカチカチと震えるのだ。いや、正確に言うとそうだったのは私だけで、

「ひどい寒さだな」

という私をよそに、手伝ってくれた学生諸君は、

「そうすか？」

と涼しい顔で言う。それまで、我々は先輩から聞いていた。雨具というのは気休めだと。ゴム合羽は丈夫だが重くて蒸れるし、藪漕ぎをすれば破れる。また薄手のものは雨を通してしまうし、傘では下半身はびしょ濡れだ。「雨の日はやめる」というのが秘伝とされながら、その実濡れながら作業をするのが我々の「伝統」であった。雨具にお金をかけるのは無駄のように言われていたが、ここにも革命が訪れていたのだ。この時が私をして学生諸君の使っていたゴワテックスという新製品を買う決心をせしめた時だった。

その翌日は雨が上がり、作業は順調だった。別の用事があったので先に公民館に帰っていた私に、糞集めを終えて夕方帰ってきた佐藤（千佳夫）君が言う。

「変でしたよ、途中で急に糞が少なくなったんです。」

彼らには私の予想を言ってなかったが、私には期するところがあった。

その問題点を紹介しよう。

我国のシカの生態学的研究も近年本格的になりつつあるが、伐採の影響のような応用的な研究はまだ手つかずだ。そこで北アメリカの文献を探してみたところ、いくつか見つかった。例えばオジロジカ（クルール、一九六四、ペンジェリー、一九六三）やミュールジカ（ワルモ、一九六九、レイノルズ、一九六九）などは自然林よりもむしろ伐採地をよく利用するという。これらはいずれも伐採によって食糧となる植物が増加したためと考えられている。しかし興味深いことに、その効果はシカの種類によって微妙に違いがあるらしく、例えばワピチとオジロジカ（ピアソン、一九六八）、あるいはワピチとミュールジカ（エドガートン、一九七二）を比較するとワピチの方が伐採地をより好む傾向があるらしい。つまり同じ伐採が動物種によって異なる効果を持つのである。

ポイントはもうひとつある。シカの仲間は基本的に森林棲であり、伐採されて植物が増加するといっても、広々とした伐採地に出るのには心理的抵抗があるらしく、無限に進出するわけではない。その進出する距離―これ以上は進出しないという意味で臨界距離と呼ぶことにする―がまたシカの種類によって違うらしいのである。[*21] つまりこのような現象は一般化することができず、個々の現場で調べるしかない。

さて五葉山の伐採帯での結果であるが、まず地上植物の変化を紹介しよう。植物種は林内では一六種しか出現しなかったのに対して、伐採地では四九種も出現した。伐採地だけで見られたのはミヤマニガイチゴ、タニウツギ、モミジイチゴなどの陽性の低木類、オカトラノオ、オオヤマフスマ、ミツバツチグリ、オオヨモギなどの双子葉草本類、ススキ、ヒメノガリヤスなどのイネ科などであった。両方に見られたが伐採地の方で多かったものにはレンゲツツジ、アオダモなどの木本類、チゴユリなどの双子葉草本、ミヤコザサ、ホソバヒカゲスゲ、タガネソウなどであった。このように伐採地ではかつて林内にあった植物も生育を続けており、また陽性の植物が侵入したために種組成が多様になったことが示された。

植物の重量はいずれの方形区でもミヤコザサが優占しており、ことに伐採地で多かった。植物重量は林内ではごくわずかであったが、伐採地では一平方メートル当たり二〇〇グラムあるいはそれ以上もあった。伐採すると光が十分に当たるようになるため、各植物群とも軒並みに増加し、全体としては約二〇倍にもなった。

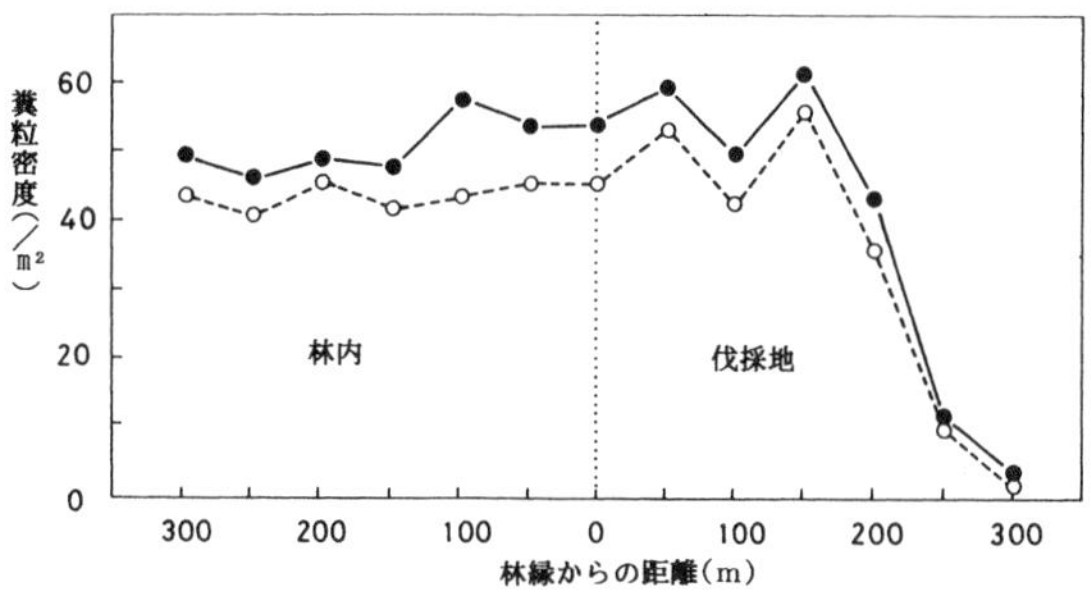

図表86：森林と伐採地におけるシカの糞量の推移。
○・粒糞
●・不定形の糞を含む
高槻（一九八九d）より。

シカによる土地利用を知るために糞の量を調べたところ、林内で多く、そのレベルは伐採地の一五〇メートルまで続いていたが、これより遠くなると急に少なくなった（**図表86**）。これらを林内、林縁から一五〇メートルまで、一五〇メートル以上の三つのゾーンに分けて、それぞれの平均値を求めたところ、それぞれ一平方メートル当たり五一・一粒、五六・八粒、一九・四粒であった。この結果は五葉山のシカにとっての「臨界距離」が二〇〇メートル前後であることを示していた。

さらにミヤコザサに残された食痕によってミヤコザサの被食率を推定し、上記のゾーンごとに比較したところ、林内では六〇・四％とかなり高かったが、林縁から一五〇メートルまでの範囲では半減して三五・六％となり、一五〇メートル以上になると急に小さくなり、わずか六・八％であった（**図表87**）。

ササの重量とその被食率がわかっているから、これを用いれば採食量も推定できる。それにはササの葉の重量に被食率を乗ずればよい。これがシカが持ち去った量である。ミヤコザサは林内では少ないため、いくら被食率が高くても「除去量」は微々たるものでしかない。林縁周辺と伐採地の外一五〇メートルまではササの量が多く、被食率もある程度高いため、除去量も大きくなる。そして二〇〇メートル以遠ではササの量が多いにもかかわらず、被食率が小さいために除去量は再び小さくなる。この結果、除去量は調査した帯状区に沿って、林縁で高くなる、麦藁帽のような形をとった（**図表87**）。

以上の結果から、伐採による影響を次のようにまとめることができる。伐採はそれまで林床に生育していた植物に突然光を注ぐことになり、それらの量を増加させるだけでなく、陽性植物の侵入を許すため、シカが利用可能な植物量は二〇倍にも増加する。この変化は林の外で明瞭であったが林内五〇メートルまで及ぶ。シカは林内のミヤコザサをよく利用するが、林内のミヤコザサの量は少ないので除去量は小さい。林縁周辺はミヤコザサの量も多く、被食率も高いからシカが持ち去るササの量は多い。しかし林縁から二〇〇メートル以上離れるとシカがあまり利用しなくなるため、ササの量は多いのだが除去量は再び少なくなる。

『狩猟獣の管理』(一九三三)という古典的名著で知られるレオポルドは、林と草地とが接している場合、そこに植物種や群落の構造的な多様性が生じるために動物がよく利用するようになることを指摘して、これを「林縁効果」と呼んだ。

我々の見た事例はまさに林縁でシカが植物(ササ)を除去する量が大きくなることを示していた。これもひとつの林縁効果とみなすことができよう。

この調査の結果は、応用的には伐採の形が重要な意味を持つことをも意味している。同じ面積の伐採でも、例えば一辺一キロの正方形と、幅一〇〇メートルで長さ一〇キロの帯状区とではシカの土地利用という意味ではまるで違う効果を持つということである。シカにとっては

図表87：森林と伐採地におけるミヤコザサの被食率(●)と推定採食量(○)の推移。推定採食量は林縁を中心に麦藁帽形になった。高槻(一九八九d)より。

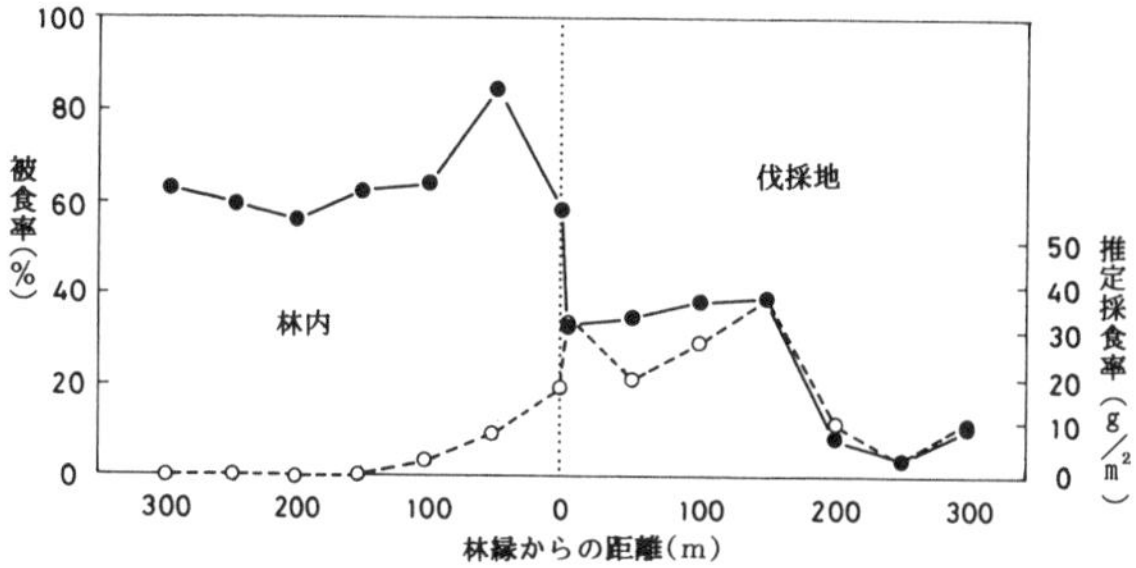

帯状区は逃避のための林と豊富な食糧がともに提供されるためにシカが集中するであろう。その結果、植林木に被害が出る可能性が大きい。もし四〇〇メートル平方程度以下の伐採地であれば、いずれの方向の林縁からも二〇〇メートル以内ということになり、やはりシカにとっては好都合ということになる。現実の日本の伐採地というのは、実はこの程度以下であるか林道沿いに帯状に伐採されることが多い。つまり小規模の伐採はシカにとって都合の良いものが多かったのではないかと考えられるのである。

（二）伐採帯

前節では広い面積の伐採が下層植物とシカの土地利用に及ぼす影響をとりあげ、伐採のサイズや形の持つ意味の重要性を指摘した。その次の段階として私にはぜひ調べてみたいと考えていたことがあった。それは送電線沿いに作られている帯状の伐採地つまり伐採帯である（図表88）。本節では伐採の応用問題といえるこの伐採帯をとりあげてみよう。

その送電線は赤坂峠をはさんで釜石と大船渡とを結んでおり、調査区は峠の西五〇〇メートルほど、標高六三〇メートルのところに選んだ。伐採帯の幅はほぼ五〇メートルであり、この伐採帯をはさんでこれに直交する長さ一五〇メートルの帯状調査区をとった。

この林は北向きの緩斜面にあり、アズサやミズナラ、アカマツ、ダケカンバなどからなる、この地方の低山帯を代表する林だった。

伐採帯における植物重量（草本と木本の枝葉）は林内の五倍程もあった。このため調査した帯状区に沿った植物重量のカーブは両側の林内で低く、中央の伐採帯で高くなる「帽子型」を描いた（図表89）。植物のうち最も多かったミヤコザサは伐採帯で林内の二倍程であった。その他の植物もほとんどが伐採帯で多かった。中でもススキは林内に全くないにもかかわらず、伐採帯では一平方メートル当たり二〇〇グラムあるいはそれ以上もあった。このほか、伐採帯ではススキ、ヒメノガリヤス、オオヨモギ、ヨツバヒヨドリ、オカトラノオ、ミヤマニガイチゴ、モミジイチゴ、クサギ、ガマズミ、ヒメスゲなどの植生遷移の初期に出現する、いわゆるパイオニア植物や林縁に出現する植物が多かった。

前節で紹介した広域伐採の場合、伐採された場所における植物重量は二〇倍にも増加したから、これに比較すると伐採帯での五倍増というのはさほど大きくないといえる。これは伐採帯が両側の林にはさまれているため、直射日光の当たる時間が短いことによるのだろう。しかし程度の差はあれ、植物の変化は基本的に広域伐採の場合と同様であった。

次に例によってシカ糞の密度を調べてみた。一九八二

図表88：調査した送電線沿いの伐採帯。幅は約五〇メートルある。

図表89：伐採帯と林における植物重量の推移。

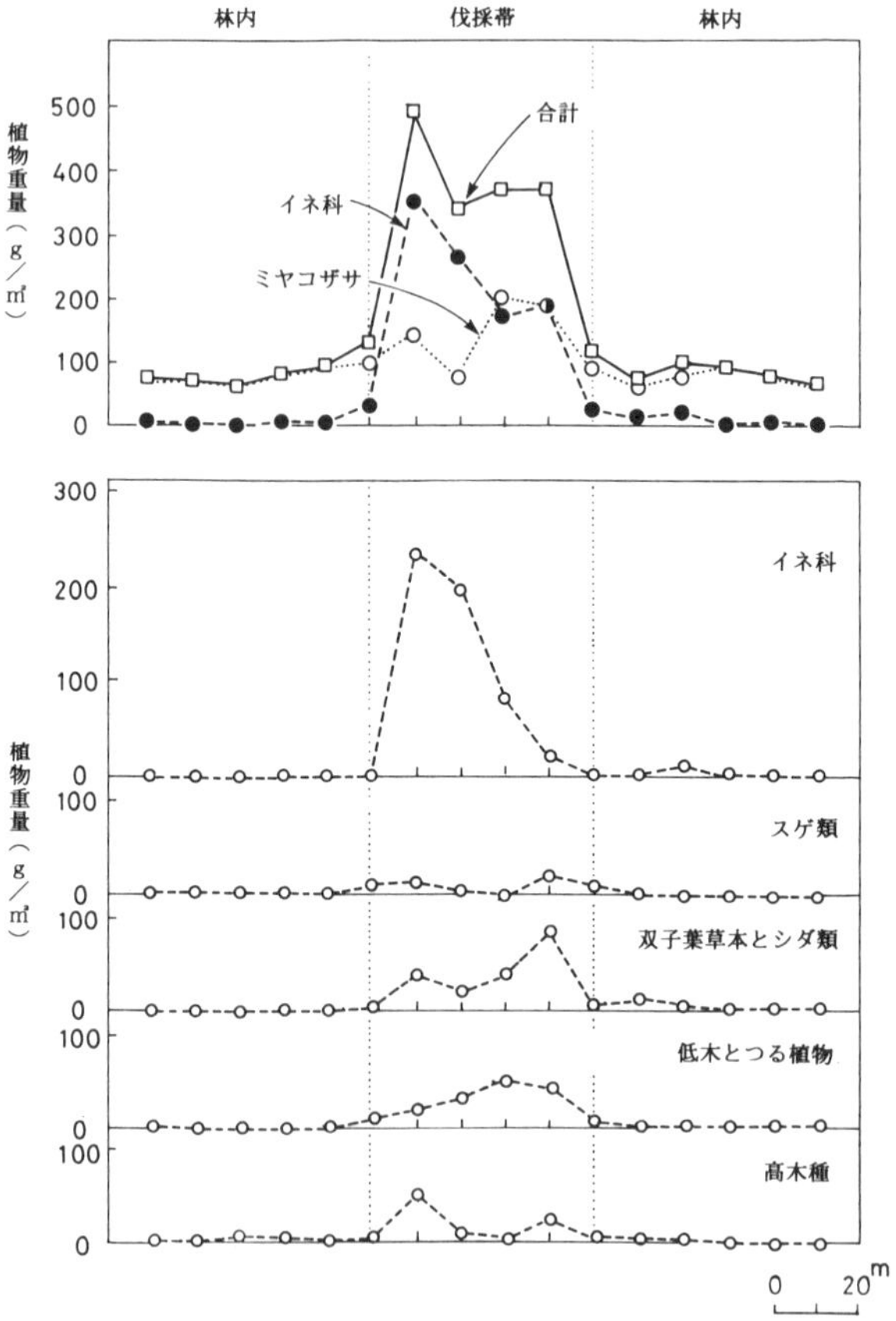

年の五月二三日に回収したところ、林内では一平方メートル当たり五六・九粒であったのに対して、伐採帯では約半分の二〇・五粒しかなかった。これは広域伐採の場合に林内と林外の二〇〇メートルまでに糞が多かったのと違い、むしろ逆の傾向である。これらの糞は主に冬の間に蓄積されたものであり、冬の間のシカの滞在時間が伐採帯よりも両側の林内で長かったことを反映している。これはシカの行動に関係することである。最も可能性の大きいのは、シカが人間の目を逃れるために林に逃げ込むということで、林はシカにとって視界を妨げる働きをしている。同時にシカは林を休息や睡眠にも利用するはずである。実際、積雪期に山を歩くと雪の上にシカたちの寝た跡が残されているが、それらのほとんどは林の中にある。これは林が見通しを遮るだけでなく、気温や風を緩和させるためではないか。こう考えて簡単な調査を試みた。

調査は一九八三年の二月九日に行った。午後三時の気温は伐採帯で摂氏零下三・五度、林内では零下二度であり、少しではあるが確かに林内で寒さがやわらげられていた。風速はロビンソン風速計で調べた。同じ時間に調べるために伐採帯と林内それぞれに風速計をセットしてトランシーバーで連絡しあう。測定開始とともに四つの半球型の風受けがカラカラと廻りはじめ、やがてビューッという滑らかな音に変わる。その結果、伐採帯では毎分三三六・二メートルであったが林内では毎分一四〇・九メートルで、これは伐採帯の四二・〇%にすぎなかった。確かに林は風の強さを弱める働きを持っていた。我々が寒さを感じるのは気温だけでなく風の強さにもよる。これらは相乗効果をもって、いわゆる体感温度として感じられる。[*22] 五葉山の冬の夜はもちろんこれよりはるかに冷え込み、時に凄まじいほどの北風が吹き続けることがある。シカは寒気を避けて林の中に入り、そこでじっと耐えるに違いない。糞の量の違いはこのことを反映していたのだ。

伐採帯でのミヤコザサの葉の重量は林内の二倍もあった。ミヤコザサに対するシカの被食率は伐採帯で八〇％から九〇％と非常に高く、シカがここで盛んに採食していたことを示していた。その結果、推定採食量、つまりササの重量と被食率の積は林内に比べて伐採帯がほぼ三倍ほど大きかった（**図表90**）。

以上の結果は、伐採帯沿いでは伐採帯がシカの食糧となる植物を増加させ、同時に、すぐ近くにシカが逃げ込んだり、休息、睡眠をとるための林があるため、全体として好都合な条件を提供することを示している。一般に異なる植物群落の接する場所では両者の要素が混じりあうことにより、そこに生活する生物の多様性が増すことが知られているが、林縁の場合は林とオープンランドという極めて対照的な群落の接点であるためにこのことがことに著しい。ただしシカにとっては前節で紹介したような広域伐採は林縁から離れすぎると心理的効果などが働いて好都合ではなくなることもある。これに対して伐採帯は長く続く林縁とみなすことができるわけで、シカに

図表90：伐採帯と林におけるミヤコザサの葉重量（●）、シカによる被食率（◐）、これらに基づく推定採食量（○）の推移。

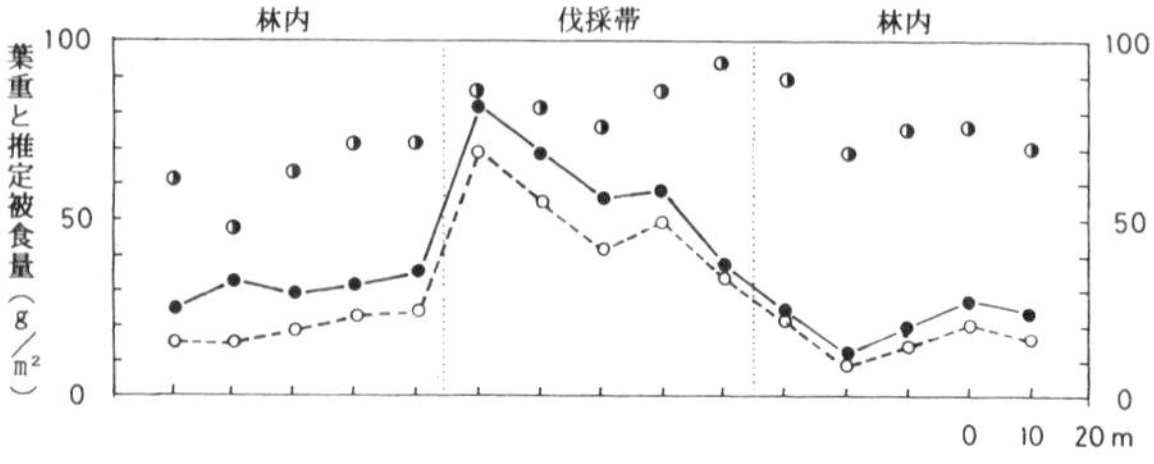

とってははなはだ好都合だということになる。

伐採帯というのは伐採のサイズと形の持つ意味を知る上での応用問題のひとつといえる。シカの生息地における伐採のサイズや形に関しては北アメリカでかなりの研究があるが、我国ではこのような研究は全くない。国土の狭い日本では野生動物と人間との生活が直接干渉しあう状況は避けがたく、我々が野生動物と共存してゆくためには、伐採が野生動植物にどのような影響を及ぼすのかを具体的に明らかにするこのような研究に積極的に取り組んでゆく必要があるだろう。

三　植林

五葉山一帯における戦後の土地利用の変化のうち最も著しかったのは植林である。すなわち、かつての薪炭林であるコナラなどの二次林がスギやアカマツなどの針葉樹人工林に置き換えられていった。林業とはすなわち針葉樹植林というのが戦後の我国の林業の方針であったといっても過言ではあるまい。それではこのような針葉樹植林はシカの生息地の植生にどのような影響を及ぼすのであろうか(高槻、一九九〇b)。

五葉山の麓、甲子と呼ばれる村落の一隅にブドウ沢と呼ばれる場所がある。ここには植林した年の違う様々な段階の林があるので、これをつなぎ合わせれば植林後の植生がどのような経過をたどるのかを知ることができそうだった。後で調べてみたらここは国有林だということが判ったので、大船渡営林署を訪ねてみることにした。目的を説明すると担当の方は理解を示され、親切に事業図を見せて下さった。この事業図には林班と呼ばれる土地単位ごとに植林後の経過年数と針葉樹（スギ）と広葉樹の割合が示してある。いわば林の戸籍簿であり、内容の濃い情報が詰め込まれている。この事業図を眺めていて面白いことに気づいた。植林というのはスギの植林とばかり思っていたのだが、スギを植えずに放置して広葉樹林の回復を図った林もあるのである。そうであれば、伐採から始まって一方は針葉樹林へ、もう一方は広葉樹林へとたもとを分かつふたつの二次遷移をたどることができる。後者は人為的な植生改変とはいえ、伐採して放置するという、その植生の持つ復元力を利用しているとみることができる。これに対して前者はそこに針葉樹を挿入することによって遷移の流れを強くコントロールするものとみることができる。これらを比較することにより針葉樹植林の持つ性格を浮かび上がらせることができるだろう。

こうして林班の情報を一覧表にして、植林後の経過年が適当な間隔になるように二一コの林班を抽出した。スギの植林は最も古いもので四三年であった。これより長く林を維持しても経済的に見合わないのだろう。一方、広葉樹林は伐採後二〇〜三〇年の林分が欠けていたが、五〇年前後、七四年、そして一〇四年というものもあった。

それぞれの林班において植林木など木本植物（高木種）の密度と胸高直径（胸の高さ、つまり地上一・二メートルにおける樹木の直径）、それにシカの食糧となる下層植物の重量を調べた（図表91）。

伐採し、植林してからのシカの食糧はどのような推移を示したであろうか。落葉広葉樹林の林床の現存量はおおむね一平方メートル当たり一〇〇グラム前後である。これが伐採を受けると急増するのはこれまで本章で繰り返し見て来た通りである。そして最初の五年ほどではスギを植林した場合と放置して広葉樹林へ遷移して行く場合とで違いが認められなかった。しかしそれ以降では両者に大きな違いが生じた。まずスギ林ではその後も主にススキの定着によって林床の植物量は増加を続け、植林

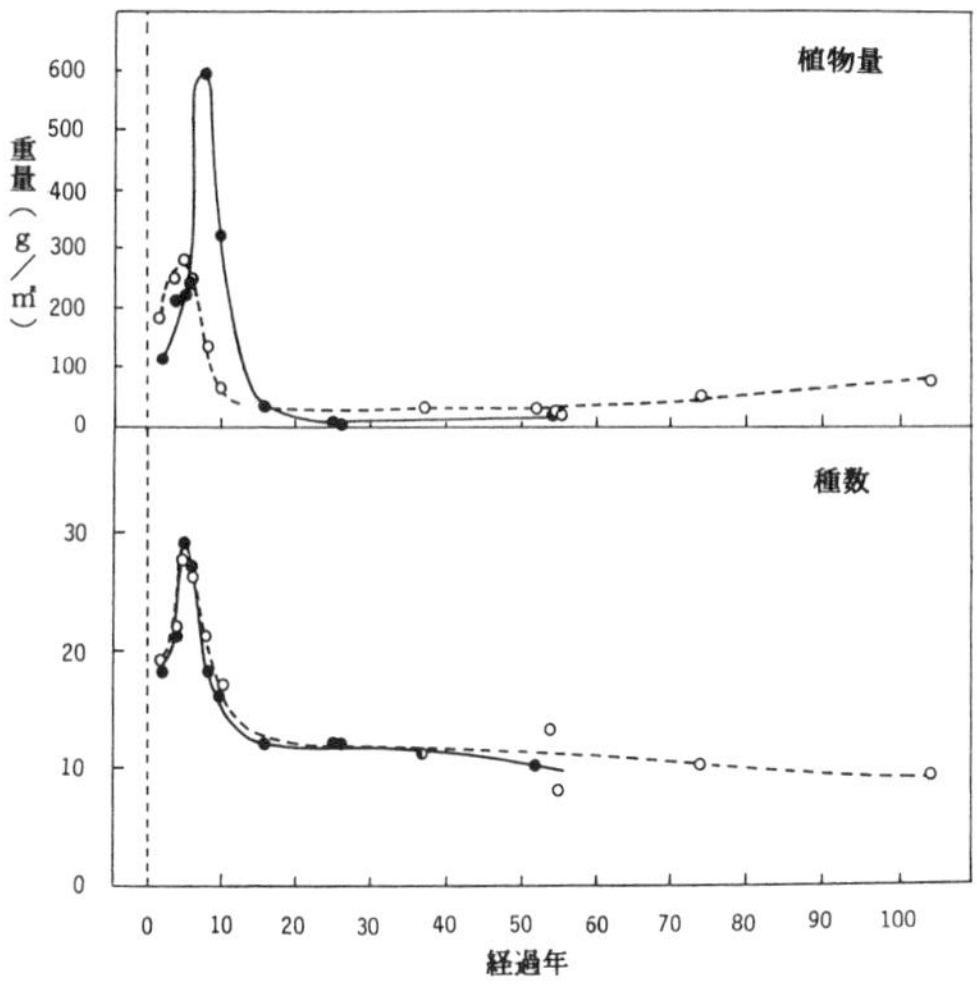

図表91：伐採後の植物量合計と種数の推移。●・スギ植林○・落葉広葉樹林 高槻（一九九〇b）より。

後七、八年でピークに達した。ところが一〇年目あたりからは今度はどんどん減少し始め、二〇年以降ではほとんどゼロに近づいた。若いスギ林の真っ暗な様子と、そこに植物が生えていないのは我々がよく目にするところだ。

これに対して、広葉樹林での植物量はスギ林よりも早く減少し、スギ林でピークに達した植林後七、八年にはすでに急激に減少し始める。しかしその後は減少せずにその量を持続し、五〇年を過ぎるとむしろある程度のレベルにまで回復した。

スギ林の場合でも広葉樹の場合でもシカの食糧として重要な比重を占めていたのはミヤコザサであり、植林後の経過をたどったこの調査によって、このササが生育するためには上層の林が明るいか暗いかが非常に重要な意味を持っていることがわかった。

緑あるいは自然に対して悪いイメージを持つ人はあまりいない。ところがおもしろいことに、どういう緑が好きですかというアンケートをとると必ず芝生が上位を占め、同時にスギ植林もかなりのランクになると聞いたことがある。これらは遠くからながめる緑に対する印象であって、実際にその緑に接したものではないのだろう。というのは芝生はさておくとしてスギ植林の中を歩くことほどつまらぬことはないからだ。ことに植林後一〇年ほどの密生した林の中は真っ暗で植物はほとんどなく、したがって昆虫も小鳥も乏しいはなはだ寒々とした世界である。戦後の植林事業は生命豊かであった雑木林をこのような暗い林に変えてしまった。

さて本節の冒頭に書いたように、スギ植林というのはこの地域のもともとの林である落葉広葉樹林にスギという針葉樹を植えて、本来であれば落葉広葉樹が再生して落葉広葉樹林に戻るであろう二次遷移をいわば無理やり針葉樹林になるように強くコントロールするものである。実際そのために下刈りや枝打ちなど、多くの労力が投入される。

その結果はシカの食糧となる下層植物の量を一時的に急増させ、そして一〇年ほどで激減、二〇年ほどでほとんど消滅させるというものであった。スギ林でもあるいは五〇年、一〇〇年も経てば林冠がすけて下生えの生育を許すのかもしれないが、最長でも四〇年程で回転させる現在の植林の仕方をとる限りこのようなパターンをとることになる。これらの林をシカの生息地として見た場合、このことは非常に重要な意味を持っている。このことが五葉山のシカの現状を理解する上でも重要なポイントとなる。それを最終章で検討することにしよう。

第六章　シカの保護管理

近年、我国の自然保護問題もようやく市民レベルで論じられるようになり、社会的関心を呼ぶようになった。自然保護に関連する問題は非常に多岐にわたり、しかもさまざまな立場からの意見があるため、常に議論が分かれる。議論が盛んになったことは歓迎すべきことだが、これが感情論に走ってしまってはいたずらに対立が大きくなるばかりである。このような混乱を乗り越えるには正確な情報に基づく冷静な議論が必要である。

自然保護は一面で土地利用の問題であり、また一面で経済学の問題でもあるが、これらと同様に重要なのは主役たる自然そのものに関する理解である。私は生態学を学ぶ者として、この生物的自然を研究をすることを通してこのような議論の一助となりたいと考えている。

私は本書の読者の多くは自然保護、とりわけ野生動物の保護に関心があるものと想定している。多くの方は野生動物のおかれた危機的状況をいたみ、その保護を切実な問題としてとらえておられるであろう。そのような読者には意外に響くかもしれないが、私は本章で、「シカは射つべし」と主張することになる。それが私のフィールドワークと分析と考察に明け暮れた一〇年間の研究のひとつの到達点であった。

なぜそうなのか。最終章である第六章ではそのことを論じ、本書のまとめとしたい。

一　野生動物保護について

(一)　五葉山のシカの価値

始めに五葉山のシカを保護することの意義にふれておきたい。五葉山のシカは北限のホンシュウジカであるから学術上貴重であり、だから保護しなければならないという説明をよく聞く。それにも一理はあろうが、しかし学術上貴重であるということにそれほどの価値を置きうるものだろうか。それが保護すべき理由のすべてであるとしたら、それは学者のエゴイズムであるという批判はまぬがれないのではあるまいか。

分布の境界であるから保護しなければならないという価値観にはどこか骨董品を重んじる感覚に通じるものがある。分布の境界であるということはその外にその動植物が存在しないということであるから、そこでは数が少ないということをも意味する。だから保護しなければならないというのは理解できるとしても、この論理を推し進めてゆくと分布の中心は保護しなくてもよいという奇妙なことになりかねない。その結果、もしその種の本来の分布中心で個体数の減少が起きているとしたらまことに皮肉なことと言わざるをえない。

同様な意味で、数が少ないから保護しなければならないという論理は見直す必要があると思う。天然記念物などに代表される、貴重だから守ろうという発想は、名所などによくある「東洋一」だとか「西日本最大」だとかいう言葉による価値観の押し売り同様、多くの場合あまり説得力のあるものではない。それが実際魅力あればまだしも、どうということのない目立たない植物に看板が付いていて「本州北限」などといわれても、一般の人にはなぜこれがそんなに大事なものなのか理解できないのが当然ではなかろうか。

説明なしに人を感動させる自然こそすばらしい自然なのであって、そうであってはじめてそれを保護すべきという言葉が理解されるといえよう。それは屋久島の縄文スギや白神のブナ林とは限らない。武蔵野の雑木林や東北地方の広々としたススキ草原なども人々を魅了するに十分なすばらしさを備えている。

五葉山のシカを守るということは、むしろそのような意味でとらえられるべきであって、実際野生のシカを見た者はたとえそれが一瞬のことであっても、その大きさと美しさに感激する。それは北限であるからでも、数が少ないからでもない。

そしてさらに重要なことはシカが日本の自然を代表する大型獣であり、シカがいるということはその生活を支える自然環境が健全であるということを意味するということである。明治時代以来の近代化、なかんずく戦後の経済復興の過程でこれらの日本の自然は我々の前から次々と姿を消して行った。その中にあって五葉山においてはシカを初めとしてツキノワグマ、キツネ、タヌキ、サルなどの中大型獣が、ハイマツ、ダケカンバ、クロベ、ヒノキアスナロ、ブナなどの森林とともに残されて来たのである。つまりシカの存在は、この山に北日本の本来の自然が保たれていることの象徴的意味を持っており、五葉山の価値はこのことにこそあるのだと思う。

私はホンシュウジカの北限であることも、学術的価値もこのような文脈において初めて説得力を持つのだと考える。

（二）「完全保護」と「保護管理」

天然記念物や国立公園といったいわゆる貴重な自然は人間生活とは隔離されて存在するのが普通である。実際上の問題を考えると、そうであるから保護することに問題が少ないともいえる。だがシカに代表されるような「普通の」自然の場合には人間の生活空間と接して存在することが多いわけであり、そこにはさまざまな軋轢が生じる。

大正から昭和初期にかけて絶滅に瀕したシカを救ったのは岩手県による捕獲全面禁止の措置であった。このことは我国の自然保護史上でも高く評価されることである。しかし、その結果一九七〇年代になって個体数が著しく増加し、農林業への被害が深刻なものとなってきた。これはシカ対策が絶滅を救助するという形で起源したために、過剰になった場合の対応が不十分であったことによる。

もっともこれは我国の鳥獣行政においてしばしば見られることで、カモシカにその典型を見ることができる。カモシカも昭和初期に毛皮と肉を目的とした密猟を含む狩猟によって減少し、一九三四年(昭和九年)には天然記念物に指定された。この指定は一切の捕獲を禁止するものである。このような保護をここで「完全保護」と呼ぶことにする。完全保護の結果は決まって「増え過ぎ」と、これに伴う被害問題の発生である。カモシカの場合、全国各地で被害問題が生じたが、中でも岐阜県、長野県では問題が深刻で、ついに一九七六年（昭和五一年）には部分的捕獲が始められた。

このような経過は五葉山のシカの場合も同様であった。一九七〇年代後半には林業被害が深刻になり始めた(岩手県、一九八二)。かつて絶滅に瀕したという過去を考えれば、当時の保護重視の対応はむしろ当然のことであったと言えよう。しかし被害が顕在化してからも同様の対応を続けて来たことはやはり反省すべきであったと思う。そこには一定の方針が示された場合にそれが容易には変更しにくいという、行政の持つ体質があるためだと考える。また、このことは保護イコール完全保護という考えから抜け出すことがいかに難しいかということを示している。

以上のように「普通の」自然に対しては「完全」保護が得策でないことが理解されると思う。このような普通の自然は原生的自然にくらべれば見劣りするかもしれない。しかし我国のように国土が狭く、また開発の進みつつある国では、このような普通の自然と人間とがいかに共存すべきかという問題はますます重要になるものと予想される。それは自然の状態を見きわめてその状態を維持すること、シカの場合であれば適正頭数を維持することである。このような姿勢をここでは「保護管理」と呼ぶことにする。

完全保護と保護管理とは、以上のような原生自然と普通の自然に対して使いわける必要があるが、同時に対象となる動植物の性質によっても同様の使い分けが必要である。すなわち繁殖力の低い猛禽類や肉食獣に対しては完全保護が必要な場合が多いが、有蹄類のように繁殖力の高い動物に対して完全保護を適用すると、必ず個体数の増え過ぎとなり問題を生じる。この意味で普通の自然環境にすむ有蹄類であるシカに対しては保護管理こそが必須であり、以下にはこのような立場から議論を進めたい。

二　五葉山のシカの歴史

現在の五葉山のシカの置かれた状況を理解するために、私はその歴史を振り返ることにした。そして手始めに狩猟統計を調べてみた。これは岩手県自然保護課の協力により一九二三年（大正一二年）以降の約七〇年分のものが入手できた（図表92）。この図から太平洋戦争直後までの捕獲数の極めて少ない時期、その後の一九六〇年代までの漸増期、そして一九七〇年代以降の爆発的ともいえる増加期という三つの時期があることを読み取ることができる。

狩猟統計の数字の信頼性には議論もあり、そのまま信用するわけにはゆかないようだが、それらの要因を差し引いても、この三つの時代に区分することに問題はあるまい。

一方、私はこれまでシカとミヤコザサ、そして植生との関係を考えて来た。そして第五章で紹介したように森林の伐採はシカの食糧事情、そして土地利用に非常に大きな影響を及ぼすことを知った。そうであれば五葉山の森林の歴史をたどることによって、シカの歴史を考えてみることもできるかもしれない。

以下ではシカの捕獲個体数を軸に、それを脇から支える植生などに関する情報を加えながら五葉山のシカの歴史をたどってみたい。

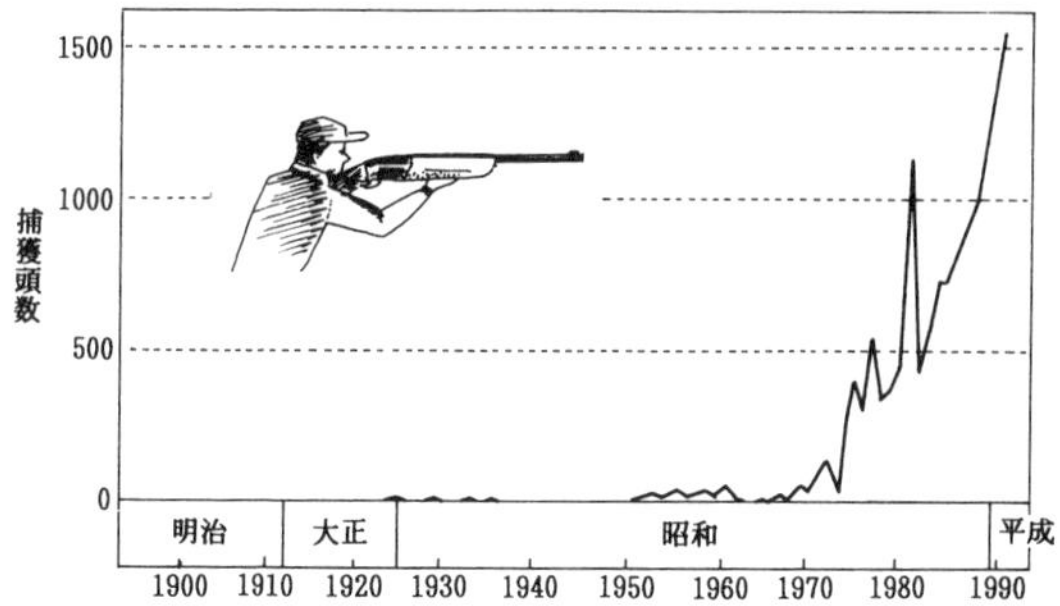

図表92：岩手県におけるシカ捕獲頭数の推移。『狩猟統計』より。

（一）　藩政時代

江戸時代以前に関しては情報が乏しいが、『岩手県史（第五巻近世篇）』（岩手県、一九六三）によれば南部領にはシカが多く、藩主はシカ猟を行ったという記録がのっている。場所は特定してないのだが、一六四七年（正保四年）一二月一二日には六六六頭、翌年一月一二日にも五九五頭を獲り、三月下旬には鹿皮を江戸に発送したとある。また一六四九年（慶安二年）一一月二〇日に盛岡市の北にある長坂山で四一七頭、一二月一三日には盛岡市北方の栗谷川《くりや》（現在は厩川と表記。盛岡市北郊）楢木沢《ならのきざわ》で一六二〇頭、さらに一六五一年（慶安四年）一二月六日には栗屋川松屋敷山、七日には長坂山と上田山（盛岡市北部）、そして九日には盛岡市北東の米内《よない》山の猟では四一四頭を獲ったという。これらは勢子《せこ》（獲物を追い出す者）を八〇〇〇人も動員する大規模なものであったが、現在では少なくも冬季にはシカのいない奥羽山系に近い盛岡付近でこれだけのシカが獲れたというのは驚くべきことで、いかに南部藩に野生動物が豊富であったかを物語っている。したがってシカの生息に適した五葉山にはおびただしい数のシカがいたに違いない。県史には辺境の三陸のことは書かれてないが、三陸町在住の橋本忠蔵氏が町広報に貴重な記事をのせている（橋本、一九八四）。それによると一七二三年（享保八年）二月、仙台藩主伊達吉村（五代）が三〇〇〇人の足軽に二五〇挺の鉄砲を持たせて気仙郡で狩猟を行ったという。現在では岩手県に属しているが、江戸時代、大船渡、住田は伊達藩の北限であった。この猟も藩境の視察という政治的目的を含んだものであったに違いない。さて一行は二月八日に越喜来《おきらい》（三陸町）に泊り、翌九日に大六山でお山追い（狩猟）を行った。その方法がなかなか興味深いので記事をそのまま紹介しておこう。

「八日昼過ぎ羅生《らせい》峠から入り、吉浜側も越喜来側も海切りまで勢子を配し、夜までに鳥頭山《うどうさん》の大船ケ作まで追い込み、夜を通してかがり火を燃やして、翌九日勢子を移動して名号ケ崎から縦に追い回し、別の一隊は大磯崎から追い込み、吉村公のいる場所を細の沢、梅の木立としてそこへ追い込みました。（図表93）」

半島の付根である羅生峠は幅三キロほどしかないから、三〇〇〇人が並べば勢子同士の間隔は一メートルあまりしかない。手をつなげんばかりの距離であり、追い立てられたシカは細長い半島を先端へ先端へと逃げ、追い詰められるか、海に飛び込んで船から易々と捕獲されたであろう。三陸のリアス式海岸の地形を巧みに利用した、実に巧妙な猟ではないか。この日の成果は吉村公がシカ一三頭にオオカミ一頭、家臣団がシカ五九頭、イノシシ二頭、オオカミ一頭であった。

記録はさらに続く。翌一〇日は精進日なので休息。しかし勢子は綾里《りょうり》の宮野山の追い込みをした。勢子を三手に分け、甫嶺《ほれい》（三陸町）の丹波山、綾里の法義《ほうぎ》山、そして同じ綾里の岩崎山から追い出し、夜はかがり火をたき、一一日の朝、「立ち」（勢子の追い出した獲物を待ち構えて仕留める者）である藩主と家臣たちのいるところに追い出し、この日も合計でシカ五八頭、イノシシ二頭、ウサギ三頭、サル二頭であった。一二日は唐丹《とうに》（釜石市）へ移動して宿泊。一三日には南部境界を検分、一四日に甫嶺へ戻った。一五日上有住《ありす》（住田町）に向けて移動して藩境を検分、一六日に今泉に移動して逗留、一八日には本吉へ出発した。

軍事演習ばりの大規模な猟とはいうものの、二日でシカ一三〇頭を仕留めている。やはりこの一帯にはかなりのシカがいたことは間違いない。二月九日の大六山の猟が行われた半島の面積を地図から求めてみたところ、ほぼ一〇〇平方キロであった。ここで五九頭のシカが獲れたのだが、多数の勢子

図表93：五葉山東部の地図。
地名は当時のもので現在のものは括弧内に示した。
―・―は釜石市・遠野市と大船渡市・住田町との境界。
かつての南部藩と伊達藩との境界に相当する。

を使ったとはいえ、当時の火縄銃では逃したシカの方がはるかに多かったであろう。少なめに見積もって一〇〇頭いたとしてもその密度は一平方キロ当り一頭となる。実際にはおそらくこの数倍はいたと考えられるから、現在の五葉山の保護区ほどではないが周辺部の密度に相当するほどの高密度のシカがいたものと考えられる。またシカ以外にも、すでに日本列島から絶滅したオオカミと現在宮城県以南にしかいなくなってしまったイノシシが確かにいたこと、またサルも狩猟の対象になっていたことなど興味深い情報を知ることができる。

また三田道忠氏が『全猟』誌（一九五二）に次のような記事を寄せている。約二〇〇年前、釜石市南部の唐丹に鈴木伊助という猟師がおり、彼のアイデアで「組山」というハンター組織を作ったという。そのメンバーは旧暦の一〇月一日から一二月二七日まで彼の家に集まって寝食を共にし、一シーズンに五、六回の猟をしたのだという。この組織は一九〇三年（明治三六年）まで続いたが、記録によれば毎年シカとイノシシをあわせて四〇〇頭前後を獲ったという。三田氏はその数を多すぎるとしている。確かに、先の伊達吉村公の大規模な猟でも一三〇頭しか獲っていないのだから、この数は少し多すぎる気がする。ハンターには自慢好きな人が多いから少し水増ししたのかもしれない。しかし武士の猟とは違い、少人数が日数をかけてゲリラ戦的に行う猟の方が成果が上がるということは十分考えられる。四〇〇頭はオーバーだとしても、ひと冬に一〇〇頭以上は獲っていたとみてよいのではなかろうか。またこの記事によると、遠野から皮商人が来て組山に対して醬油一斗五升、猟師一人に一日米一升を提供し、獲物の肉と交換したとある。皮だけは猟師のものになったが、せっかくの獲物の肉を交換してしまったというのは、平野がなく、またヤマセにより米の取れなかった沿岸の人々にとって米や醬油は何物にも代えがたいものであったからだろう。

この「組山」制度は日頃市《ひころち》村、有住村、横田村、越喜来村などでも組織され、一九〇三年（明治三六年）頃までには一時すたれたが、一九一五年（大正四年）に再開された（岩手県、一九八二）。

これらの情報から、江戸時代には豊かな自然の中で多数のシカが生息していたことがうかがえるのであるが、もうひとつ注目すべき情報がある。地元大船渡市の東海新報に『けせんマタギを追う』というシリーズでとりあげた鈴木周二氏（一九八四）は、大船渡市の佐々木正氏所有の古文書にシカによる農作物への被害がひどいので駆除してほしいという嘆願書あったことを紹介している。これは一七〇八年（宝永五年）のもので、気仙郡猪川《いかわ》村（現在の大船渡市）の鉄砲持ち一四人が連名で今泉の郡大肝入《きもいり》、吉田卯右衛門に当てたもので、内容は次のようなものだという。

「近年、猪川村の山野にイノシシやシカが殖えすぎて農作物が荒らされています。このため何度か火縄銃で射殺してきましたが、火縄が底をついてしまいました。聞くところによると檜山《ひやま》（五葉山の北側にある村落）から檜皮（ヒノキの皮[*23]、火縄の原料）が仙台藩に送られたそうですが、その際に質の悪い皮もあったとのことです。何とかこれを払い下げてはもらえませんでしょうか。恐れながら何卒お願い申し上げます。」

この資料は当時すでに火縄銃が普及していたことのみならず、現在と同じシカの殖え過ぎによる被害問題がすでにあったことを伝えるものとして重要だと思う。

（二）　明治時代

明治になると多少情報が増える。『岩手県史（第八巻近代篇）』（岩手県、一九六四）によると、一八七三年（明治六年）頃、鹿皮一六五枚を県外に輸出したとある。江戸時代に比べてシカの数が増えたのか減ったのか判断がつかないが、かなりのシカがいたことは間違いない。

前出の東海新報に猪股一雄氏が「マタギ五五年の思い出」という興味深い記事を寄せている。これによると明治末期まではシカが多く、専門のテッポウヅ（鉄砲射ち、猟師）がいて、山中に建てた小屋に泊まってシカを狩り、毎日馬で搬出していたとある。また日頃市（大船渡市）には皮師と呼ばれる皮革加工業者がいたともあり、前出の「けせんマタギを追う」（鈴木、一九八四）には日頃市の大森は江戸時代から皮革なめし専門の部落であり、一族一五戸が残っているという斐太猪之介氏の文が紹介されている。このような人々がいたという事実そのものが、当時シカが相当いたことを如実に物語っている。このことを裏づける情報として、一八九一年（明治二四年）から一八九二年にかけての大雪の冬に、炭焼きに入った人夫によって実に二〇〇頭ものシカが撲殺されたという事実がある（岩手県自然保護課資料）。シカは深い雪の中で自由な動きを奪われ、沢の中に追い詰められて、ただ殴られるままになっていたのであろう。現代の自然保護的感覚からすれば、身動きのできないシカを殴り殺すなどというのは信じられないことのようだが、人間というのはそういう残酷な面を持っているものだ。クジラが氷に閉じ込められたといって大の大人が大騒ぎするようになったのは人類史的に見ればそれこそ信じられないことであるに違いない。

ところでこの猪股氏の記事によると、一八八七年（明治二〇年）頃まではオオカミがいたらしい。その頃、馬の飼料である乾草を刈りに赤坂峠の南の大窪山に行くとき、馬の首に必ずオオカミ除けの鳴金《なりがね》をつけたのだという。また小正月の年越の夕方に「オオカミの餅」と称する供え餅を家の近くの木の根元に供えてオオカミ除けの祈願とする習慣があったともある。オオカミがいたとなると当然シカに対する捕食のことを考えなければならない。オオカミはおそらく幼いシカや年老いたり弱ったりしたシカを攻撃したであろうから、シカ個体群にとっては重要な意味を持っていたはずである。

植生は一八八五年（明治一八年）当時、五葉山の六〇〇〇ヘクタール全域はすべて自然林であったようだ（岩手県自然保護課資料）。それは現在の県立公園に見られるように中腹以上がコメツガやヒバ（ヒノキアスナロ）の針葉樹林、その下がコナラやミズナラの落葉広葉樹林であったと考えられる。すでに紹介したとおり、針葉樹林は暗く、ミヤコザサの生育には適さないから、中腹以上にはシカは多くなかったであろう。その下のコナラやミズナラの林は林床を一面にミヤコザサが被っていたはずであり、シカはこの地帯を中心に生活していたものと考えられる。

さてこれらの自然林も明治になって斧を受けることになる。最も大規模だったのは釜石の製鉄業の発展にともない、燃料確保のために行われた伐採である。また薪炭生産のための伐採も盛んになる。一八八六年（明治一九年）から二〇年間炭焼きのために人夫が山に入り、年二〇〇ヘクタールのペースで伐採を進めたという。その数はピーク時には五〇〇人に達したというし、また一九〇七年（明治四〇年）には三〇〇組が入山したという記録もある（岩手県自然保護課資料）。さらに一九四四年（昭和一九年）に沿岸部を襲った大雪の時に炭釜が六〇〇〇個も壊滅したという記録もある（岩手県、一九八二）。

ところで伐採に関しては紹介しておきたいエピソードがある。一八九六年（明治二九年）の三陸大津波は今でも語り草になっている大惨事であった。謎解きめくが、実はこの津波と森林伐採が関係しているのである。その大津波はリアス式海岸の細い湾に突入すると激しさを増して村々を襲い、気仙郡だけでも五六七六人[*24]、岩手県全体では実に一万八一五三人もの被害者を出した（三陸町史編集委、一九八九）。唐丹村では一六八四人の人命が失われたがこれは人口の八割に相当する。まさに壊滅的な被害であった。わずかに生き残った人たちも負傷者が多く、村は危機的な状況にあった。この時、村人の救出に大車輪の活躍をしたのが柴田啄次という男であった。彼は若き日に大願を抱いて東京に出て、医者の見習いをしていたが、夢敗れて故郷の唐丹に帰っていた。治療も見よう見まねで体得していたようだ。彼は自宅の二階を緊急の治療所にして次々に運びこまれる傷人に応急手当をし、夫人の献身的な手助けも得て多くの人命を救い、また傷をいやした。彼の活躍は一躍その名を高からしめ、村人から「シバタク」と敬愛を込めて呼ばれた。そして三〇歳の若さで村長に選ばれることとなる。

村長となった柴啄《しばたく》は津波被害で疲弊した村の経済の立て直しにとりかかる。山が海岸まで迫るこの村では田は猫の額ほどしかなく、しかも夏のヤマセによりその生産性は低い。漁業とて当時の交通事情では自家消費するのみで現金収入にはつながるはずもなかった。柴啄が目をつけたのは五葉山のヒバ（ヒノキアスナロ）であった。彼はヒバの伐採を村の一大事業とし、これによって村の経済はまがりなりにも回復の兆しを見せ、再びおだやかな村の暮らしがもどってきた。

ところが後日このヒバ林が国有林であったことが発覚する。村長である柴啄がそれを知らないとは考えにくいが、明治時代の辺境ではあるいはそのようなことがありえたのかもしれないし、またそれを知っていても他に道はないと知って、あえてこのような選択をしたのかもしれない。しかし今となっては真相を知る術は残されていない。いずれにせよ村は大変な騒ぎとなる。刑事に追われる身となった柴啄は五葉山中にたてこもった。そして村人は大恩人である彼に対する警察の追跡に協力を拒み、ひそかに食糧の調達をした。柴啄は山の中でシカを狩ったり、イワナを釣ったりして、むしろそのような生活を楽しむかの感さえあったという。また執拗な追跡を続ける刑事が隠れ家に近づいたとき、鉄砲をつきつけられてほうほうの態で逃げ戻ったというエピソードも伝えられている。

このように明治末期にはかつてない規模の森林伐採が始まったのである。それはシカの個体数にどのような影響をおよぼしたのであろうか。

(三) 危機の時代（明治末から第二次世界大戦まで）

あれだけいたシカも明治末期から大正時代になって激減する。地元の古老に聞いても、当時は何日も山を歩いてもシカの姿をみることさえなかったという答えが返ってくる。一週間入山して一頭獲れればよい方だったという（猪股氏記事にもあり）。岩手県自然保護課資料によると、一九一八年（大正七年）には唐丹村に共同猟区が設けられたとあるが、記録をみると捕獲数はせいぜい二、三頭で、ゼロの年も多い。おそらく五葉山のシカは最も厳しい状態にあり、絶滅寸前まで追い詰められたのではあるまいか。後述するように生息地の植生はむしろシカの個体数にプラスに働くように変化していることから、これは乱獲つまり過度の狩猟圧によるものと考えられる。『岩手県林業史』（岩手県、一九八二）によると、明治末期から大正にかけて全国的に鳥獣が著しく減少したため、一九一八年（大正七年）に狩猟法が改正されたのだが、獣類については実質的には制限がなきにひとしかったとある。また先の三田氏（一九五二）の記事にも、明治末になって銃が改良され普及したために鳥獣が著しく減少したとある。また前出の「けせんマタギを追う」（鈴木、一九八四）を読むと、大船渡市の猟友会長をつとめた猪股一雄氏もその理由を乱獲だと考えており、当時猟師たちはシカの豊富な宮城県の牡鹿半島にまで出かけたのだという。

この危機に対して岩手県は一九一九年（大正八年）から一〇年間、全県をシカの禁猟区とした。昭和に入ってもしばらくはこのような状態が続いたらしく、一九三三年（昭和八年）から一〇年間、再び全県禁猟が布かれ、個体数の回復がはかられた。しかしこれらの施策の効果は少なくとも捕獲実績には現れていない（図表92）。前述の唐丹の「組山」による実績は一九三〇年（昭和五年）の入猟者は二六人、一九二六年（昭和三年）から一九三〇年までのシカの捕獲数は平均一頭にすぎない。もっとも鳥についてはキジとヤマドリがいずれも二二〇羽とよくとれている（岩手県、一九八二）。この共同狩猟地は一九三四年（昭和一九年）三月で幕を閉じた。

この時代を植生の変化という点からながめると一九二一年（大正一〇年）頃を境にその前と後とに分けられる（図表94）。すなわち造林はずっと二〇〇〇ヘクタール前後を上下しつづけるのだが、前半で五〇万立方メートル前後であった薪炭生産が後半になると一五〇万立方メートルのレベルにまで急上昇するのだ。この時代、岩手県は全国一の薪炭生産県であった（岩手県、一九八二）。この時代に自然林が伐採され、萌芽再生したコナラなどの雑木が薪炭に適した太さになる一〇年ほどの期間を経て、再び伐採されることを繰り返したのだ。このような施業

図表94：岩手県における薪炭生産（……）と造林面積（——）の推移。岩手県（一九八二）より作図。

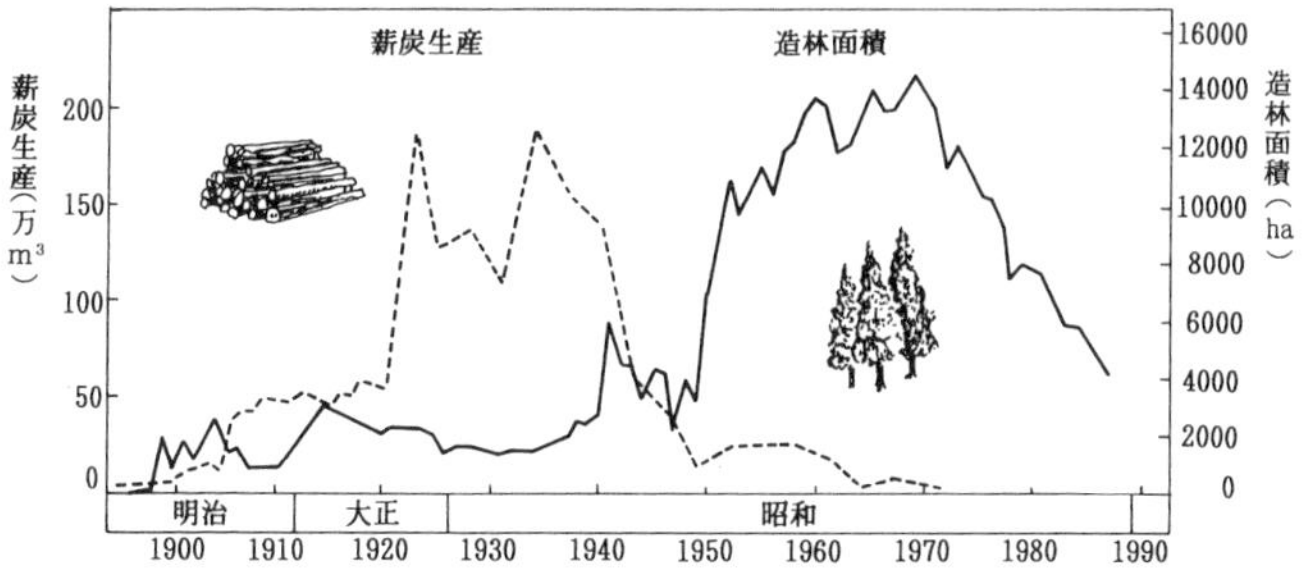

がシカの食糧事情を好転させることは第五章三節で紹介した通りだ。

そして時代は太平洋戦争へ突入する。戦争中はすべての銃が没収されたので、鳥獣が増加したらしい。というのは、戦後、村田銃を持った人がスミスゴ（炭を入れる背負いカゴ）いっぱいのキジやヤマドリを獲ったという情報があるからだ。当然シカも増加したであろうが、しかし狩猟統計をみると一九四五年（昭和二〇年）から一九四九年までの五年間にわずか一頭（一九四九年一月）という記録しかない。だが私はこれは申告もれではないかと思う。その根拠として開拓部落のことがあげられる。戦後間もなく大窪山に四〇所帯が入植して開拓生活をしたが、シカによる被害がひどいためしばらくして閉鎖されたという（猪股氏記事）。シカにとって恐ろしいはずの人里に近づいたというのは、かなりの高密度のシカがいなければありえないことだからである。食糧難の時代であるから貴重なタンパク源であったはずだし、戦後の混乱期のことであるから奥深い山の中まで人目の届くはずもない。この頃シカやイノシシが相当数獲られたというのは各地で知られる事実である。密猟という大げさなものでなく大目に見られていたのではなかろうか。このようなことから狩猟統計には現れていないが、シカの頭数は回復の兆しを見せていたものと推測される。

（四）　回復期（戦後一九六〇年代まで）

シカの回復が捕獲数に反映して毎年確実に申告されるようになるのは一九五〇年度（昭和二五年度）からである。そして一九五二年度（昭和二七年度）以降になるとその数が一〇頭以上になる。我国が戦後の混乱をようやく脱しはじめたころと見てよいだろう。そしてその後の十数年間は一九五五年度（昭和三〇年度）や一九六〇年度（昭和三五年度）などに五〇頭ほどの小さなピークを持ちながらほぼ三〇～五〇頭のレベルで推移してゆく。県の対策がようやく効果を見せはじめたのがこの時代とみてよいだろう。

鳥獣対策としてはこの時期には注目すべきことがある。まず鳥獣保護区の設置である（**図表95**[*25]）。一九四八年（昭和二三年）に八三三ヘクタールが五葉山を中心に設置され、一九四九年（昭和二四年）には一挙に一万二二七三ヘクタールに拡大された。その後一九七〇年（昭和三五年）から二四年間縮小されたが、一九七二年（昭和三七年）にはそれまでの最大の二倍以上の三万二〇〇〇ヘクタールに拡大された。その後は次第に縮小されつつある。

もうひとつは一九五五年（昭和三〇年）にイヌを使用する狩猟が禁止されたということである。第三章、第四章で紹介したようにシカは雪を苦手とするから、積雪期にイヌを使った猟を行えばシカはひとたまりもない。今考えればこれが許されていたこと自体がおかしいのだが、この時まではこのために非常に効率的なシカ猟が行われていたわけであり、明治末期から昭和初期にかけてのシカの激減はやはり狩猟圧にあったと考えてよさそうだ。

一方鳥獣行政とは別にこの時代にシカの生活に大きい

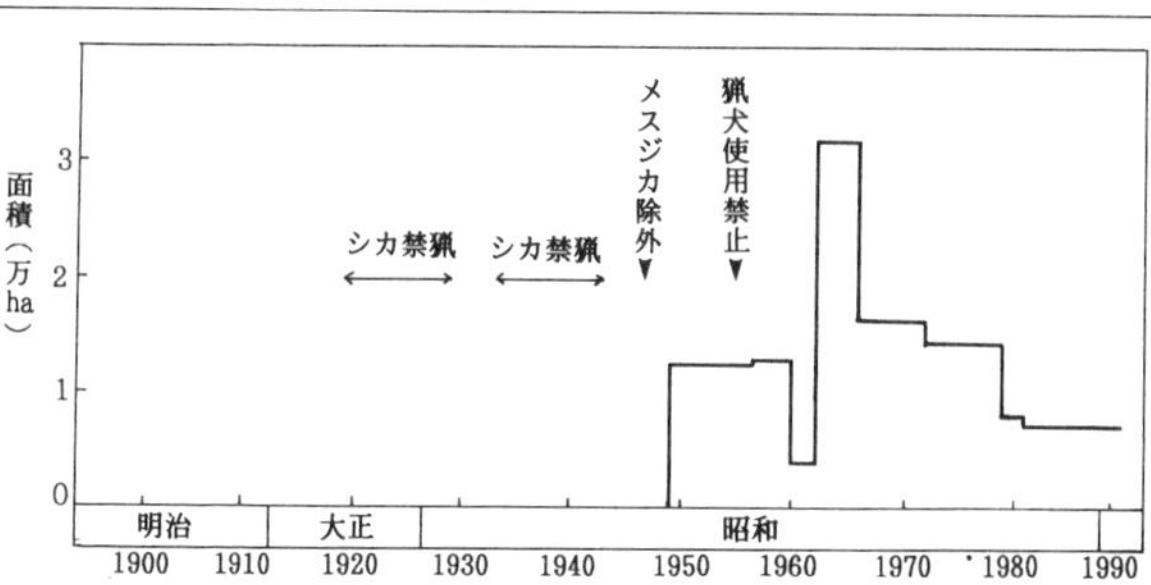

図表95：五葉山一帯における鳥獣保護区面積の推移。岩手県自保護課資料より。

影響を及ぼしたと考えられることがあった。それは造林である。前節で薪炭生産の推移を紹介したが（図表94）、その衰退を追いかけるかのように増加したのが戦後の造林面積である（図表94）。明治末からの半世紀の間、岩手県における造林面積はほぼ二〇〇〇ヘクタールであった。第二次世界大戦の間にほぼ倍増するのだが、何といっても戦後の伸びが著しい。そして昭和三〇年から五〇年にかけての二〇年間には一万ヘクタールを大きく上廻るほど積極的に造林が行われた。これはまさにシカ捕獲数の急増する時期に先行する。

この時期は狩猟制限の徹底と造林というシカの個体数回復に有利な条件が整い、これまで危機に瀕していたシカが確かに回復し、捕獲数に現れるようになった、そのような時期とみることができよう。

（五）　急増期（一九七〇年代以降）

その後、五葉山のシカの捕獲数は増加の一途をたどる（図表92）。一九七一年度（昭和四六年度）には急に一二一頭とついに一〇〇頭を越え、翌一九七三年度（昭和四七年度）には二〇〇頭、一九七六年度（昭和五一年度）には四〇〇頭を上廻ることになる。この間、有害獣駆除による捕獲は一九七〇年度（昭和四五年度）までは全くないか、あってもせいぜい年に一、二頭に過ぎないが、一九七一年度（昭和四六年度）からは継続的に駆除されるようになる。一九七三年度（昭和四八年度）までは一桁であるが、翌一九七四年度からは四〇頭前後が捕獲されるようになる。シカの増加による農作物被害は一九六五年度（昭和四〇年度）頃から目立ち始め、有害獣駆除は一九七一年度（昭和四六年度）頃から定期的に実施されるようになる。なお一九七七年度（昭和五二年度）まではオスジカだけが駆除の対象とされていたが、一九七八年度（昭和五三年度）からはメスジカも駆除されるようになった。

明らかに回復を始めたシカの捕獲頭数は一九八〇年度（昭和五五年度）になって実に一〇〇〇頭の大台に達することになる。わずか二〇年ほどの間に一〇倍以上という、まさに爆発的な増加をみせたわけだ。もっともこの冬は仙台地方でクリスマス・イブに大雪が降り、電線が切れたり交通が渋滞したりの大混乱となったために「クリスマス豪雪」と呼ばれ、今でも人々の記憶に残っているほどの稀にみる大雪の冬であった。五葉山のシカはほとんどが低地に閉じ込められ、易々とハンターに仕留められたためにこのような破格の数字となったものである。この冬のことをあるハンターに聞いたことがある。彼が沢を見下ろすと、普通なら一列のマキ（群れ）となって降りて来るはずのシカが、沢全体を被うように黒いかたまりとなって突進して来たために、数をかぞえることもできなかったという。

そして一九八〇年代後半には捕獲頭数は九〇〇頭を越えるようになり、例外と考えていた一九八〇年度（昭和五五年度）の一〇〇〇頭という数字も例外的とは言えなくなってきた。実際、一九八八年度には一〇九八頭が捕獲され、その後も一三二九頭（一九八九年度）、一五七二頭（一九九〇年度）と増加し続けている。

(六) 現状

ここまでシカの個体数を狩猟統計をもとにしながら検討してきた。一九七〇年代以降の捕獲数の急増は、日本の野生動物が危機的状況にあるという最近の各地からの報告からすれば意外に聞こえるかもしれない。捕獲数の急増をシカの個体数の増加と同じものとみなしてよいのか。この点は重要なので慎重に検討しておく必要がある。

第一に気がかりなのは、シカの個体数、正確には生息数は一定でも捕獲数が増えるということがありうるのではないかという点である。実はこの評価はかなり難しい。ひとつの可能性として狩猟者数の増加が考えられる。ところが調べてみると、狩猟免許交付数は昭和三〇年代をピークにその後はむしろ減少しており、現在はその頃の三分の一になっているのだ。これは日本全体のハンターの数の推移でも同じ傾向が認められる。戦後の狩猟ブームの後、レジャーの多様化、自然保護運動による狩猟への風当たりの厳しさなどが影響しているのかもしれない。ともかくハンターの数はシカ捕獲数が急増した期間にむしろ減少していたのである。したがってシカ捕獲数の増加は狩猟者の増加によるものではないことになる。(ただし岩手県のハンターの場合、大半はキジ・ヤマドリを目的としているため、残念ながらシカ・ハンターの実数を示す資料はない。)

ただしこの二〇年の間に林道が作られ、自動車が大衆化し、トランシーバーが使われるようになったなど、狩猟の機動力が飛躍的に向上したことは確かである。このことを考えるとハンターの数そのもので狩猟効率を議論することはできないことになるが、さりとて狩猟の機動力を数字で評価することは不可能である。捕獲数と生息数との評価が難しいと言った理由はこの点にある。

しかし狩猟にたずさわってきた人達が異口同音に語ってくれるのは、

「昔はシカはいなかったもんサ。とにかく、一日中、山さ歩き廻ったって、足跡ひとつ見っかんねぇんだから。まんず大変《てえへん》なもんだったてば」

「山さ入《ひや》って、足跡でも見つけたら、ハァ、一週間位《ぐれえ》でもズーッと追《ぼ》っかけんのサ。そんでも獲れればええども ヨ、獲れねくても、そんでもまたシカ射《ぶ》ちに行くわけょ」

といった類の言葉だ。彼らは実感としてシカの増えたことを知っている。これらの言葉を聞くと、捕獲数の増加がそのまま生息数の増加を反映していないとしても、この二〇年ほどの間にシカの数が大変な勢いで増加したことは疑う余地がない。

シカの増加を示すもうひとつの資料がある。五葉山一帯におけるシカの分布域は、戦後までの減少期には五葉山、大窪山《おおくぼ》、赤坂西風《ならい》山に限られていたという（猪股氏記事など）。当時の分布域の面積はほぼ三〇平方キロほどであったと推定される。その後、千葉（一九七一）により一九七〇年頃の分布が調べられている。その面積は約三二〇平方キロであるから二〇年ほどで一〇倍にも拡大したことになる。そして我々の聞き込みによると一九八五年頃には北は釜石市の甲子川、西は高田市の気仙川を少し越えた範囲にまで拡大している。これは約六〇〇平方キロであり、一五年間でさらに二倍になった（図表96）。かつて絶滅寸前とまで言われた五葉山のシカはその最後の砦であった鳥獣保護区から溢れ出し、次々に前線を突破しつつあるのだ。

これらの情報から、五葉山一帯でシカが増えたことは疑う余地はないが、それを増え過ぎと判断する根拠は何か。

第一は我々自身によるセンサスの結果である。保護区

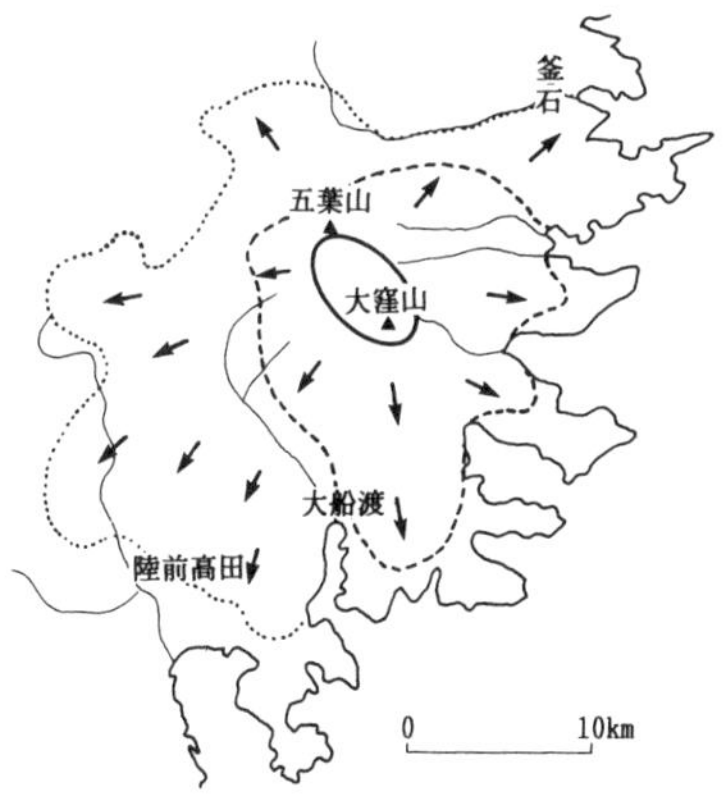

図表96：五葉山一帯におけるシカの分布域の変遷。
━・一九五〇年代まで
┅・一九七〇年
……・一九八五年
千葉（一九七一）、伊藤・高槻（一九八七）より。

内の標高七〇〇メートルから九〇〇メートルの範囲にある「三角地帯」（一平方キロ）におけるシカ発見頭数は、夏には一〇頭から二〇頭の範囲であったが、冬には一〇〇頭あるいは時に一五〇頭にも達した（**図表15**）。この数字をほかの場所と比較してみよう。

シカの密度が高く、生態系が著しい影響を受けている金華山島における平均密度が一平方キロあたり約五〇頭であるから、一〇〇頭レベルというのは非常に高い密度であるといえる。一五〇頭／平方キロという密度は金華山島でも最も高密度である神社周辺の一七六・八頭／平方キロに匹敵する（伊藤、一九八五）。このような高密度は神社で餌づけしている結果であり、特殊な現象といえる。またシカの密度が高すぎたために繁殖率の低下、シカの小型化、そしてついには大量死が起きた北海道洞爺湖の中島でも最高時で五二・五頭／平方キロであった（梶ら、一九八八）。ただしエゾシカはホンシュウジカより体が大きく、中島の食糧事情は良くないから直接の比較はできないが、しかしそれらを考慮しても一〇〇頭／平方キロ以上になることはありえないだろう。

これらは島という特殊な環境における例であるが、本土での報告例もある。シカの密度が高いためにトウヒなどの森林に被害が生じている大台ケ原での調査では、シカ密度は一平方キロあたり二〇頭から三〇頭であり、最も高い場所でも六二・〇頭／平方キロであるという（前田ら、一九八九）。

これらの比較により野生個体群である五葉山のシカが一時的とはいえ一〇〇頭／平方キロという高密度になるということが、いかに特異なことであるかが理解されるだろう。

このような高い密度の結果、越冬地ではミヤコザサが真っ先に食べ尽くされる。主食であるミヤコザサを失ったシカたちは木の枝先などを食べるようになり、さらに落ち葉や太い樹の樹皮などさえ口にするようになる。ことにミズキやノリウツギなどがひどく剝皮され、枯死しているのも見かける（**図**

表97）。このような状態が長く続けば、植物群落の構造や組成も影響を受けるし、森林更新（老木が枯れた後、若い世代が続いて森林が持続されること）が阻害されるようになるだろう。そしてシカにとっての食糧もなくなり、自らの首をしめることになる。これはシカが生きていく本来の生態系とはまるで違うものである。

シカが増え過ぎているとするもうひとつの根拠は、五葉山のシカが人間との共存という意味での基準からみても望ましくない状態にあるという点にある。すなわち農林業への被害が甚大だからというものである。私が調査を始めた一九八〇年頃にはすでに農林業に被害が出始めていた。ただし被害の評価というのは私の調査範囲を越えており、私自身が調査をしたことはない。しかし山を歩きながら、植えられている苗木を見ればおよそ見当がつこうというものだ。多くの植えられたスギやアカマツが先端や脇の枝を採食されている。またイネやダイズなどの被害もひどいと聞く。有害獣駆除の際に得られた胃内容物からも時折イネの穂が検出される（高槻・鈴木、一九八九）。このような被害に対して地元では被害対策と

図表97：シカに樹皮を剝がれたノリウツギ。冬が深まるとミヤコザサを食い尽くしたシカは低木の枝を、そして樹皮をもかじるようになる。

してネットを張ったり、シカを脅す爆音をたてたり、あるいは番犬をつないだりといろいろな工夫をしているのだが、いずれも功を奏していない。五葉山とその周辺では、もはやかなりのシカがミヤコザサだけでなく他の植物や農作物に依存的になっている。

（七）　まとめ

以上の歴史をまとめてみよう。

江戸時代から明治時代の末にかけては豊かに残された自然林と小規模な伐採による薪炭林の中で多数のシカが生息していた。ただし当時はオオカミが生息していたから、子ジカや老齢のシカは捕食を受けて、シカの密度はある程度のレベルに抑えられていただろう。シカの高い繁殖力はこのような捕食に対する適応として獲得されてきたものに違いない。

明治の末になって低山帯を中心に森林は大規模な伐採を受けるようになった。この頃オオカミは絶滅した。そして明治時代末期から昭和二〇年代にかけてシカは乱獲により著しく減少した。積雪期の狩猟に対するひよわさは北国のシカの哀しい宿命といってよい。彼らは数百メートルも離れたところから一瞬に飛んで来る鉄の塊や、食べ切れないほどの肉があっても殺戮をやめない動物に対しては適応して来なかったのだ。

さて五葉山のシカが絶滅に瀕したことに対して一九五〇年頃から岩手県により保護対策がとられたことと造林施業による食糧供給量が増加したことにより、シカの個体数は一九六〇年頃から徐々に回復し始め、一九七〇年代以降は急増した。この頃農林業への被害も始まる。一九八〇年代に入ると五葉山周辺では過密となり、農林業への被害は深刻になってきた。そしてシカは現在分布域を拡大しつつある。

このまとめを見ると、シカの歴史が人間活動にいかに強く影響を受けて来たか、もっと正確に言えば翻弄されてきたかがよくわかるだろう。その主要なものは狩猟制度のあり方と生息地の森林施業である。

狩猟制度の歴史を見ると、一九四七年（昭和二二年）のメスジカ捕獲禁止、一九五五年（昭和三〇年）のイヌによる猟禁止までは、狩猟には実質的な制限がなかったといってもよい。なぜなら我々のデータが示すように、シカの繁殖率は非常に高いから（第四章三節）、メスを獲ることは個体群に強い打撃を与え、またシカは雪に弱いから、イヌを利用すればまさに一網打尽となるからである。その証拠にこれらふたつの禁止の効果が確実に現れて、一九五〇年代にシカの捕獲数が漸増し始める。そして一九六二年（昭和三七年）に保護区が三万二〇〇〇ヘクタールに拡大されて一〇年ほど経った一九七〇年代になって、シカ捕獲数は爆発的に増加する。これらの事実はシカの個体数にとって狩猟制限がいかに重大な影響を与えるかを雄弁に物語っている。

人間活動のもうひとつは伐採と植林である。戦後の営林とはひとことで言えば針葉樹の植林であった。第五章三節で紹介したように、植林はシカにとっては食糧となる植物の急増と激減のくりかえしを意味した。個々の林では四〇年ほどのローテーションで再び伐採され一時的に植物量は回復するのだが、地域全体をここ二〇～三〇年という期間でながめれば食糧のおびただしい増加と激しい減少が起きたはずである。これにともなってシカは著しく増加した。しかしシカは増えたくて増えたわけではない。彼らは自分達の生き方を守ってきただけである。これらのシカが生息地の食糧が乏しくなって植林木を食べたからといって、また行き場を失って周辺の農作物を食べたからといって、悪者として「駆除」されなければならないのだろうか。これは人間側のあまりにも勝手な言い分ではなかろうか。

　我々はシカと人間とのよりよい在り方を模索する場合、シカの個体数は自然に対する人間の姿勢にいかに大きく影響されるかという認識の上に立つべきだと思うのである。

三　雪

これまで私は本書の各章を通じて雪について触れてきた。センサスについても、五葉山の特徴についても、そしてミヤコザサとシカの生態についても、あたかも通奏低音のように雪が見え隠れしてきた。そこでここではシカの保護管理という側面か五葉山の雪の問題を改めて取り上げてみることにしよう。

　雪はおもしろいものだ。降るときはすべてのものを白く被い尽くす。雑然とした都市の景色も雪の朝には見違えるほど美しくなる。色と形に統一が働くためであろう。

　遠目には真っ白な雪も、その上を歩いてみると幾重もの層になっていることがわかる。以前に積もった雪が昼間に溶け、夜間に凍って氷の層となり、その上に新雪が積もったのだ。その層は上のものほど厚い。これは積雪量の違いというより、下のものほど雪の重みで圧縮され薄くなったためだろう。薄くつもった新雪は歩けばサッサッと跳び散り、下の氷の層がメリッと心地良い音を立てて割れる。足を抜いた窪を見るとただの水色でも灰色でもない、微妙なコバルト色をしているのに気づく。時折、風に枝の雪が落ちてくる。後に人がいるときは木にぶつからないようにしなければならない。幹の近くにいる自分よりも枝の張った周りにいる人にバサッと雪が落ち、落ちた雪が首筋に入るとびっくりするほど冷たいからだ。ウスタビガの繭を見つけることがある。こんな小さな造形物でも目につくのは、冬の落葉樹林が無彩色の世界だからなのだろう。その繭の淡緑色は妙に鮮やかなのだ。

その雪も溶けるときはまず日当たりのよいところから始まり、日影では遅くなるため、濃淡が生じる。その濃淡は幾度もの冬将軍の到来と退却のくりかえしで強調され、晩冬までには斜面の南北では見違えるほどの違いとなる(図表98)。そのような場所では雪の質もザクザクとしたシャーベット状になり、枯葉が見えている。こういう場所には何本ものシカ道が集中しており、ミヤコザサはことごとく採食されて葉はほとんどない。シカの糞もおびただしく転がっている。

シカにとって雪はやっかいな存在だ。雪はシカの行動をさまたげるだけでなく、主食であるミヤコザサを被い隠す。しかも木々が葉を落とし、雪をバックにした林では外敵に発見されやすくなる。オオカミから逃れるためにも雪は大きな障害になったであろう。そして現在ではシカを追うハンターたちにとって雪は強力な助けとなっ

図表98：雪は降るときはすべてのものを白く被うが、解けるときは木の幹のまわりや陽当りの良いところから始まるので、斑となる。

ている。

このように五葉山のシカたちにとって雪は重要な意味を持っており、彼らにとって生き延びるということは雪に打ち勝つことを意味するといっても過言ではない。

捕食者のいない今、シカは潜在的に個体数を爆発的に増加しうると同時に、積雪と狩猟にはめっぽう弱く、場合によっては個体数を急激に減らす危険性を併せ持った、何ともやっかいな動物なのである。

(二) 保護区の境界

五葉山では通常の年であれば十一月上旬に初冠雪（初めて山頂に雪が積もること）があり、この段階ではシカにさほど影響はないが、一二月に入って何度か本格的な雪があり、シカたちは徐々に山を降りてくる。そして一二月下旬になると標高八〇〇メートル前後は根雪となるため、低地でのシカの密度はだんだんと高くなってくる。

我々は調査のために山と人里を何度となく往復する。そしていつも感じるのは、人家の上限がもっともな位置にあるということだ。甲子の最奥部の人家は標高二五〇メートルほどの所にあるが、ここをすぎると途端に雪が深くなる。また雪の量が同じくらいでも気温の差があるらしく、雪が硬く、また道路が凍結している。昔から人々が開拓を試み、定着しようとして一進一退しながら定まったのがこの標高だったのだろう。そしてこの線が県立公園の、そして鳥獣保護区の境界に相当するのだ。その意味ではこの境界線は良いところに引かれていると思う。しかし実は問題はもう少し複雑なのである。

雪の降り方は年による変動が大きい。我々が調査を続けたこの一〇年間にも大雪が二回あった。一九八一年と一九八四年だ。これに関しては第二章四節で触れたのでここでは省略するが、ここではもう少し長期のデータを見てみよう。

『岩手県災異年表』（盛岡気象台・岩手県、一九七九）によると一九〇六年（明治三九年）から一九七八年（昭和五三年）までの七三年間に岩手県の沿岸部は一六回の大雪にみまわれている。中でも一九四四年(昭和一九年)の三月一〇日から一二日にかけては記録的な大雪があり、実に死者一六三名、家屋全壊二〇九棟という被害が出た。これほどではないが鉄道が不通になったり、電話が不通になったりという程度の雪は数年ごとに降っている。

ところでこれらの雪の記録を見ていて気づいたことがある。五葉山を含む沿岸部に降る大雪は晩冬から時に初春とさえ呼べる季節に降るということである。『岩手県災異年表』（盛岡気象台・岩手県、一九七九）によると十六回の大雪のうち年内（十二月まで）のものはわずか二回しかない。我々の経験した最近の二回もやはり晩冬の大

図表99：岩手県における大雪発生月の分布。数字は発生月。沿岸部では三月に大雪が降る。盛岡地方気象台（一九六六）より。

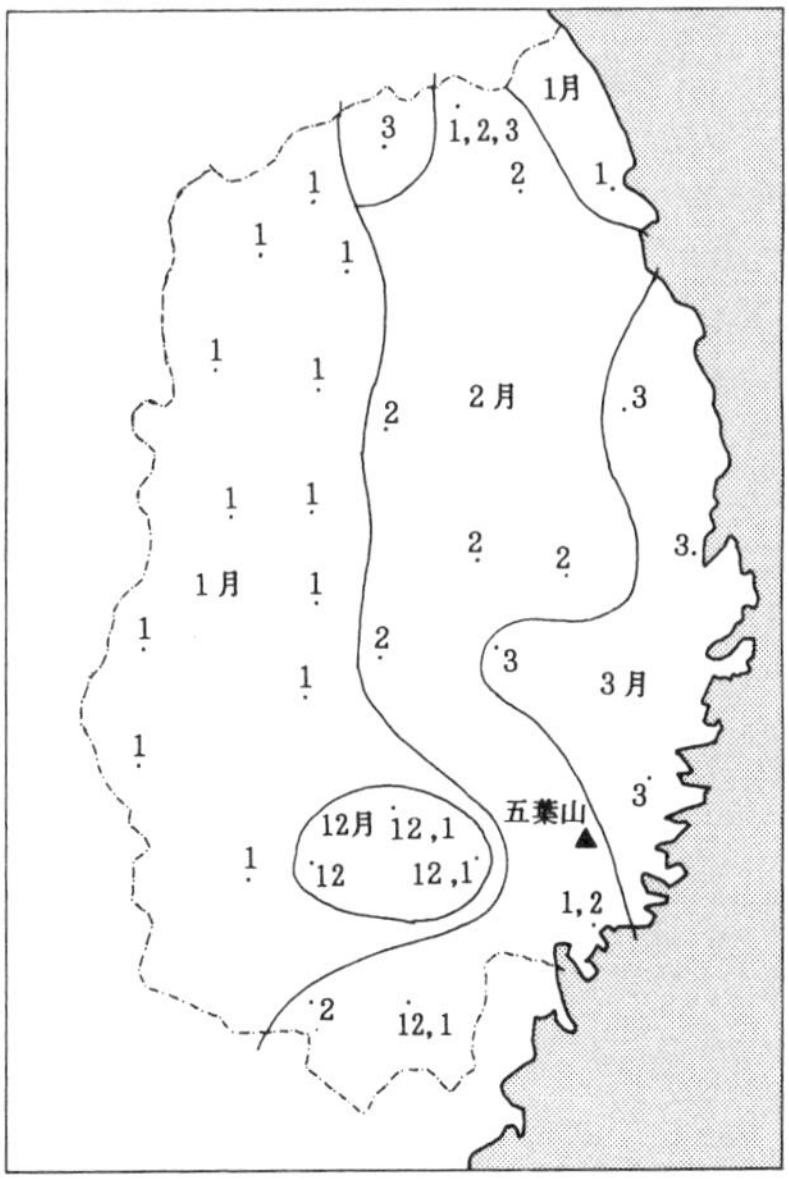

雪であった。これは多雪地である奥羽山地の積雪パターンとは対照的である。奥羽山地では十一月頃から降り始め、着実に積もってゆく。積雪量は気温の低下に対応しているのである。これらの雪はシベリア高気圧がもたらすもので、寒波とともにやってくる。そしてひと冬に一メートルも二メートルも積もるのだ。ただし、ここでは一日あたりの積雪量は必ずしも多くない。これに対して沿岸部に雪をもたらすのは低気圧である。この低気圧は寒冷前線沿いに東進するもので、主に晩冬から早春に発生する。そして―ここがシカにとって重要なのだが―これらは一夜にして五〇センチ、時には一メートルもの大雪、いわゆるドカ雪となるのだ。岩手県における一冬の最高積雪深を記録しているのはもちろん奥羽山地であるが、一日の降雪量の県記録は一九四四年（昭和十九年）三月一二日の川井（宮《み》古《や》《こ》市西方）における一二九センチである（盛岡地方気象台、一九六六）。このようにドカ雪は雪の本場である奥羽山地よりもむしろ北上山地に多いという点で注目される（**図表99**）。

もう少し辛抱すれば春の陽光を浴び、柔らかい草や木の芽を食べられるというまさにその頃、シカは蓄積していた脂肪を使い果たし、体力は限界に近づいている。その時に厳冬期の粉雪とは違う、重く湿った雪が、しかも一気に五〇センチもの深さでシカを襲うのだ。

このように五葉山では数年に一度、ドカ雪にみまわれる。そのような時はシカは五葉山を中心とした保護区内では生きてゆくことができず、境界を越えてさらに低地へ降りて行くことを余儀なくされる。三角地帯でセンサスをした際、シカが一頭もいなくなった一九八四年はまさにこのような年であった（**図表15**）。

このような関係を模式的に示してみた（**図表100**）。夏にはシカは山一帯に広く分布しており、その密度は低いが、雪が降ると高地にはとどまれなくなって下降する。しかし保護区の外は猟区あるいはランバ（我国では指定された保護区、禁猟区など以外の場所では狩猟は可能で、猟区以外の場所では料金もいらない。これをランバと呼ぶ）であり、シカたちは銃口にさらされることになる。そうでなくても人の姿があったり自動車の走り回るような場所がシカにとってすみやすいはずはないから、シカは保護区の境界付近に集中することになる。平年であればかなりの密度になっても何とかしのいでゆけるが、大雪の場合にはほとんどのシカは保護区から追い出される形になる。雪と猟とのハサミうちにあったシカたちは行き場を失い、境界付近で異常な高密度になって食糧不足で餓死したり、ハンターに撃たれたりして命を失うことになる。私の限られた経験でも一九八四年の春の大量死は前者の例だし、一九八一年度（昭和五五年度）の大量捕獲は後者の例である。シカの捕獲数は着実に増加しており、岩手県はシカの好猟場だとの定評も固まりつつある。もし猟期中に記録的な豪雪が襲ったら、トランシーバーを駆使し、林道を自動車で走り廻る現代

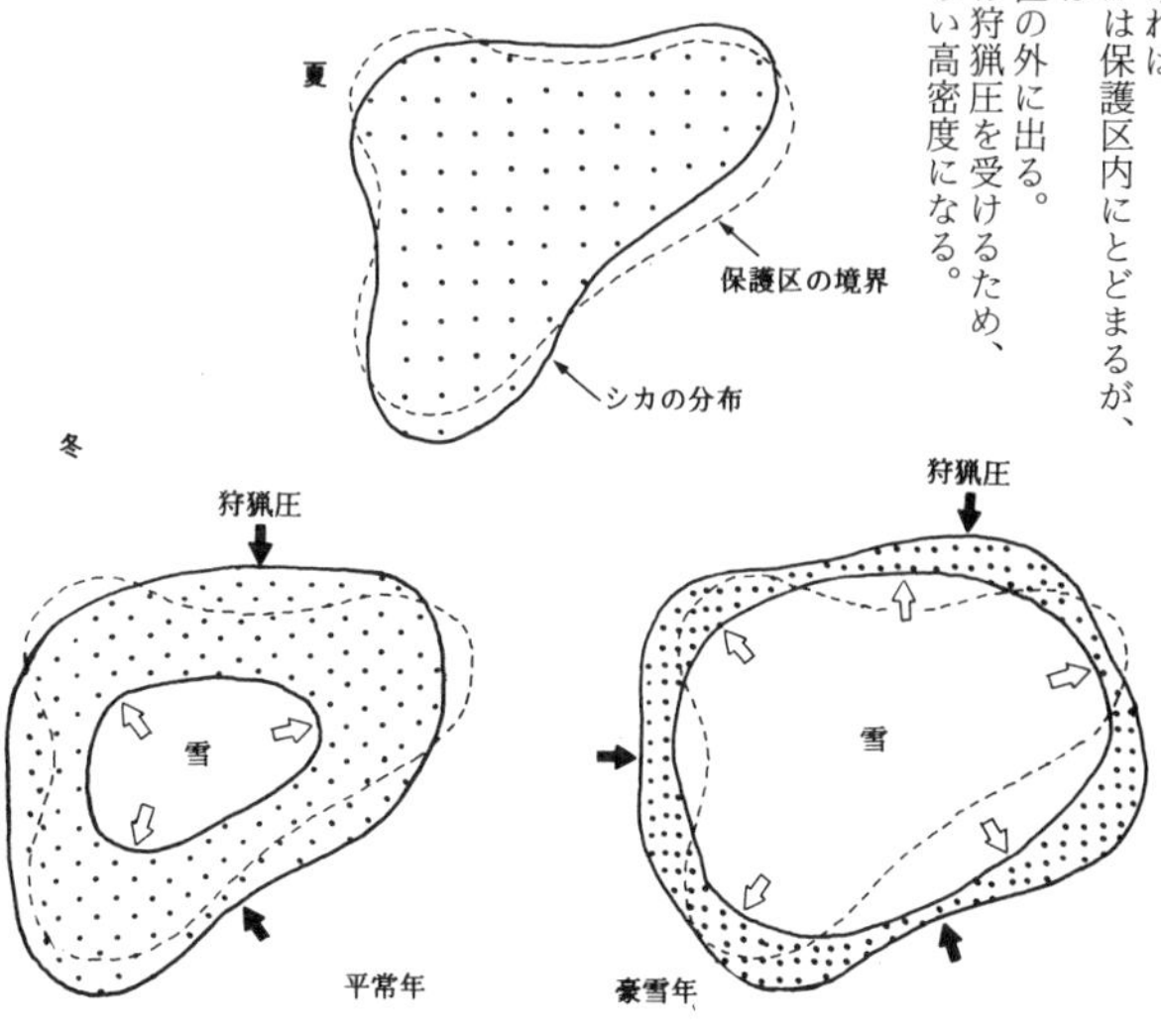

図表100・鳥獣保護区の境界と積雪との関係。
シカは夏にはほぼ保護区内にとどまっているが、冬になると雪により低地に下降する。平年並の雪であればほとんどのシカは保護区内にとどまるが、大雪の場合には大部分が保護区の外に出る。そして下からは狩猟圧を受けるため、境界付近で著しい高密度になる。

の狩猟網に囲まれたシカはひとたまりもないだろう。条件によっては絶滅の危機もなしとしないのである。

以上の検討から明らかなことは、現在の保護区の境界は平均的な気象条件のもとでは適当な場所に引かれているのだが、雪という年次変動の大きい気象現象とシカの移動という点からすれば、極めて危険な要素を含んでいるということである。植物の分布はこのような年次変動を積み重ねた平均的な線、あるいはある幅をもったベルトとして決定されているから、このような境界を見いだすことも可能である。しかし移動できるシカのような動物の場合にはそれを見いだすことが困難であり、安全な線というのは何年に一度という豪雪の時の線ということになる。しかしこの線はかなり低標高となり、保護区の面積は広大なものとならざるをえない。その範囲は田畑を含む人間の領域であり、これを保護区にするには社会的な問題が多すぎる。シカのための保護区の線引きの難しさはここにある。

(二) タライ・モデルとザル・モデル

このような考察をもう少し進めてみたい。一定の空間に生活できるシカの数にはおのずと限界がある。最大の要因は食物となる植物の量であろうが、牧場のウシとは違うから、適当な大きさの林も必要であろうし、またシカの持つ社会や行動の特質によっても影響を受けるであろう。ともかくさまざまな環境要因によってある場所に生活しうる動物の頭数に限界があるわけだが、生態学ではこれを環境収容力と呼ぶ。

環境収容力はもちろん自然条件によって決定されるのであるが、これまで考察してきたように五葉山においては保護区の境界、狩猟圧など、人為的要因が重要な意味を持っている。そこで、ここではシカの管理上、最も具体的な問題となる保護区における環境収容力を考えてみたい。

　雪の持つ意味を考えているうちに、この収容力をタライに例えて考えるのがよいというアイデアが浮かんだ(**図表101**)。タライは保護区である。タライの面積が保護区の広さに、そしてタライの高さがシカの密度に相当する。そしてその容積が環境収容力となる。環境収容力は食物の量によって決まるが、これは季節的に変化し、夏に大きく、冬に小さくなる。このタライに例えるとタライの高さが夏に高く、冬に低くなる。もしシカの頭数が収容力を越えると、このタライから溢れてしまう、つまり死亡することになる(**図表101A**)。毎年冬になると一定数のシカが死亡するのはこのように考えることができる。これは島のような閉鎖系にすむシカを想定するとよく理解されるだろう。

　ところで問題の雪はこのタライ・モデルにどう関係するのだろうか。鳥獣保護区は五葉山を中心に設定されているために全体に標高が高く、周辺よりも多くの雪が積もる。雪は内側からタライの収容力を小さくするという

図表101：タライ・モデル。
タライは環境収容力を、黒点はシカを表す。
A・夏にはタライの縁は高いが冬には低くなり、水が多すぎるとタライを溢れる、つまりシカは死ぬ。そして翌年の夏にまた回復する。
B・平年
C・暖冬
D・豪雪年

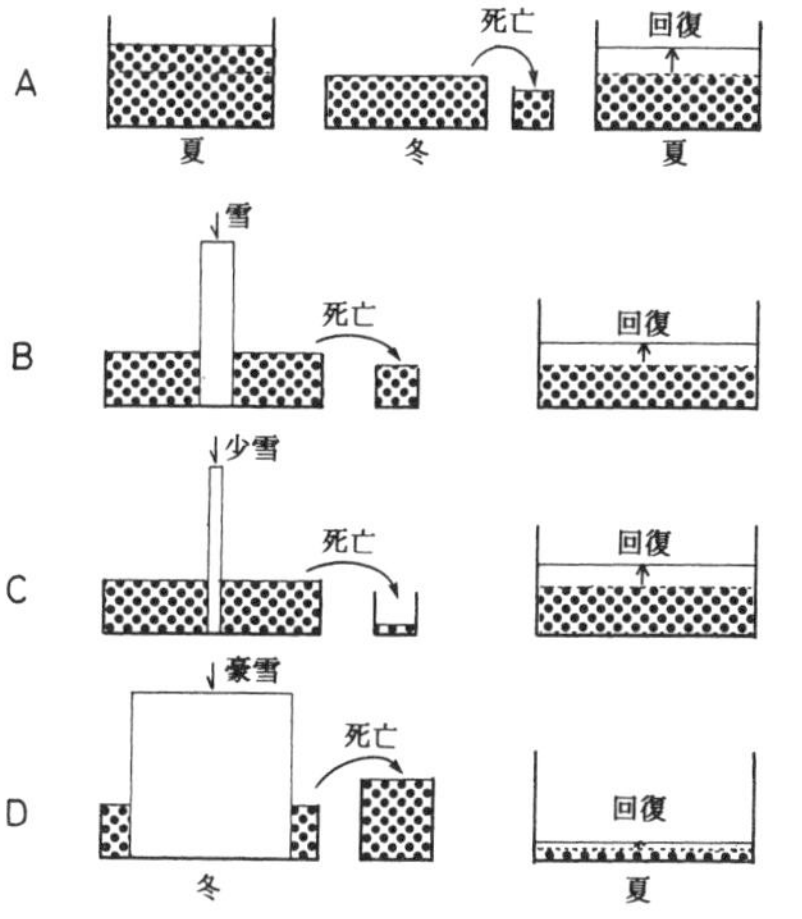

意味でタライの中に棒を突っ込むことで表現してみた。その量が平年値であれば、つまり棒の太さが普通であればタライから溢れるシカの数は多くない。溢れる量は自然死分であり、健全な個体群を維持するためにはむしろ必要なことでさえある。その死亡圧は老齢個体と若齢個体、ことに子ジカに強くかかるであろう。もし雪が少なければ、つまり突っ込む棒が細ければ、溢れる個体数は少なくてすむだろう。これは雪の少ない冬にはシカがミヤコザサを利用できるので、餓死する個体は少ないということを意味する。逆に大雪であると太い棒を入れることになる（図表101C）。そうするとタライを溢れる個体は多くなり、棒を抜いた後には少しのシカしか残らないことになる。そして理の当然として予想される通り、我々が恐れるのはタライと同じくらい太い棒に相当するような豪雪がありはしないかということである。もしそのような豪雪が起き、しかも保護区の外での狩猟圧が徹底しているか、あるいは農地からの排除が徹底していれば、五葉山のシカの全滅もありうるのである。

ところでタライ・モデルのこれまでの説明では保護区をタライに例えてきたが、実はこれは必ずしも適当ではない。基本的な考え方は正しいし、現象を理解しやすくするという長所はあるのだが、タライを溢れた個体の扱いに問題がある。溢れた個体のすべてが自然死するのではなく、実際には多くのシカは保護区を越境して外へ出て行くからである。実際のシカの密度分布には濃淡があり、タライの中の水というよりは豆粒を積み上げた山のような形をしているはずである。そこでシカの密度を山型で表現し、シカが保護区から溢れ出るのをザルから豆粒がこぼれるように表現してみた（図表102）。そしてこれをザル・モデルと呼ぶことにした。タライとザルでは昔の台所用品ばかりを取り上げていてふざけているようだが、考え出した本人は大真面目である。

このザル・モデルによって五葉山のシカのたどった歴史を考えてみよう。昭和初期までのシカがごく少なかった時代、シカは五葉山から大窪山にかけて細々と暮らしていた。当時のシカの分布状況は皿状の、低く小さな山に例えられるだろう(図表102A)。この段階ではシカは保護区の中に完全に収まっていた。昭和三〇年代の回復期には、山は高くなり、裾野は保護区を越え、少数のシカは保護区の外にも出たであろう(図表102B)。しかし山の高さはタライの高さを越えていないし、保護区外のシカによる被害もほとんどなかった。しかし昭和五〇年代の急増期には山の高さはついにタライの高さを越え、保護区外の個体数も多くなり、被害が発生するようになった(図表102C)。ここで重要なのは、山が同じ形で大きくなり、高さがどんどん高くなっていくのではなく、環境収容力つまりタライの高さによって山の高さが抑えられるという点である。その結果、山は上が偏平な屋根形となる。そして次の段階では、山は同じ高さで横へ横へと拡がってゆく(図表102D)。以上の過程は現実のシカの分布拡大の様子とも符号する(図表96)。

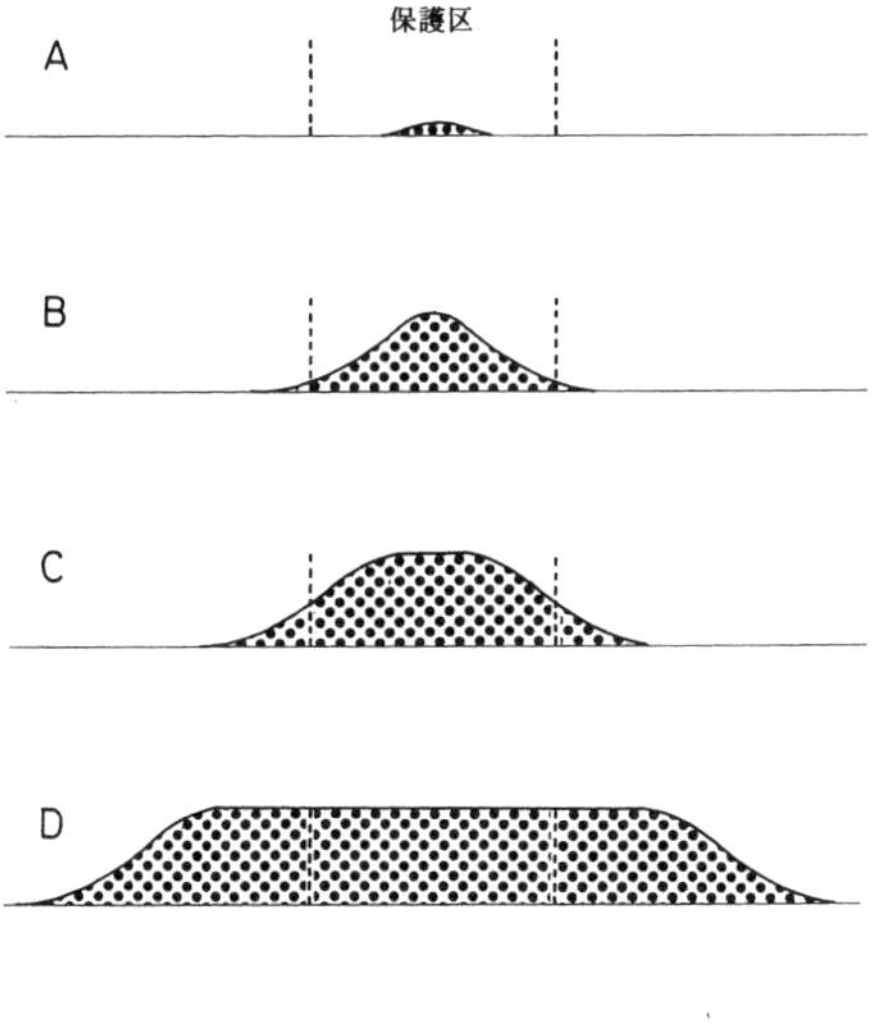

図表102:ザル・モデル。山の高さはシカの密度を、裾野の広がりは分布を表している。
A・減少期
B・回復期
C・増加期
D・過剰期

以上のようにモデルによって五葉山のシカの個体数と分布を考えてみると、五葉山のシカの保護管理の問題は結局、保護区をどのように設定するか、そして保護区から溢れ出た個体をどう扱うかに尽きるということが理解されるだろう。

(三) 個体数と雪

このように雪は五葉山のシカの保護管理を考えてゆく上でのキーポイントである。これはシカの生態そのものにとって雪が重要な意味を持っているからにほかならない。これに関しては第三、四章でふれたが、本章の考察で改めてその意味が明らかになったので、ここでは雪とシカ個体数との関係を見直してみたい。

東北地方には冷夏や旱魃が少なくないが、しかしシカの食物量という意味ではその年次変動はさほど問題とはならない。我国の高温多湿な夏は植物の生育にとっては理想的な条件をそなえている。シカの食糧はありあまるほど生育する。多少の年次変動があったとしてもシカの生存に問題になるようなことはない。

ところがこれが雪によって全く事情が変わってしまうのだ。大雪が降ってミヤコザサをはじめとする植物が被われると、シカはこれを利用できなくなってしまう。膨大な食糧の上をうろうろしながら、ついには飢え死ぬという悲劇が生じるのである。死亡圧は当然、体力のないシカに強く働く。まず子ジカが、そして老齢個体が死んで行き、例年であれば生き残る若い個体にも相当の死亡個体がでる。

逆に雪が降らないと、例年の数倍にもおよぶ食糧が提供されることになる。例年であれば死亡してゆくはずの子ジカや老齢個体も生き残る。これは一見よいことのように思えるが、次の年に平年並の降雪があると、しわよせによって多数の死亡が生じることになる。

積雪の記録はまさにこのようなことが起こるであろうことを示していた（図表21）。東北地方の太平洋側は全般に雪が少ないが、数年に一度、春にドカ雪が降る。そのたびに個体群は著しく減少し、健康な個体が生き残り、そして回復するというパターンをくりかえしてきたものと考えられる。丸山（一九八六）は日光のシカについてこのような個体数変動のモデルを描いているが（図表103）、このようなパターンは東北地方太平洋岸で一層明瞭であったろう。

このような個体数変動は雪の少ない地方のシカのそれとはずいぶん違うはずである。そこでは食糧の供給状態はほぼ植物そのものによって決められる。日本列島でいえばシイやカシからなる照葉樹林帯に相当する。このような林では秋から冬にかけてシカの重要な食糧になるであろうドングリ類の豊凶には年次変動はあるが、その振幅は積雪地の冬の食糧供給のそれとは問題にならないほど小さい。

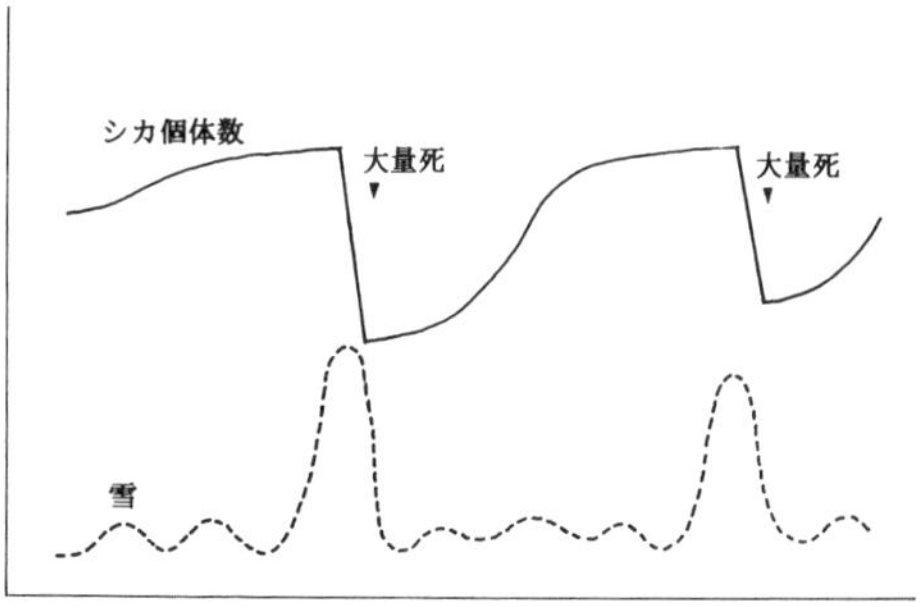

図表103：シカ個体数変動のモデル。東北地方太平洋岸では数年に一度のドカ雪にみまわれるため大量死が起き、また回復するというパターンが繰り返されるものと考えられる。丸山（一九八六より）。

雪による食糧の減少、ことに数年おきに訪れる大減少はニホンジカが進化してきた過程で照葉樹林帯を抜け出て北上してきた時に直面した重大な試練であったに違いない。第四章で見た脂肪の蓄積や季節移動などはこれに対する適応である可能性がある。すでに述べた通り、シカの繁殖力は非常に高く、放置すれば個体数は急激に増加するという性質をもっている。これはシカが進化する過程で獲得した生物学的な特性である。これと一見矛盾するが、五葉山の場合、数年あるいは数十年に一度例外的な大雪が降ることがあり、場合によってはシカの個体数が激減する可能性をはらんでいる。この「増えやすく、かつ減りやすい」という性質が五葉山のシカ個体群の保護管理を困難なものにしている。

四　シカの保護管理

(一)　現状

保護区を溢れ出て分布を拡大しつつあるシカはもはや珍しい動物ではない。地元で農林業に従事する人々にとって北限のホンシュウジカだから貴重だという説明はもはや空々しく響くばかりだろう。シカは貴重な動物などでは決してない。そのような考えは都会人の勝手でしかない。かわいい顔をしてはいるが図々しく憎らしい「畜生」なのである。有害獣駆除の時に聞いた農家の主婦の言葉を思い出す。

「シカなどぁ一匹もいらねぁ。どんどん射《ぶ》ってけらっせぁ」

毎日汗水たらして育てた作物が、ある日すっかりシカに食べられていた時の気持ちはサラリーマンにはわからないだろう。月給を盗まれたようなものに例えられるだろうか。しかし相手は犯罪者ではなく、警察に訴えるわけにもゆかない。それどころか逆に貴重だからといって「保護」されているのである。そして昔は人の姿を見ればとんで逃げていたのが、今では毎日毎日田畑にやって来ては追っても威しても逃げようともしないのだ。私の見聞きした印象では農家の方は概して殺生を嫌い、動物の死体などは見るのもいやだという人の方が多い。そして作物を食べられてもやさしく追い払うことが多いし、弱って死にそうな子ジカを保護して飼っている人もある。そのような人々の口からシカなど一匹もいらないという言葉が発せられるのはよほどの事であると理解すべきである。

個体数の増加、分布域の拡大、農林作物への被害、そして地元で暮らす人々からの見放しと嫌悪、行政への不満、これは決して望ましい姿ではない。五葉山のシカは現在このような状況にある。

(二) 保護に対する考え方と私の姿勢

いわゆる保護派の人がいる。大体は都会に住み、デスクワークを仕事とする人が多い。夏休みにはキャンプを楽しみ、自然食品を好み、バードウォッチングを趣味としていたりする。自然はすばらしい、小鳥はかわいい、捕鯨はやめるべきだ、日本の自然破壊は世界の恥だといったあたりが共通の主義主張だ。その数はどんどん増えつつあり、その傾向は今後ますます増してゆくものと予想される。

生態学者の多くは保護派だ。原始的自然を尊重し、人間が自然を管理するのはだいそれたことだと考える傾向がある。原生林の保護の時は必ずこのグループからの発言があり、保護すべき理由づけがなされる。

これらはいずれも、私のいう「完全保護」を主張するグループである。それは「人間生活は経済のみではない」という立派な価値観に立つ主張であるから、経済に重きを置かざるをえない地方人の口はこもりがちになってしまう。生きるために木を伐採せざるを得ない人に向かって、都会から来たカジュアルな服装をしたインテリ婦人が、伐採してはなりません、木を切るなら私を切ってからにして、などと言うのを聞いても戸惑うばかりだ。そんなに自然が好きなら、なぜ都会に住んでいるのだろうとは思うが、一言いえば十も二十もの言葉が返って来ることくらいはわかるから黙っている。

少し辛口で、ずいぶん単純化した言い方にはなるが、現在の保護派都会人と地方人との間には、およそそういう関係がある。

本書を通じて紹介した内容は、ニホンジカはオオカミなどの捕食者のいる生態系で進化してきたために繁殖力が非常に高いこと、生息地の食糧供給、ことにミヤコザサの量を決める森林の状態によって生息できるシカの個体数が大きく影響を受けること、数年に一度訪れる大雪によって大量死の起きる危険性をはらんでいること、などであった。五葉山のシカのもつこのような性質を考えれば、私のいう「完全保護」は必ずしも有効でなく、後述するように保護区では保護し、それ以外では個体数調整をするという「保護管理」こそが必要であると思うのである。

保護派の勢力がますます強まっている今日、シカを殺すことも必要だなどと主張するのはあまり賢明な態度とはいえまい。しかし私は自分のフィールドワークを通じて、シカと人間とが共存してゆくためには、むしろ人間による一定の働き掛けが必要であることを学んだ。そして、日本のような、国土が狭く、経済発展を遂げた国においては、このような保護管理こそが必要であるという状況の方がはるかに多いということも学んだ。自らの達した見解を曲げて安全に身をおくことは潔しとしないのである。

(三) どうすべきなのか

五葉山のシカを取り巻く状況には難問が渦巻いており、それに対する対策が容易であろうはずがない。しかしかつてはシカを絶滅の淵に追いやり、そして今度は増え過ぎるまでに増やしたのは我々人間側に原因があるのだ。いかに困難であっても我々にはそれに対して対応する責任がある。困難を覚悟で若干の私見を述べてみたい。

一・問題点

重要なことのひとつは十分な議論に基づく一貫した対策ということである。動かしがたい事実として五葉山にシカがおり、その周辺では人々が暮らしている。シカにとっては行政境界などあるはずもないのだが、現状では市町によって異なる施策がとられている。また県と地元の市町それぞれの立場によってシカに対する考え方は異なる。県はどちらかといえば「北限のシカ」の保護という立場にこだわっているように見える。これに対して地元では目にあまる被害をもてあまし、県の対応をなまぬるいと考えている。農林業従事者はシカなど一頭もいなくてもよいと考えている人もあり、町に住むサラリーマンはシカはかわいい動物だから射殺するのはかわいそうだ、ハンターは残酷だと感じている。

このようにさまざまな考えがあるのは当然のことだが、問題はそのことに関して真剣に議論がなされないことにある。鳥獣行政の施策はいうまでもなく政治的判断による。過ちもないとはいえないだろう。しかし議論がなければ過ちであるという判断さえなくなってしまう。

対策にとって基本となるのは、目指すべき目標とこれを実行に移す知識と技術である。現状のようにシカをどうすべきかに関する議論がなければ、その目標が見えないのである。シカが絶滅に瀕した時代、県にはこれを救うという目標があった。しかしこれを乗り越えた現在それが失われた。私には現在の混乱がこのことに起因していると思えるのである。

二・目指すべきもの—私見—

日本列島のシカ全体は、他の多くの野生動物と同様、危険あるいはそれに近い状況にある。寸断されたシカの分布地図（図表45）はこのことを警告しているようだ。しかし、こと五葉山に限っていえば、シカは人間との共存という意味では明らかに過剰になっている。その根拠は、越冬期のシカの密度が異常に高く、シカの食糧が乏しくなって、本来であれば食べないような樹枝や樹皮などさえ食べるようになっていること、人間の生活空間にシカが入り込み、農林業に被害をもたらしていること、などである。そしてその理由は本来オオカミなどの捕食者がいる生態系で進化してきたシカは高い繁殖力を持っているにもかかわらず、捕食者がいない現在、個体密度を一定のレベルに抑える自然要因がなくなってしまったからである。

私はシカが人間の生活空間に入り込んで被害を出していると言った。昨今サルやクマの被害問題で議論となるのは、人間が彼らの生活域を開発して野生動物の空間に侵入した結果、行き場を失って人里に降りて来たという説明である。おそらくこれは真実をついていると思う。しかし五葉山のシカの場合、戦前あるいは江戸時代からすでに人の営みが行われてきた空間でシカが増え過ぎたために、それまでの生活が困難になっているのである。（ただし赤坂峠の東西や大窪山など鳥獣保護区内の伐採地や牧場は戦後のものであり、私はこれらは本来シカの生活域だったのだから、彼らに返すべきだと考えている。）

この状況に対してどのような対策が考えられるだろうか。被害防止とシカ保護の折衷案としてまず考えられ、実際に行われてきた方法にシカを農耕地から閉め出すという方法がある。爆音や銃の音などが試みられたこともあるが、シカがすぐに慣れてしまうため初めのうちしか効果がない。

現在最も広く行われているのはネットを張りめぐらすという方法である。しかし私はこれらの閉め出しは本質的な解決にはならないと考える。その理由はタライ・モデルから明らかである。シカをどこかで閉め出せば、必ず他の場所にシワ寄せがきてそこでの密度が高くなり、被害はむしろひどいものとなる。多少のことであれば保護区に閉じ込めることで解決するかもしれないが、後述するようにこれでは新たな問題が生じるだけである。

結局、問題を抜本的に解決するには狩猟による個体数の調整しかないことになる。先に私はシカなど一匹もいらないと言った主婦の言葉を紹介したが、しかしこのような強硬な意見は地元でも少数派といってよい。大多数の人は、北限のホンシュウジカの価値はわかる、保護区の必要性も認めよう、だがそこから出て来て自分らの生活を脅かすシカだけは何とかしてくれ、と言っているのだ。これ以上の正論はあるまい。

私の提案したザル・モデル（図表102）に従って言えば、屋根型になってどんどん拡がってゆく密度分布（図表102D）を山型にまで調整すべきだと考える（図表102B）。これが私の考える保護管理の具体的な目標である。

ただし、これと直結することで難しい問題がある。保護区にならシカがいるのを認めようという主張の具体策は、保護区を頑丈な柵で囲い、それ以外のシカを駆除してしまおうというものである。

これに対して私はふたつの理由で反対である。ひとつはシカを保護区から出られないようにした場合、必ず訪れるであろう豪雪の時に大量死が起き、絶滅する可能性があるということである。これに関しては本章三節で考察した。

もうひとつの反対理由は保護区の生態系の問題である。シカを保護区に閉じ込めた場合、そこは島と同じような状況におかれる。私の研究の出発点であった金華山島の植物群落はシカの採食影響により著しい変容をとげている。森林群落の更新（森林構成木が枯れた後、若い木が後を継いで森林を維持すること）は妨げられ、トゲ植物やシカが嫌いな植物が増加する。これはこの島だけでなく、北海道洞爺湖の中島や瀬戸内、四国、九州などの小島でも認められる。長い目で見れば、仮に豪雪がなくシカが生き長らえたとしても、五葉山の植生は現在のものとは似ても似つかぬものになってしまうだろう。ヒルやダニは確実に多くなる。要するに環境収容力一杯まで増加したシカはその生態系にとてつもない影響を与えるのである。これは我々の望む姿とはいえないだろう。

このことと関連するが、シカを保護するということに関して一部で思い違いがあるようなので一言指摘しておきたい。保護区に閉じ込めようという意見には、ただ閉じ込めればよいという単純なものばかりでなく、豪雪の際は避難施設を作ってここで給餌すればよいというものもある。これに対して私は次のような理由からやはり反対である。

私はかつて世界自然保護基金(当時世界野生生物基金)の派遣で中国でパンダの調査に参加したことがある。その時アメリカから来ていた動物生態学者から次のような話を聞いた。竹が開花してパンダが食糧不足になったという報道を見たあるアメリカの金持ちの婦人が、かわいそうなパンダを救うためにといってトウモロコシを寄付してきたのだという。また別の老人は、あのかわいいパンダが貧しい中国なんかに住んでいるからかわいそうな目にあうんだ、アメリカにつれて来ればおいしいものをたくさん食べさせてやるのにと言って聞かなかったそうだ。これらの主張は善良なアメリカ人らしい人の良さに満ちているが、そこにはひとつの動物が生活しているというのはその環境の中で進化してきた結果なのであり、その生態系の中で生きてこそその種の生活なのだという認識が欠落している。

五葉山のシカも全く同じである。どのような状態でもよい、とにかくシカという種が絶滅しなければよいというのであれば、動物園で延命していてもよいということになる。給餌に頼らなければ生きていけないシカはもはや野生動物とはいえないだろう。大切なのは野生のシカを守ること、言いかえれば単に種を守ればよいのではなく、その種が生態系の中で生きている状態を守らなければならないということである。これは種を保護する系統的保護に対して生態学的保護ということができよう。

私は本章の冒頭で、シカは日本の自然を代表する大型獣であり、彼らがいるということはそれだけでそこにシカをとりまくすばらしい自然があることを意味すると書いた。しかし正確に言うならば「いる」ということは単に存在するということではなく、生活するということであり、その生活がシカ本来のものであるためには適正な状態でいることが必要なのである。

私の提示した目標はわかりにくいものではないはずだ。身近な友人や行政にかかわる人達に話してもおおむね共感を持ってもらっている。しかしわかりやすいからといって実行しやすいとは限らない。その点では私自身の方がむしろ楽観的でありえないでいる。

保護管理の目標はザル・モデルにおいて現在Dであるシカの状態をBにすることである（図表10-2）。ただこの状態にするのは実際上かなり大変なことのように思える。なぜならシカは雪に弱いから豪雪が来ればすぐにAの状態になり、これでは岩手県がこれまで行ってきた努力が水泡に帰することになる。またシカは繁殖力が高いから、暖冬が続けばCの状態になり、これでは五葉山の生態系が変形または破壊されてしまう。

したがって適正な保護管理を行うためには現在の状態がどの段階にあるのかを正確に把握することが最も重要である。これには保護区内外で定期的にシカのセンサスを行う必要がある。またシカの栄養状態や繁殖率の調査と、シカに利用される植物の状態も調査しなければならない。そしてこれらを総合的に判断して、シカの個体数が過剰であると判断されたら、個体数調整を行わなければならない。

五葉山の歴史をかえりみて学んだことは鳥獣行政、ことに狩猟制度の重要性であった。これは今後も適正に運用される必要があるが、ハンターに対する自然保護教育を充実して、科学的情報の重要性を理解してもらい、協力体制を強化すべきである。もうひとつ学んだ点は森林施業のあり方の重要性である。自然は国民の共通の遺産であるという立場に立ち、縄張り意識を捨てて、森林をいかに管理すべきかを考えていかなければならない。

そして私が何よりも大切だと思うのは、このすばらしい自然を地元の子供や一般の人に理解してもらい、手の届く距離にある自然に関心を持ってもらうことだ。そのための普及活動も活発にならなければなるまい。

このように列記してくると、今後に残された課題がいかを多いかを改めて思い知らされる。もちろんこれまでのように我々のような少人数の研究者が身銭を切って細々と行うような調査で実現できることではない。これらが大学の研究という枠からはずれていることは確かであり、しっかりした体制をとるべきだと思う。これは地方行政の事業として真剣に取り組むべき問題だろう。地元からはそんなことに金は出せないという声が聞こえてきそうだが、シカによる農林業への被害は数億円に上ると言われているのだ。その解決のために必要な経費を出し惜しみすべきではあるまい。もちろん自然の保護管理というのは基本的に膨大な費用のかかることである。しかし私には現在の世論がかけがえのない自然と人間とのより良い関係を見いだすために経費をかけるべきでないと言うとは思えない。第一、世界的に見た場合、現在の日本が自然保護管理に金をかけられないという説明を誰が納得するだろうか。くりかえし述べてきたように、このような状況を作り出して来たのは近代化という歴史の流れを疾走してきた我々を含む数世代の日本人にほかならないのだ。責任は我々にあるのである。

三・もう一度考えてみよう

私は、かつては絶滅に瀕した五葉山のシカがその高い繁殖力と森林伐採や保護行政などによって最近の二〇年ほどの間に個体数を回復し、分布域も拡大してきたことを示した。そしてその結果生じた農林業の被害が生じている状況に対して、適正な個体数調整が必要であると主張した。

「シカは間引くべし」と主張することが表面的に受け止められる可能性は十分にありうるし、場合によっては単なる殺戮としての狩猟の正当化に利用される可能性もなしとしない。そこで最後に私の基本的立場を述べておきたい。

五葉山のシカにとって適正な個体数調整が必要であるという主張の根底にあるのは、人間と野生動物とが共存しなければならず、そのためには生態学の知見がひとつの力になるはずだという私の信念である。五葉山における最近二〇年のシカ個体数の増加はこの地域に限ってのことであり、全国的に見ればシカは危機的な状況にあることを忘れてはならない。この意味では五葉山におけるシカの個体数増加は日本の野生動物の置かれた状況の中では例外的なものであるということができる。

もう一度日本列島におけるシカの分布を見てみよう(**図表45**)。関東以西の太平洋側ではシカの分布はまがりなりにも連続的といってよい。もちろん都市化の進んだ地域での分布は断続的であるが、世界に冠たる日本の経済発展を考えれば、むしろ驚くほどよく生き延びていると思えるほどである。ところが東北地方では那須あたりから広い空白があり、その北の分布は宮城県の牡鹿《おしか》半島と金華山島まで飛ぶ。しかも牡鹿半島には局所的に少数しか生息しておらず、本州の北限である五葉山まで再び広い空白がある。

全国的に見ればまことに心もとない東北地方のシカ、その最北端の一群がこの二〇年という、シカの歴史からすれば一瞬のような期間に増加し、人間との問題を生じているのである。

これは結局は人間の経済活動と自然保護との両立の難しさを象徴しているといえよう。五葉山のシカの問題は東北地方の、さらに一地方の問題であるが、この問題は経済復興を邁進してきた戦後の日本全体の問題でもあると思う。

『岩手県林業史』(岩手県、一九八二)に次のような一文がある。

「昭和前期は(中略)変転極まりない苦難の時代であった。かかる時代に遭遇しながらも本県の造林事業は二〇〇〇〜四〇〇〇町歩台を維持し、特に一六年には六一一四町歩にものぼり、明治以来終戦までにおける最高の造林実績をあげている。これは(中略)本県の造林奨励策がいかに積極的かつ適切であったかを示しているものである。」

常に後進県でありつづけた岩手県が国の施策に忠実であったことを誇っているこの文章に、私はむしろ悲哀を感じてしまう。造林とは荒地に林を造ることではなく、自然林を消滅させることである。そのことをここでは他県に劣らず行ったと誇っているのだ。

自然が残されていることは誇るべきことでこそあっても、なんら恥ずべきことではないはずである。もちろんこのような価値観は現代のものであって、戦後しばらくの、国を挙げての経済復興にわき目もふらずに邁進していた時代にそれを求めることはできないかもしれない。しかし本書は一九八二年に書かれているのだ。そこには国の施策を守ろう、先進県に追いつきたいという意識しか見いだせない。このような姿勢が改まらない限り、自然を失うことにやっと「追いついた」時、新たに与えられるであろう目標―例えば破壊に要した経費の何十倍もをかけてかつての自然を回復するといった目標―を後追いしなければならないという愚をくりかえすことになるだろう。後進性においてさえ「後進的」であったとはあまりにも哀しいではないか。もしそこに「岩手県は後進県であったため造林が思うにまかせず、森林は昔のまま放置されている。」と書かれていれば、「かつての後進性」ゆえに現在誇るべきものを見いだせたであろうに。

我々は戦後半世紀の時点にいる。この間、多くのものを得、多くのものを失った。戦後の経済復興は大局的に見て不可避的な選択であったといえよう。しかしそれには多くの代償があった。伝統的な生活様式を失い、文化遺産を失った。確かにそれも心の痛むことではある。だが私に言わせれば、それは我々が作ったものを我々自身が捨てた結果である。しかし自然は我々が作ったものではない。我々を育み、生かしてきたものである。その自然を破壊しつづけなければならないほど我々はひもじいのだろうか。

最近、長田《おさだ》武正氏によるすばらしい本が刊行された。『日本イネ科植物図譜』(一九八九)で、ライフワークというべき充実した内容のものだが、その前書きの中で次のような文章を読み暗澹たる気持ちになった。

「日本の野生植物は、国土の乱開発がおもな原因となって、年々その数が減りつつある。本書に図示されたもののうちにも、すでに絶滅したと考えられているものや絶滅の日が遠からず来るであろうと思われるものが少なくない。しかもそれが日本の特産種ともなれば、もう救う道はない。せめて彼らの姿を図に残し、我々日本人だけでなく、世界の人々にも彼らの生きていた時の姿を偲んでもらいたい。」

我々はオオカミを失い、トキを失おうとしているばかりでなく、もの言わぬ植物たちをも次々に絶滅に追いやろうとしているのだ。人類よりもはるかに長い時を越えて地上に生育してきた生物種を絶滅させた—それはどのような方法をもってしても蘇らせることはできないのだ—。そのことの代償としての経済繁栄とは一体何なのだろうか。しかも、それは過ぎ去った過去のことではなく今進行しつつあり、このまま放置すればさらに加速するのである。これまでの選択を誰かの責任と批判することはたやすい。重要なのは今我々がどのような選択をするかである。

経済の必要性を認めた上で、私は人間と自然との共存を目指す選択をしたい。それには目指すべき目標が要り、それを実現するための知識と技術が要る。しかし何よりも重要なのは自然のすばらしさを真に理解しあえること、そのことの喜びを共有できることである。それには自然の中に経済しか見いだせないという姿勢を改めることから始めることであろう。我々は戦後半世紀という時に立って、自然との共存について腰を落着けて考える時にきているのではなかろうか。

そのことについてひとつのエピソードを紹介して本書のしめくくりとしたい。それは私自身が体験したあるアメリカの老農夫との会話で、その時はとりたててどうということもなかったのに妙に忘れ難く、時間が経つにつれて私の心で育ってきた、そういう思い出である。彼の言葉は国境を越えて人間にとって大切なことを私に教えてくれた。今、その言葉を思い返して同じ人間として我々が生きてゆく上で考え直すべきものの大きさを感じている。

一九八六年の初春、私はアメリカのロッキー山脈でワピチの調査をしていた。私が調査していたのは国立公園と民有地との境界で、私がワピチの観察をしているうちに一群が国立公園から牧場に出ていってしまった。木立に遮られてワピチが見えなくなってしまったので、私は仕方なく牧場に侵入することになってしまった。しばらくして、双眼鏡をのぞいている私に向かって小さなトラクターが進んで来た。つなぎのジーンズに赤いチェックのシャツを着たヒゲ面の初老の男が乗っている。

『まずいな。牧場に入り込んだことに文句を言いにきたのかな。これを英語で説明しなくちゃならないのか』

腹を決めてそのまま双眼鏡をのぞいていたが、近づいたので切り出そうとすると、向こうから

「何をしてるんだ」

とニコリともしないで問いかけてくる。

『やはり。こいつは面倒なことになったな』

と思ったが、説明をするしかないと思って、

「日本から来たんだが、実はワピチを観察しているうちに、お宅の牧場に入ってしまった。申し訳ない」

と言いかけると、私のことばを遮るように彼は言った。

「そいつはいい。やつらはほんとにいいものな」

そう言って目を細めて私と同じ方を見やった。

彼はこの牧場主に違いない。ワピチに侵入されて牧草が食べられ、被害も小さくはないだろう。しかし彼の目が語っていたのは、彼にとってはそれよりももっと大事なことがあるということだった。それはこの大自然の中に生きていることそのことなのかもしれない。あるいはワピチに代表される生き物のすばらしさを知ることなのかもしれない。

弁解を準備していた私が思いがけない言葉にあっけにとられているうちにその老人は、

「じゃあな」

と言い残して立ち去った。

注

＊1・群サイズ：一九八一年の三月の平均群サイズは九・〇頭と他の二年の値よりもかなり大きかったが、これはこの時二八頭という例外的に大きい群が発見されたことによる。これは調査員の存在に気づいて走りだした小群がまとまったもので、通常通り発見されれば平均頭数はやはり五頭前後になるものと考えられる。

＊2・一九八四年の大雪：この年は確かに記録破りの年で、全国各地で野生動物の死亡が起きたらしい。金華山島では六〇〇頭のシカの内約三〇〇頭が死亡したし（高槻・鈴木、一九八五）、栃木県の日光、足尾でも二五〇頭のシカの死亡が確認された（小金沢、一九八六）。

＊3・ミヤコザサなど：ササ属には約三〇の種があるが、これらはいくつかの節（section）にまとめられている。種の区別は鞘や葉の毛の有無など微妙な形質によるものであり、生態的性質の違いは節レベルで認められる（鈴木、一九六二）。本書でもこれにしたがっており、ミヤコザサ、チマキザサなどは正確にはミヤコザサ節、チマキザサ節を指す。

＊4・$I\delta$（アイ・デルタ）：$I\delta$は次のように定義される（森下、一九六二）。

$$I\delta = q\Sigma n_i(n_i - 1)/N(N-1)$$

ただし、ここではqを稈数、nを葉数、Nを総葉数とする。

そして　$I\delta < 1$　なら集中分布

$I\delta = 1$　ならランダム分布

$I\delta < 1$　なら一様（規則）分布

と判断される。

＊5・ワピチ：ワピチとはエルクのインディアン名。ヨーロッパにいるヘラジカはヨーロッパではエルクと呼ばれるが、北アメリカへの移住者たちはワピチのことをエルクと呼び、ヘラジカのことをムースと呼んだ。混乱を避けるためにはワピチと呼ぶべきで、カナダでは実行されているがアメリカ合衆国ではいまだにエルクの呼称が使われている。本書では原著者の呼び方にかかわらずワピチとした。このシカはニホンジカと同じアカシカ属に属し、最近ではアカシカの亜種とされることが多い。

＊6・タンパク質含量：この数字には異論もありマーフィーとコーツ（一九六六）はもう少し高い七%を限界値としている。またフレンチら（一九五六）はオジロジカに関してタンパク質含量七%が体力維持の限界、九・五%で中程度の生長、一三%であれば良好な生長としている。いずれにしても五%は危険な線に間違いないので図表35には五%の線を引いておいた。

＊7・分布域の拡大：個体数の増加にともない分布域も拡大しており、一九八五年頃には気仙川を越えたが、西方への拡大は南方へのそれと比べて明らかに遅い。

＊8・ジャーマン・ベル原理：この原理については、別に詳述したので参考にされたい（高槻、一九九一）。

＊9・シカの胃の研究：アフリカのレイヨウの胃に関しては前節で紹介したホフマン（一九七三）の膨大な記載があるが、シカに関してはショートら（一九六五、一九六九）やナギー・レジェリン（一

九七五）らによるものくらいしかなかった。

＊10・ヤクシカのスギ採食：その後ヤクシカの冬季胃内容物を分析する機会があったが、これによるとスギが検出されたのは一三例中三例で、平均値は〇・一八％に過ぎなかった（高槻・鈴木、一九八七）。

＊11・日本列島のシカの食性比較：比較に用いたのは試料数の多い秋から冬のものとし、また一カ所で複数地点分析した場合は代表的な地点を選んだ。

＊12・性的二型：例えばマザマジカ、プードゥー、ノロジカなどでは雌雄で体重差がなく、オジロジカ、ミュールジカ、サンバーなどで一五〇〜一六〇％など。ただしアクシスジカ、アカシカ、ダマジカなどは一八〇％以上。

＊13・平滑化：試料数をY、年齢をXとすると、次式のように回帰された。

オス　$Y=-0.2078X-0.0076X^2+1.4430$　$(r^2=0.7691)$

メス　$Y=-0.0245X-0.0031X^2+1.5298$　$(r^2=0.9211)$

＊14・オスの生命表：狩猟では角のある一歳以上のオスが、また有害獣駆除ではメスと一歳のオスが対象となる。両サンプルの狩猟努力は違うから、これらをまとめてひとつの集団とみなすことはできないが、一歳のオスが共通なので、これを利用して補正した。

＊15・〇歳オスの死亡率：有害獣駆除個体群における〇歳のオスとメスの数は三七対三二で両者に違いはなかった。ここで生じた違いは平滑化によるもので、一歳以上の年齢構成に影響されたものである。したがってこの違いは計算上の違いであって、実際にそうであるわけではない。

＊16・オスの腎脂肪指数の季節変化：大阪市立大学の南正人氏らの最近の研究によると、交尾期のピ

ークである一〇月には成オスによる交尾が行われるが、これを過ぎるとそれまでおとなしくしていた若いオスによる交尾が増化するという。成オスと若いオスによる交尾行動のこのような季節的なずれは腎脂肪指数の変動と符号する。

＊17・個体群の質：この考えは生態学を学んだ者にいわゆるr・K淘汰説を想起させる。これはマッカーサーらによって提案された説（マッカーサー・ウィルソン、一九六七、ピアンカ、一九七〇）で、動植物を極相型とパイオニア型に分けて考えた場合、前者は土地の収容力ギリギリにまで増加することができ、大型の子孫を少数残すことによって確実にその土地に定着しつづけようとする。これに対して後者は繁殖力が大きく、小型の子孫を大量にばらまいて、常に新たな土地へ進出しようとする。前者は動物でいえば哺乳類や鳥類、植物でいえばブナやナラの仲間、後者は動物でいえば多くの昆虫類やマンボウのような魚類、植物でいえばイネ科や雑草類などが相当する。しかしガイストの分散説は単に繁殖様式にとどまらず、形態、行動、社会をも包含しようとした点で評価できるといえよう。

＊18・ニホンジカの性的二型：ヘプトナーら（一九六一）によるが、この値は我々の五葉山のデータと一致する。

＊19・牧場の現存量：選択性はイブレフ（一九六一）の選択指数（EI）によって表現した。この指数は次のように定義される。

$$EI=\frac{r_i-p_i}{r_i+p_i}$$

ただしr_iは種iの糞中の組成（%）、p_iは種iの牧場内での組成（%）である。定義からして選択指数はマイナス1からプラス1までの値をとる。マイナス1は糞中に全くない、つまり牛が食べない場合で、嗜好性は最も低いことを示す。普通はこの間の値をとり、この値がプラスであれば選択的、マイナスであれば非選択的であることを意味する。

＊20・シカとウシの糞組成の重複：組成の重複はゴーチ・ウィッテカー（一九七二）の共通係数によって表現した。この係数は次のように定義される。

$$PS(jk)=\frac{2\Sigma \min(P_{ij}\cdot P_{ik})}{\Sigma(P_{ij}+P_{ik})}\times 100$$

ただしP_{ij}、P_{ik}はそれぞれサンプルj、kにおける植物iの百分率組成である。

＊21・シカ各種の臨界距離：例えばカナダ、ブリティッシュコロンビア州のバンクーバー島のオグロジカは四五〜六〇メートルしか進出しないというが（ウィルムズ、一九七一）、バージニア州のオジロジカの場合、新しい伐採地では一〇〇メートルだが、古くなると三〇〇メートルまで進出するようになるという（ブリマイアー・モスビー、一九七七）。このような距離は状況によってさまざまに変化し、ワピチの場合アイダホ州で四六メートル（ハーシー・リージ、一九七六）、オレゴン州で一三〇メートル（ウィトマー・デカレスタ、一九八三）、ワイオミング州で八〇〇メートル（ウォード、一九七六）などの結果が報告されている。

＊22・風による冷却効果：モーエン（一九七三）によると風速と熱損失との間には直線に近い関係があるが、その勾配は気温が低いほど急である、つまり冷却効果が大きいという。体重六〇キログラムのシカの場合、伐採帯で約二二〇毎時キロカロリー、林内で一六〇キロカロリーほどであった。つまり気温で摂氏一三〇・五度、風速で毎分二〇〇メートルほどの違いでも、伐採帯では毎時六〇キロカロリーもの熱損失があることになる。またスコットランドのアカシカによるシェルター利用と気象の

関係を調べたステーンズ（一九七六）によると、アカシカは風速が毎分二一〇メートルを超えると風を避けて岩陰や林などに入り、気温が下がれば臨界風速はこれ以下になるだろうと言っている。

＊23・ヒノキ：実際にはヒバ（ヒノキアスナロ）のことだと思われる。檜山には現在でもヒノキアスナロが多い。

＊24・津浪による死者数：気仙郡の死者は六七一〇人余りだという説もある（大船渡市史編集委員会、一九八〇）

＊25・保護区：ただしこれにはオスジカ捕獲禁止地域と鳥獣保護地域（昭和三八年（一九六三年）までは禁猟区と呼ばれていた）を含むが、ここでは合計値を示した。

あとがき

私は一九七六年に初めて五葉山を訪れてから、これまでに一三三回足を運んだことになる。一〇年以上経ったのだから驚くほどのこともないのだろうが、一〇〇回以上も行ったのかと思うと感慨に似たような気がしないでもない。野外生態学者として山を歩くことは何にもまして重要なことだと思うし、それは深い喜びでもある。しかし予定を調整して学生諸君に集まってもらい、その期間中責任を背負い、肉体的にも厳しい負担を強いられる移動、山行を考えると、おっくうになり逃げ出したいような気持ちになることがあったのは確かだ。しかし不思議にもう行きたくないという気持ちは起きないし、振り返ってみても全体としては楽しい思い出の方が勝っている。それは研究上の成果があがったからだろうか。確かにそれは研究者としての最大の喜びであろう。しかし私個人にとっては学生諸君と過ごした楽しい時間がずっしりと重いということは否定できない。ではそれだけだろうか。このふたつが大きい要素であることは確かだが、まだ気持ちの深いところに自分を動かすものが残っている気がしてならない。それは北上という土地の魅力なのかもしれない。人には存在しているうちに土地に対して惹きつけられる性質が備わっているのだろうか。

本書は私の五葉山におけるこの一〇年ほどの研究成果をまとめたものであり、前半の五年の合同調査で行ったセンサスやミヤコザサの調査結果が主体となっている。後半はシカ個体分析を中心に細々と続けてきたものだが、これは現在も進行中であり、共同研究にもなってきたので、詳しい解析は後日に譲りたい。またこれとは別に地元での理解も得て応用面を指向した新しい展開が始まっている。

さて本書の内容は未発表のものを含めて学術論文を紹介する形をとるようにしたが、全体としての流れを良くするために多くのデータを省略せざるをえなかった。文献をあげたので関心のある読者は直接当たっていただきたい。論文紹介とは言っても、ご覧の通りそれだけではなく、むしろ私の個人的体験と思考の過程を盛り込んだ。というより書き進めながら自然にそうなったというのが偽らざるところである。研究者のわがままを許していただければ、科学論文を書くときに常に求められる、贅肉をそぎ、主観を捨ててできあがった論文というのは、自分の費やしたエネルギーのほんの微小な部分でしかない、自分にはもう少し伝えたいものがある、そんな気持ちを表出したかったことは確かである。

このことと関係するが、本書を書く直接的な動機となったのは一九八五年から一九八六年にかけてのアメリカ滞在であった。そこで強く印象づけられたことはアメリカ市民の野生動物に対する関心の強さと、大学の研究者の市民に対するサービス精神の旺盛さであった。そのことがアメリカの自然保護を成功させる大きな力になっている。前者は我国でも次第に定着する傾向が見受けられるが、自分自身の問題である後者に関しては反省すべき面が余りに大きいことを痛感した。研究成果はより多くの人に知ってもらうべきだという思いが強くなって来た。そして最近になって我国でもようやく自然保護への関心が高まりをみせるようになり、それ自体は結構なことなのだが、これにともなって感情的な自然保護論の横行が目に余るようになってきた。自然保護は社会運動であるがゆえに、さまざまな立場からさまざまな発言がなされてよいし、そうあるべきでもあるが、正確な情報ぬきの感情論に実りが多いとは思えない。それに対抗できる内容が本書にあるかと質されれば恥じ入るばかりであるが、読者には私のように少年時代から野山を歩き、自然を知るためのひたむきな努力を続けている人々の、もの言わぬ声のひとつとして本書を読んでいただきたいと思うのである。

書き上げてみれば一〇〇回以上も通った成果がこれだけかと自分の非力を感じざるをえないが、自分自身の言葉で書こうという姿勢は貫いたつもりである。東北の名もない山での研究ではあるが、本書の言わんとするところは我国の自然保護を考えてゆく上で共通の内容を含んでいると信じている。

本書のいたるところに出てくることから明らかなように、この研究は多くの人々、とりわけ学生諸君の協力に負っている。研究は常に協力を必要とするとはいっても、二人ですることを一人が二倍の時間をかけることによって可能になることもある。しかしセンサスに典型的に示されるように、私一人がいくら努力しても決してできない調査があり、この研究はまさにそのような調査からなっていた。その意味で本文中に名前を記さなかった大勢の学生諸君に心からお礼を言いたい。特筆しなければならないのは同じ研究室の鈴木和男君（現在只見木材加工共同組合）で、彼にはフィールドワークを手伝ってもらっただけでなく、物忘れのひどい私の女房役として常にサポートしてもらい、議論の相手にもなってもらった。協力といえば地元のハンターの皆様にもお礼申し上げたい。これなしに研究の試料が確保できなかったことは言うまでもないが、シカに関して多くのことを教えて頂いたこと、そして本来であれば当然でありながら、なかなか実現しにくい地元の人々との共同作業ができたことをありがたいことと思っている。中でも釜石市の白浜政勝氏とご一家、及川譲二氏、大船渡市の藤原栄之介氏、小島寛氏、村上高志氏には格別のお世話になった。

センサスの方法などについては東京農工大学の丸山直樹氏に多くのことを教えて頂いた。また歯による年齢査定は兵庫医科大学の三浦慎悟氏（現森林総合研究所）と伊東香氏が引き受けて下さった。これに基づく生命表作成（第四章）にはいくつかの仮定があり、その解釈の責任は筆者にある。東北大学農学部（当時）の玉手英夫先生にはシカの消化器官についてご教示頂いただけでなく、博物学の楽しさを分かち合って頂いた。その先生も今はない。ご冥福をお祈りする。

現地調査では大船渡市農林課各位に便宜を図って頂き、中でも今野富次男氏には格別のお骨折りを頂いた。また岩手県環境保健部自然保護課各位には事務手続きや資料の提供などでお世話になった。そしてこれらはすべて現在も進行中である。

一九八〇年から五年続いた環境庁のプロジェクトは本書の内容の主体をなしており、この間、環境庁自然保護局には調査を遂行する上でお世話になった。この期間中、山形大学教育学部の伊藤健雄教授にはリーダーとしてご指導頂いた。また文部省からは科学研究費（昭和五七年度、五七七四〇三四七、昭和五八年度、五八七四〇三〇四、昭和五九年度、五九七四四〇三一九）を受けることができた。植物生態学研究室に属する私が興味の赴くまま時に動物生態学そのものともいえる研究に深入りできたのは、飯泉茂先生が作られた研究室の自由な雰囲気のおかげであった。

本書は宮城教育大学の伊沢紘生教授のお力添えと、どうぶつ社の久木亮一氏の励ましなしには日の目を見ることはなかった。そして伊沢さんにはフィールドワークの厳しさと喜びとを改めて教えて頂いた。またカナダのガイスト博士とドイツのホフマン博士とには貴重なコメントを頂き、原図の引用を快諾頂いた。原図の引用に関してはアメリカのヒューストン博士にもお世話になった。また動物写真家の江川正幸氏はすばらしいシカの写真で本書を飾って下さった。その一葉一葉はシカの魅力を見事に伝えている。そして、出版の企画中に文部省の科学研究費補助金「研究成果公開促進費」が得られることになった。思いがけず、またありがたいことだった。

最後に、自然に対する目を開かせてくれ、その夢を追い求めることを支え続けてくれた両親、孝男と豊子とに感謝したい。戦後の引揚者としてその苦労は並大抵ではなかったことを判る年齢に私もなった。そして留守がちな我家をまもってくれた妻、知子と、それに慣れっこになってしまった三人の娘たちにも一言お礼を言いたい。

一九九一年一〇月　周囲の山々が色づき始めた仙台にて

高槻成紀・鹿股幸喜・鈴木和男. 1981. ニホンジカとニホンカモシカの排糞量・回数. 日本生態学会誌, 31：435-439.
高槻成紀・川原弘・鳥巣千歳. 1984. 五島列島・野崎島のシカの糞分析. 長崎総科大紀要, 25：37-44.
高槻成紀・北原正宣・東　英生・鈴木和男. 1987. ヤクシカの外部計測資料.『屋久島生物圏保護区の動態と管理に関する研究(環境科学研究報告集 B335-R12-12)』:108-109, 文部省環境科学特別研究屋久島物圏保護区の動態と環境科学に関する研究研究班.
高槻成紀・佐藤仁志. 1988. 島根半島西部のシカの冬季胃内容物分析例. 島根野生動物研究会会報, 5：39-40.
高槻成紀・鈴木和男. 1985. 1984年春の金華山島のシカの大量死.『金華山島保護施設計画追跡調査報告書, III』：27-62, 金華山島生態系保全調査委員会・宮城県.
高槻成紀・鈴木和男. 1987. ヤクシカの食性.『屋久島生物圏保護区の動態と管理に関する研究』(「環境科学」研究報告集, B335-R12-12)：97-107, 文部省環境科学特別研究屋久島生物圏保護区の動態と環境科学に関する研究研究班.
高槻成紀・鈴木和男. 1988. 千葉県房総半島のシカ胃内容物分析.『千葉県野生鹿生息環境改変調査報告書』：58-67. 日本野生生物研究センター.
高槻成紀・鈴木和男. 1989.『岩手県五葉山のシカ分析結果報告書—1988年夏・秋季—』, 大船渡市役所.
田代道弥・八田洋章. 1989. 日本のヨウラクツツジ属. 日本の生物, 3 (12)：54-59.
Thomas, D. C. 1982. The relationship between fertility and fat reserves of Peary caribou. Can. J. Zool., 60：597-602.
Torbit, S. C., L. H. Carpenter, R. M. Martmann, Q. W. Alldridge & G. C. White. 1988. Calibration of carcass fat indices in wintering mule deer. J. Wildl. Manage., 52：582-588.
Wallmo, D. C. 1969. Response of deer to alternate strip clearcutting of lodgepole pine and spruce-fir timber in Colorado. USDA For. Serv. Res. Note, RM-141. 4pp.
Ward, A. L. 1976. Elk behavior in relation to timber harvest operations and traffic on the Medicine Bow range in south-central Wyoming. In "Elk-Logging-Road Symp. Proc." (ed. Peek, J. M. & S. R. Hieb)：32-43.
Whitehead, G. K. 1972. "Deer of the World", Constable, London.
Willms, W. D. 1971. The influence of forest edge, elevation, aspect, site index and roads on deer use of logged and mature forest, northern Vancouver Island. M. S. Thesis, Univ. of British Columbia, Vancouver.
Witmer, G. W. & D. S. deCalesta. 1983. Habitat use by female Roosevelt elk in the Oregon coast range. J. Wildl. Manage., 47：933-939.
Yamane, I. & K. Sato. 1971. Seasonal change of chemical composition in *Miscanthus sinensis*. Rep. Inst. Agr. Res. Tohoku Univ., 22： 1-36.
吉岡邦二. 1973.『植生地理学』, 共立出版.
吉行瑞子. 1968. 五葉山ならびに早池峰山の翼手類. 国立科博館専報, 1：92-95.

characteristics of deer on food of two types. J. Wildl. Manage., 33：380-383.
Staines, B. W. 1976. The use of natural shelter by Red deer (*Cervus elaphus*) in relation to weather in North-east Scotland. J. Zool., Lond., 180：1-8.
Staines, B. W. 1978. The dynamics and performance of a declining population of Red deer (*Cervus elaphus*). J. Zool., Lond., 184：403-419.
Suzuki, S. 1961. Ecology of the bambusaceous genera *Sasa* and *Sasamorpha* in the Kanto and Tohoku districts of Japan, with special reference to their geographical distribution. Ecol. Rev., 13 (3/4)：131-147.
鈴木貞雄．1971．『ササ属（Genus Sasa）の生態』，玉川大学通信教育部．
鈴木貞雄．1978．『日本タケ科植物総目録』，学習研究社．
鈴木周二．1984．けせんマタギを追う．1〜30．東海新報，1984年2〜3月．
Swift, D. M. 1983. A simulation model of energy and nitrogen balance for free-ranging ruminants. J. Wildl. Manage., 47：620-645.
Taber, R. D. & R. F. Dasman. 1957. The dynamics of three natural populations of the deer *Odocoileus hemionus columbianus*. Ecology., 38：233-246.
Takatsuki, S. 1980. Food habits of Sika deer on Kinkazan Island. Sci. Rep. Tohoku Univ., IV Ser. (Biol.), 38 (1)：7-31.
Takatsuki, S. 1983a. Group size of Sika deer in relation to habitat type on Kinkazan Island. Jap. J. Ecol., 33：419-425.
Takatsuki, S. 1983b. The importance of *Sasa nipponica* as a forage for Sika deer (*Cervus nippon*) in Omote-Nikko. Jap. J. Ecol., 33：17-25.
高槻成紀．1985．北大阪のシカの食性—北摂剣尾山を中心に—．『野生鹿捕獲禁止区域設定調査報告書』：17-34，大阪府農林部緑の環境整備部．
Takatsuki, S. 1986. Food habits of Sika deer on Mt. Goyo, Northern Honshu. Ecol. Res., 1：119-128.
Takatsuki, S. 1988a. Rumen contents of Sika deer on Tsushima Island, western Japan. Ecol. Res., 3：181-183.
Takatsuki, S. 1988b. The weight contribution of stomach compartments of Sika deer. J. Wildl. Manage., 52：313-316.
高槻成紀．1989a．金華山島の自然と保護—シカをめぐる生態系—．生物科学，41(1)：23-33.
高槻成紀．1989b．シカが植物及び植物群落に及ぼす影響．日生態会誌，39：67-80.
高槻成紀．1989c．千葉県房総半島のシカ胃内容物分析(1988年)，『千葉県野生鹿生息環境改変調査報告書』：1-13，日本野生生物研究センター．
Takatsuki, S. 1989d. Edge effects created by clear-cutting on the habitat use of Sika deer at Mt. Goyo, northern Honshu, Japan. Ecol. Res., 4：287-295.
Takatsuki, S. 1990b. Changes in forage biomass following logging in a Sika deer habitat near Mt. Goyo. Ecol. Rev., 21：1-8.
Takatsuki, S. 1990c. Summer dietary compositions of Sika deer on Yakushima Island, southern Japan. Ecol. Res., 5：251-258.
高槻成紀．1991．草食獣の採食生態—シカを中心に—．『現代の哺乳類学』，朝倉書店．
高槻成紀・朝日稔．1978．糞分析による奈良公園のシカの食性，II．季節変化と特異性．『天然記念物「奈良のシカ」報告（昭和52年度)』：25-37，春日顕彰会．
高槻成紀・伊藤健雄．1986．シカのハビタットとしての五葉山の植生．山形大学自然科学紀要（自然科学)，11：275-306.

村井三郎．1951．青森営林局森林植生の概要．(IV)，(V)．青森林友，28：15-25, 29：2-13.
Murphy, D. A. & J. A. Coates. 1966. Effects of dietary protein on deer. Trans. N. Am. Wildl. Nat. Conf., 31：129-139.
Nagy, J. G. & W. L. Regelin. 1975. Comparison of digestive organ size of three deer species. J. Wildl. Manage., 39：621-624.
Nasimovich, A. A. 1955. The role of the regime of snow cover in the life of ungulates in the USSR. Akad. Nauk SSSR, Moskva, 403p. Translated from Russian. Translation TR-RUS 114, Can. Wildl. Serv., Ottawa, Ontario. (未見．Kelsall, 1969 に引用)
新宮弘子・伊藤浩司．1983．ササ属植物の形質変異に関する研究 (1)．環境科学 (北海道大学)，6：117-150.
奥田重俊．1968．五葉山の高山性および亜高山性植生．国立科学博物館報告，1：77-83.
大船渡市史編集委員会．1980．『大船渡市史，第 2 巻，沿革』，大船渡市.
大泰司紀之．1976．切歯の摩滅による奈良公園のシカの年齢推定法．『昭和 50 年度天然記念物「奈良のシカ」調査報告』：71-82．春日顕彰会.
大塚潤一(鹿児島県自然愛護協会)．1981．『ヤクシカの生息・分布に関する緊急調査報告書』，鹿児島県.
長田武正．1989．『日本イネ科植物図譜』，平凡社.
Pearson, H. A. 1968. Thinning, clearcutting, and reseeding affect deer and elk use of ponderosa pine forests in Arizona. USDA For. Serv. Res. Note, RM-119. 4pp.
Pengelly, W. L. 1963. Timberlands and deer in the Northern Rockies. J. For., 61：734-740.
Pianka, E. R. 1970. On r- and K-selection. Am. Nat., 104：592-597.
Reynolds, H. G. 1969. Improvement of deer habitat on southwestern forest lands. J. For., 67：803-805.
Riney, T. 1955. Evaluating condition of free-ranging red deer (*Cervus elaphus*), with special reference to New Zealand. N. Z. J. Sci. Tech., 36 (Sect B), 5：429-463.
Robbins, C. T. 1983. "Wildlife Feeding and Nutrition." Acad. Press.
Saito, K., K. Sugawara & H. Fukuda. 1980. Natural and semi-natural vegetation on Mt. Goyo in the Kitakami Massif, North Honshu, Japan. Saito Ho-on Kai Museum Res. Bull., 48：25-42.
三陸町史編集委員会．1989．『三陸町史．第 4 巻，津浪』，三陸町史刊行委員会.
佐々木好之．1973．『植物社会学』，生態学講座，8，共立出版.
仙台管区気象台．1988．『東北地方の豪雪地帯における積雪の統計図表』
柴田敏隆．1965．岩手県五葉山にて採集した小獣類．横須賀市立博物館研究報告，11：58-61.
柴田敏隆．1966．岩手県大船渡市立博物館所蔵鳥類標本目録．横須賀市立博物館研究報告，12：52-62.
柴田敏隆・村瀬信義．1964．蕃殖期における岩手県五葉山の鳥相．横須賀市立博物館研究報告，10：56-69.
Short, H. L., D. E. Medin, & A. E. Anderson. 1965. Ruminoreticular characteristics of mule deer. J. Mammal., 46： 196-99.
Short, H. L., C. A. Segelquist, P. D. Goodrum & C. E. Boyd. 1969. Rumino-reticular

11：115-118.
Leopold, A. 1933. "Game Management", C. Scribner's Sons.
Lowe, V. P. W. 1969. Population dynamics of the red deer（*Cervus elaphus* L.）on Rhum. J. Anim. Ecol., 38：425-457.
MacArthur, R. H. & E. O. Wilson. 1967. "The Theory of Island Biogeography", Rrinston Univ. Press.
前田満・小泉透・三浦慎悟・柴田叡弌・北原英治．1989．大台ケ原ニホンジカ生息実態調査報告．『大台ケ原トウヒ林保全対策事業実績報告書』：41-60，環境庁自然保護局・吉野熊野国立公園管理事務所．
丸山直樹．1981．ニホンジカの季節的移動と集合様式に関する研究．東京農工大学農学部学術報告，23：1-85．
丸山直樹．1986．日光のニホンジカ．『日光の動植物』：273-287，栃の葉書房．
松井善喜．1963．北海道におけるササ地の育林的取扱いとササ資源の利用について．農林省林業試験場北海道支場年報．
McCullough, D. R. 1969. "The Tule Elk：its history, behaviour and ecology." Univ. Calif. Press.
McCullough, D. R. 1979. "The George Reserve Deer Herd." Univ. Michigan Press.
McEwan, E. H. 1968. Growth and development of the barren-ground caribou, II. Postnatal growth rates. Can. J. Zool., 46：1023-1029.
McEwan, L. C., C. E. French, N. D. Magruden, R. W. Swift & R. H. Ingram. 1957. Nutrient requirement of the white-tailed deer. N. Am. Wildl. Conf. Trans., 22：119-130.
三田道忠．1952．岩手県気仙郡唐丹村の共同狩猟．全猟，17（6）：9．
Mitchell, B. 1973. The reproductive performence of wild Scottish red deer *Cervus elaphus*. J. Repr. Fert., Suppl., 19：271-285.
Mitchell, B., D. McCowan & I. A. Nicholson. 1976. Annual cycles of body weight and condition in Scottish red deer, *Cervus elaphus*. J. Zool. Lond., 180：107-127.
Miura, S. 1984. Social behavior and territoriality in male sika deer（Cervus nippon, Temminck 1838）during the rut. Z. Tierpsychol., 64：11-73.
三浦慎悟．1986．ニホンジカ-その生態と社会にみる多様性-：90-93．『動物大百科，4（大型草食獣）』，平凡社．
宮脇昭．1980．『屋久島，日本植生誌，1巻』，至文堂．
Moen, A. N. 1973. "Wildlife Ecology：an analytical approach ". W. H. Freeman & Co., San Francisco.
Moen, A. N. 1978. Seasonal changes in heart rates, activity, metabolism, and forage intake of white-tailed deer. J. Wildl. Manage., 42：715-738.
Moran, R. J. 1973. "The Rocky Mountain Elk in Michigan". Michigan Dept. Nat. Res., Res. Dev. Rep., No. 267.
盛岡気象台・岩手県．1979．『岩手県災異年表』，日本気象協会盛岡支部．
盛岡地方気象台．1966．『岩手県気候誌』，気象協会盛岡支部．
Morisita, M. 1962. Iδ-index, a measure of dispersion of individuals. Res. Pop. Ecol., 4：1-7.
森下正明．1976．生態学講座．19．『動物の社会』，共立出版．
村井三郎．1950．青森営林局森林植生の概要．(I)，(II)，(III)．青森林友，25：7-21, 26：17-39, 27：10-23.

Ishizuka, K. 1961. A relict stand of *Picea glehni* Masters on Mt. Hayachine, Iwate Prefecture. Ecol. Rev., 15：155-162.
石塚和雄．1968．岩手県におけるコナラ二次林とミズナラ二次林の分布，および北上山地の残存自然林の分布について．『一次生産の場となる植物群集の比較研究』：153-163.
石塚和雄．1978．多雪山地亜高山帯の植生．『吉岡邦二博士追悼植物生態論集』：404-428.
石塚和雄．1979．雪と植生―植物群落の大分布を中心として．地理，24：39-48.
石塚和雄（編）．1981．『北上山地森林植生の生態学的研究』，文部省科学研究費報告集，山形.
石塚和雄．1987．積雪と植生．『日本植生誌，東北』：127-138．至文堂.
伊藤健雄．1985．金華山島におけるニホンジカの個体数の変動．『金華山島保護施設計画追跡調査報告書，III』：11-25，宮城県.
伊藤健雄・高槻成紀．1987．五葉山地域におけるニホンジカの分布域と季節移動．山形大学紀要（自然科学），11（4）：411-430.
Ivlev, V. S. 1961. "Experimental Ecology of the Feeding of Fishes". Translated from Russian by Scott, D. Yale Univ. Press, New Haven.
岩田悦行．1971．北上山地の二次植生・特に草地植生に関する生態学的研究．岐阜大農研報，30：288-430.
岩田悦行・小水内正明．1962．1963．陸中遠島山の植生．岩手大学農芸学部研究年報，20：169-180，21：25-41.
岩田久二雄．1971．『自然観察者の手記』，思索社.
岩手県．1963．『岩手県史，第5巻，近世篇』
岩手県．1964．『岩手県史，第8巻，近代篇』
岩手県．1982．『岩手県林業史』
岩手県自然保護課．1978．『第2回自然環境保全基礎調査動物分布調査報告書（哺乳類）』
岩手植物の会．1970．『岩手県植物誌』
Jarman, P. J. 1974. The social organisation of antelope in relation to their ecology. Behaviour, 48：215-266.
Kaji, K., T. Koizumi & N. Ohtaishi. 1988. Effects of resource limitation on the physical and reproductive condition of sika deer on Nakanoshima Island, Hokkaido. Acta Theriol., 33：187-208.
Kelsall, J. P. 1969. Structural adaptation of moose and deer for snow. J. Mammal., 50：302-310.
菊池政雄．1962．日本産ヨウラクツツジ属の一新種．植物研究雑誌，37（12）：353-356.
菊池政雄・望月睦夫・高橋政利．1963-66．岩手県五葉山の植物，1-8．北陸の植物，12-14.
気象庁．1967．『全国降水量資料』気象庁観測技術資料，第30号.
気象庁．1970．『日本気候図』
Kleiber, M. 1975. "The Fire of Life：an introduction to animal energetics." Krieger.
Klein, D. R. 1986. Latitudinal variation in foraging strategies. In "Grazing Research at Northern Latitudes" (ed. Gudmundsson, O.)：237-246.
小金沢正昭．1986．日光・足尾地域における豪雪時のニホンジカとニホンカモシカの分布．栃木県博研報，4：23-28.
Kröning, F. & F. Vorreyer. 1957. Untersuchuneger über Vermehrungsraten und Körpergewichte beim weiblichen Rotwild. Z. Jagdwis., 3：145-153.
Krull, J. N. 1964. Deer use of a commercial clear-cut area. N. Y. Fish & Game J.,

Geist, V. 1974. On the relationship of social evolution and ecology in ungulates. Amer. Zool., 14 : 205-220.
Geist, V. 1983. On the evolution of Ice age mammals and its significance to an understanding of speciations. ASB Bull., 30 : 109-133.
Geist, V. 1987. On speciation in Ice Age mammals, with special reference to cervids and caprids. Can. J. Zool., 65 : 1067-1084.
Geist, V. & Bayer, M. 1988. Sexual dimorphism in the Cervidae and its relation to habitat. J. Zool. Lond., 214 : 45-53.
Gould, S. J. 1983. "Hen's Teeth and Horse's Toes." W. W. Norton & Company, Inc. 渡辺政隆・三仲信宏（訳）. 1988.『ニワトリの歯』, 早川書房.
Gould, S. J. 1985. "The Flamingo's Smile." W. W. Norton & Company, Inc. 新妻昭夫（訳）. 1989.『フラミンゴの微笑』, 早川書房.
Guiness, F. E., S. D. Albon & T. H. Clutton-Brock. 1978. Factors affecting reproduction in Red Deer (*Cervus elaphus*) hinds on Rhum. J. Repr. Fert., 54 : 325-334.
Guiness, F., G. A. Lincoln & R. V. Short. 1971. The reproductive cycle of the female red deer, *Cervus elaphus* L. J. Reprod. Fert., 27 : 427-438.
Hakonson, T. E. & F. W. Whicker. 1971. The contribution of various tissues and organs to total body mass in the mule deer. J. Mammal., 52 : 628-630.
Hamilton, W. J. & K. L. Blaxter. 1980. Reproduction in farmed red deer, I. Hind and stag fertility. J. Agr. Sci., Camb., 95 : 261-273.
長谷川善和. 1977. 脊椎動物の変遷と分布.『日本の第四紀』: 227-243, 日本第四紀学会（編）, 東大出版.
橋本忠蔵. 1984. 町史探訪, 35. 仙台藩主吉村公の南部境巡視. 三陸町広報, 1984 年 7 月, 9.
Heinrich, B. 1985.（ハインリッチ，ベルンド）.『ヤナギランの花咲く野辺で』（渡辺政隆訳）, どうぶつ社.
Heptner, V. G., A. A. Nasimovic & A.G. Bannikov. 1961. Die Saugetiere der Sowjetunion. Jena : V. E. B. Gustav Fischer.（未見, Geist & Bayer, 1988 に引用）
Hershey, T. J. & T. A. Leege. 1976. Influences of logging on elk on summer range in North-central Idaho. In "Elk-Logging-Road Symp. Proc." (ed. Peek, J. M. & S. R. Hieb) : 73-80.
Hofmann, R. R. 1973. "The Ruminant Stomach." E. Afr. Monogr. in Biol., Vol. II., E. Afr. Lit. Bureau, Nairobi.
Hofmann, R. R. 1985. Digestive physiology of the deer—their morphological specialisation and adaptation. In "Biology of Deer Production". (The Royal Soc. N. Z., Bull., 22) : 393-407.
Holter, J. B., H. H. Hayes & S. H. Smith. 1979. Protein requirement of yearling white-tailed deer. J. Wildl. Manage., 43 : 872-879.
Houston, D. B. 1982. "The Northern Yellowstone Elk : ecology and management." Macmillan Publ. Co., Ltd., N. Y.
飯村武. 1976.『シカ五葉山地域個体群の生態とその管理計画』, 岩手県.
飯村武. 1978.『五葉山地域のシカ個体群生息調査報告書』, 岩手県.
今泉吉典. 1968. 陸中地方の自然史科学的概観と本研究の成果. 国立科学博物館専報, 1 : 1-12.

引用文献

県　和一・窪田文武・鎌田悦男. 1979. 数種在来イネ科野草の生態特性と乾物生産, II. 刈取りの時期および回数がミヤコザサ群落の乾物生産に及ぼす影響. 日本草地学会誌, 25：110-116.

Akasaka, T. & N. Maruyama. 1977. Social organization and habitat use of Japanese serow in Kasabori. J. Mammal. Soc. Japan, 7：87-102.

Anderson, R. C. 1972. The ecological relationships of meningeal worm and native cervids in North America. J. Wildl. Dis., 8：304-310.

Baker, D.L. & N.T. Hobbs. 1987. Strategies of digestive efficiency and retention time of forage diets in mountain ungulates. Can. J. Zool., 65：1978-1984.

Bandy, P. J., I. M. Cowan & A.J. Wood. 1970. Comparative growth in four races of black-tailed deer (*Odocoileus hemionus*), Part I. Growth in body weight. Can. J. Zool., 48：1401-1410.

Barnes, G.G. & V. G. Thomas. 1986. Digestive organ morphology, diet, and guild structure of North American Anatidae. Can. J. Zool., 65：1812-1817.

Bell, R. H. V. 1971. A grazing ecosystem in the Serengeti. Sci. Am., 224： 86-93.

Blymyer, M. J. & H. S. Mosby. 1977. Deer utilization of clearcuts in southwestern Virginia. South. J. Appl. For., 1：10-13.

Bryant, F. C., M. M. Kothmann & L. B. Merrill. 1980. Nutritive content of sheep, goat, and white-tailed deer diets on excellent condition rangeland in Texas. J. Range Manage., 33：410-414.

Cederland, G., R. L. Bergstrom & K. Danell. 1989. Seasonal variation in mandible marrow fat in moose. J. Wildl. Manage., 53：587-592.

千葉宗男. 1971.『五葉山地域に生息するシカの実態調査報告』.

Church, D. C. (ed.). 1988. "The Ruminant Animal - Digestive Physiology and Nutrition.", Prentice Hall.

Edgerton, P. 1972. Big game use and habitat changes in a recently logged mixed conifer forest in northeastern Oregon. Proc. Ann. Conf. West. Assoc. State Game Fish Comm., 52：239-246.

Fong, D. W. 1981. Seasonal variation of marrow fat content from Newfoundland moose. J. Wildl. Manage., 45：545-548.

French, C. E., C. McEwen, N. D. Magruden, R. H. Ingram & R.W. Swift. 1956. Nutrient requirement for growth and antler development in the white-tailed deer. J. Wildl. Manage., 20：221-232.

古林賢悟・岩野泰三・丸山直樹. 1979. カモシカ・シカ・ヒグマ・ツキノワグマ・ニホンザル・イノシシの全国的生息分布ならびに被害分布. 生物科学, 31：96-112.

Gauch, H. G. & R. H. Whittaker. 1972. Comparison of ordination techniques. Ecology, 53：868-875.

Geist. V. 1971a. "Mountain Sheep". Univ. Chicago Press. 今泉吉晴（訳）. 1975.『マウンテンシープ』, 思索社.

Geist, V. 1971b. On the relation of social evolution and dispersal in ungulates during the Pleistocene, with emphasis on the Old-World deer and the genus *Bison*. Quart. Res. (N. Y.), 1：283-315.

復刻によせて

『北に生きるシカたち』が約二十年ぶりに復刻されることになった。この本は私の処女作であり、仙台にいて研究者としてスタートし、岩手県の五葉山でシカとササの調査をした三十代の記録として書いたものである。長い時間が過ぎ、私はいま大学退官を間近にしている。このタイミングで復刻になったということに、宿命めいたものを感じながら、これを機に当時と現在との比較をしながら思うところを書いてみたい。

当時、私は東北大学にいたのだが、実は所属していたのは植物生態学研究室だった。もともと動物生態学を志していたのだが、自分の思い描いていた動物の生態学を学べる研究室がなく、植物生態学を勉強するのも無駄にはなるまいと研究室を選び、そのまま大学院に進学し、そして助手に採用された。結果としては無駄になるどころではなかった。この本の中心的なテーマとなったのはシカとミヤコザサとのつながりであったし、並行して金華山という島ではシカとシバのつながりも調べていた。これらに示されるように、私の動物研究の軸は植物生態学にあるのだが、こうした視点は初めから動物生態学に取り組んでいたら持てなかったと思う。

私は——当時もそうなのだが——シカだけを研究しているつもりはない。むしろシカという研究対象をきっかけに、生物のつながりを知りたいと思ってきた。実際、国内外でその後は哺乳類による種子散布とか、群落の管理と送粉昆虫の関係とか、そうした現象の基礎となる食性研究などに取り組んできた。その過程でいつも思ってきたのは、野外で動植物をよく観察し、自分の目で現象を見つけ、そのことを示すために徹底的にデータをとるということだった。そのような研究スタイルは、本書を執筆する動機となった三十代の五葉山での調査体験で培われたものだった。

この本で、生態学的に書きたかったのはシカが植物的環境に生きていることの妙味であった。もうひとつは、大学の研究者は専門的な立場から動植物の保全について積極的であるべきだということだった。私は野外調査で現地の人々の交流の中でそのことに気づかせていただいたのだった。

それと同時に、わかったことを書くだけでなく、その結論に至る過程を描きたいと思った。読者の多くからは、その部分を評価してもらうことが多かった。いま読み直しても、あの五葉山の寒気の中での調査の感覚がリアルに蘇るのを覚える。それはその後の私の研究の血肉になっている。

この二十年でさまざまな変化があった。たとえば、今は本があまり売れなくなり、大学生が本を読まなくなったが、当時はおもしろい本がいろいろあって、学生はよく本を読んだ。動物の本もいろいろあり、河合雅雄や伊谷純一郎などの世代の本は文学としても卓越しているものがあり、私は愛読した。伊沢紘生、川道武男などは「兄貴」世代としてあこがれながらむさぼり読んだ。哺乳類ではないが、日浦勇、坂上昭一などの著作にも自然を調べることの魅力があふれていた。三十歳代を野外調査に費やした私は、そのような本を書きたいと思うようになった。そのことを宮城教育大学におられた伊沢紘生先生に相談し、どうぶつ社を紹介してもらったのだった。

当時の記憶をたぐると、私はこの本の原稿をかなり短期間に一心不乱に書いた気がする。渾身の作品といってもよいだろう。編集の過程で、どうぶつ社の久木亮一さんにはたいへんお世話になったが、きびしめのやりとりもした。久木さんは「サルの本は売れても、シカの本は売れない」、「シカが増えているって書いているけど、本当ですか」と当初は出版に乗り気ではなかった。原稿についても注文があり、私は改善と思える提案は呑んだが、そうでないものは自分を通した。そのとき、自分の中に我ながら驚くような頑固さがあるのを知ったのは、ささやかな自己発見だった。そういえば、あの頃は原稿を旧式のワープロで書いたし、写真はフィルムカメラであった。コダックのフィルムをたいせつに使って撮影したものだ。また本文中にグラフを示したが、グラフだけでは味気ないと思い、イラストを添えるスタイルもこの本で試みたことだった。

こうしてできた本は望外の評価を得た。とくに尊敬する河合雅雄先生が朝日新聞の書評にとりあげて、絶賛ともいえる評価をしてくださった。その書評が出たとき、私は調査で金華山におり、家内から電話で報せを受けた。その電話も携帯ではなかった。この本を書いたことが私のその後の研究者としての在り方に大きな影響を与えたことは確かで、復刻にあたり、改めて河合先生にお礼を申し上げたい。

そうしたおかげもあってか、この本はすぐに売り切れた。売り切れたあと、たくさんの人から「あの本が手に入らないので、分けてください」と言われたが、私の手元にもなかったのでお断りするしかなく、ずっと心苦しい思いをしてきた。この復刻でそうした心苦しさから解放されるのはうれしいことだ。本書を手にすることができなかった人、とくに若い世代には、野外調査を進めるとはどういうことか、研究成果が得られるまでに研究者は何を考え、どのようにフィールドを作りあげ、壁にぶつかったときそれをどう乗り越えるのかといった点を読んでもらいたいと思う。

復刻であるから、オリジナルの原稿には手を入れることはできないが、記しておいたほうがよいことがある。もちろん当時、全力で執筆したのだが、シカの生命表には不適切な仮定があった。また当時、積雪量が多くて遠野盆地以北にシカはおらず、そのことが本書の内容のひとつのハイライトになっているのだが、その後シカの分布は拡大した。この現象把握は正しくないように思えるかもしれないが、このような境界の変化は数百年という時間幅で変動しながらシカやササの分布が決められてきたと考えるのが妥当だと思う。

そのような弱点はあるものの、今回、改めて読み直して、当時のさまざまな感覚——学生とは年齢が近かったので先輩後輩のような関係であったこと、長距離の運転の疲労感、ハンターとの会話、サンプルとの格闘、ミヤコザサとシカの関係に気づいてデータをみながらわくわくしたことなど——が思い出され、独り立ちしたばかりの自分の情熱が伝わる本として、大筋として合格としてよいだろうと甘めの評価をした。

変化したことといえば、当時、日本列島にシカはあまりおらず、とくに東北地方では生息はきわめて限られていた。私はシカの群落への影響を調べるために、四国や九州にまで足を延ばしたが、シカがいる場所は点々としかなかった。ところがこの二十年ほどでシカはたいへんな勢いで増加し、分布を拡大した。シカを研究する人も増え、シカに関する本も出版されるようになった。それでも、本書がこの分野でのパイオニアであり続けたと自負することは許されると思う。

一方、二〇一一年三月の東日本大震災は五葉山の沿岸部をも襲い、私がよく通った大船渡や釜石が大きな被害を受けた。予想もしなかったこの出来事は私の人生観を変えた。震災後訪れた北上山地は、当時とまったく違いなく美しく、それだけに破壊された沿岸部を見るのは心が痛んだ。願わくば一日も早い復興を期待したい。

二十年前に本書を出版したとき、泉下の人となった父に捧げる一文を書いたのだが、本書の復刻の報せを聞く直前に、東北大学でご指導いただいた飯泉茂先生と菊池多賀夫先生が続けて永眠された。私の生き物好きを温かく見守ってくれた父と、自然を見る目を教えてくださった両先生に、復刻になったことを謹んで報告したく思う。

自然観察はこれからも続けるが、私はいま大学人としてはユニフォームを脱ごうとしている。行き届かない私が大学人として大過なく終えることができたのは、多くの方が支えてくださったおかげであり、心から感謝したい。また、この三十余年を研究だけに費やすことが可能であったのは、妻知子の献身的な協力があったおかげである。あの頃、私が毎週のように調査にでかけるので、住んでいた大学宿舎では「母子家庭」と言われていた。その三人の娘たちも母親になった。「父の不在」にもかかわらず、まっすぐに育ってくれた彼女たちにもお礼を言いたい。執筆当時の私と近い年齢になった彼女たちが、この復刻版を読んで、あの頃の「お父さん」の生き方の意味を考えてくれるかもしれない。この復刻にはそうした愉しみもある。

二〇一三年一〇月

高槻 成紀

著者紹介
高槻　成紀（たかつき・せいき）
1949年鳥取県生まれ。1978年東北大学大学院理学研究科修了（理学博士）。東京大学総合研究博物館教授を経て、現在麻布大学獣医学部教授。専門は動植物生態学。国内各地のニホンジカの研究をするとともに、各地の野生動物の研究にも取り組む。また海外でもモンゴルを中心に、スリランカ、マレーシアなどでも保全生態学的研究を手がける。著書に『歯から読みとるシカの一生』（岩波書店）、『シカの生態誌』（東京大学出版会）、『野生動物と共存できるか—保全生態学入門』、『動物を守りたい君へ』（ともに岩波ジュニア新書）などがある。

北に生きるシカたち
—シカ、ササそして雪をめぐる生態学

平成25年11月25日　発　行

著作者　高　槻　成　紀

発行者　池　田　和　博

発行所　丸善出版株式会社
〒101-0051　東京都千代田区神田神保町二丁目17番
編集：電話(03)3512-3265／FAX(03)3512-3272
営業：電話(03)3512-3256／FAX(03)3512-3270
http://pub.maruzen.co.jp/

印刷・製本／藤原印刷株式会社
装幀／戸田ツトム＋山下響子

ISBN 978-4-621-08794-7　C0045　Printed in Japan

本書は、1992年2月にどうぶつ社より出版された同名書籍を再出版したものです。